The Michigan Historical Reprint Series

Reprints from the collection of the University of Michigan University Library

The Scholarly Publishing Office
the University of Michigan
University Library

GINO LORIA

PROFESSORE DELL' UNIVERSITÀ DI GENOVA

CURVE SGHEMBE SPECIALI

ALGEBRICHE E TRASCENDENTI

VOLUME SECONDO

CURVE SFERICHE - CURVE DEFINITE DA UNA RELAZIONE FRA FLESSIONE E TORSIONE - CURVE PARTICOLARI SITUATE SOPRA SUPERFICIE ASSEGNATE

BOLOGNA

NICOLA ZANICHELLI

EDITORE

GINO LORIA
PROFESSORE DELL' UNIVERSITÀ DI GENOVA

CURVE SGHEMBE SPECIALI

ALGEBRICHE E TRASCENDENTI

VOLUME SECONDO

CURVE SFERICHE - CURVE DEFINITE DA UNA RELAZIONE FRA FLESSIONE E TORSIONE - CURVE PARTICOLARI SITUATE SOPRA SUPERFICIE ASSEGNATE

BOLOGNA
NICOLA ZANICHELLI
EDITORE

CAPITOLO IX.

CURVE SGHEMBE ALGEBRICHE SPECIALI DI ORDINE QUALSIVOGLIA.

§ 1. *Curve simmetriche rispetto ad un tetraedro.*

G. Lamé ha per primo considerate [1]) le superficie rappresentabili in coordinate cartesiane mediante equazioni della forma

$$\left(\frac{x}{a}\right)^{\alpha} + \left(\frac{y}{b}\right)^{\alpha} + \left(\frac{z}{c}\right)^{\alpha} = 1 \tag{1}$$

ove α è un numero razionale (positivo o negativo) che diremo *indice* della superficie. Mediante una trasformazione omografica nascono da esse altre superficie che si possono rappresentare in coordinate proiettive mediante equazioni della forma:

$$\left(\frac{x_0}{a_0}\right)^{\alpha} + \left(\frac{x_1}{a_1}\right)^{\alpha} + \left(\frac{x_2}{a_2}\right)^{\alpha} + \left(\frac{x_3}{a_3}\right)^{\alpha} = 0\ ; \tag{2}$$

sono le superficie *simmetriche rispetto ad un tetraedro* (o più brevemente *tedraedrali*) considerate da J. de la Gournerie [2]). Per determinarne l'ordine bisogna distinguere il caso di α positivo da quello di α negativo:

I. $\alpha = \frac{p}{q}$, ove p, q sono interi positivi fra loro primi; l'equazione (2) diventa razionale scrivendola come segue:

$$\Pi \left\{ \sqrt[q]{\left(\frac{x_0}{a_0}\right)^p} + \varepsilon_1 \sqrt[q]{\left(\frac{x_1}{a_1}\right)^p} + \varepsilon_2 \sqrt[q]{\left(\frac{x_2}{a_2}\right)^p} + \varepsilon_3 \sqrt[q]{\left(\frac{x_3}{a_3}\right)^p} \right\} = 0$$

---

[1]) *Examen des diff. méthodes employées pour resoudre les problèmes de géométrie* (Paris, 1818, p. 117).

[2]) *Recherches sur les surface tétraedrales symétriques* (Paris, 1869).

ove $\varepsilon_1, \varepsilon_2, \varepsilon_3$ sono radici $q^{-\text{me}}$ dell'unità; perciò i fattori sono in numero di q^3; ognuno è del grado $\frac{p}{q}$, onde il prodotto è del grado pq^2, ordine della superficie.

II. $\alpha = -\frac{p}{q}$, ove p, q hanno gli stessi significati di prima; la (2) può scriversi

$$\left(\frac{a_0}{x_0}\right)^{\frac{p}{q}} + \left(\frac{a_1}{x_1}\right)^{\frac{p}{q}} + \left(\frac{a_2}{x_2}\right)^{\frac{p}{q}} + \left(\frac{a_3}{x_3}\right)^{\frac{p}{q}} = 0 ;$$

ossia

$$(a_0x_1x_2x_3)^{\frac{p}{q}} + (a_1x_0x_2x_3)^{\frac{p}{q}} + (a_2x_0x_1x_3)^{\frac{p}{q}} + (a_3x_0x_1x_2)^{\frac{p}{q}} = 0 ;$$

razionalizzandola si ottiene, ragionando come prima, un'equazione del grado $q^3 \frac{3p}{q} = 3\,pq^2$, ordine della superficie nel caso attuale. Gli spigoli del dato tetraedro ne sono rette di molteplicità pq^2.

La superficie (2) è tagliata da altra analoga

$$(2') \qquad \left(\frac{x_0}{b_0}\right)^\alpha + \left(\frac{x_1}{b_1}\right)^\alpha + \left(\frac{x_2}{b_2}\right)^\alpha + \left(\frac{x_3}{b_3}\right)^\alpha = 0 .$$

in una curva Γ che si dirà *simmetrica* rispetto al tetraedro di riferimento e per la quale passano ∞' superficie analoghe; fra essi si trovano quattro coni, cioè quello che si ottiene eliminando x_0 fra le equazioni (2) o (2') e che ha per equazione

$$(3) \qquad x_1^\alpha\left(\frac{a_0^\alpha}{a_1^\alpha} - \frac{b_0^\alpha}{b_1^\alpha}\right) + x_2^\alpha\left(\frac{a_0^\alpha}{a_2^\alpha} - \frac{b_0^\alpha}{b_2^\alpha}\right) + x_3^\alpha\left(\frac{a_0^\alpha}{a_3^\alpha} - \frac{b_0^\alpha}{b_3^\alpha}\right) = 0 ,$$

ed i tre analoghi: le loro basi sono curve triangolari simmetriche [1]). Siccome ogni binomio che compare in quest'equazione è suscettibile di q valori così l'intersezione delle due superficie (2), (2') è costituita da q^3 curve analoghe, ma fra loro distinte. Ora se α è positivo e $= \frac{p}{q}$ l'intersezione completa di

[1]) Cfr. G. Loria, *Spez. Kurven*, T. I, p. 346.

dette superficie è dell'ordine p^2q^4 onde *ciascuna delle curve in esame è dell'ordine* p^2q. Se invece $a = -\frac{p}{q}$ l'intersezione completa è dell'ordine $9p^2q^4$; siccome comprende gli spigoli del dato tetraedro contati ciascuno p^2q^4 volte e siccome si spezza in q^3 curve congeneri, così *ciascuna di queste è dell'ordine* $3p^2q$.

Fra le curve in esame si trovano quelle suscettibili della seguente rappresentazione parametrica

$$\sigma x_i^a = k_i t + l_i \quad (i = 0, 1, 2, 3) \tag{4}$$

t essendo un parametro, k, l costanti, e σ un fattore di proporzionalità; infatti eliminando σ e t si ottiene il sistema seguente di equazioni:

$$\left\| \begin{array}{cccc} x_0^a & x_1^a & x_2^a & x_3^a \\ k_0 & k_1 & k_2 & k_3 \\ l_0 & l_1 & l_2 & l_3 \end{array} \right\| = 0, \tag{5}$$

le quali rappresentano appunto quattro coni del tipo (3); aggiungiamo che la curva in questione sta anche sulle ∞^3 superficie rappresentate dalla equazione

$$\left| \begin{array}{cccc} x_0^a & x_1^a & x_2^a & x_3^a \\ k_0 & k_1 & k_2 & k_3 \\ l_0 & l_1 & l_2 & l_3 \\ m_0 & m_1 & m_2 & m_3 \end{array} \right| = 0. \tag{6}$$

al variare delle costanti m_0, m_1, m_2, m_3.

Alle (4) daremo la seguente forma più conveniente

$$\varrho x_i = b_i (\lambda - a_i)^n \quad (i = 0, 1, 2, 3) \tag{4'}$$

e chiameremo $n \left(= \frac{1}{a} \right)$ *indice* della curva [1]); se è negativo e soltanto allora la curva passa pei vertici del tetraedro fon-

[1]) Per $n = 3$ o $= -1$ si ritrovano le cubiche gobbe e per $n = 4$ le quartiche di I specie riferite ai loro quattro piani stazionari (v. vol. I, p. 285).

damentale (questi punti corrispondono ai valori a_0, a_1, a_2, a_3 del parametro).

La tangente alla curva (4′) nel punto di parametro λ è rappresentata (v. vol. I, p. 10, eq. (II″)) come segue:

(v. vol. I, p. 10, eq. (II″))

$$\left\| \begin{matrix} \frac{x_0}{b_0(\lambda - a_0)^{n-1}}, & \frac{x_1}{b_1(\lambda - a_1)^{n-1}}, & \frac{x_2}{b_2(\lambda - a_2)^{n-1}}, & \frac{x_3}{b_3(\lambda - a_3)^{n-1}} \\ a_0, & a_1, & a_2, & a_3 \\ 1, & 1, & 1, & 1 \end{matrix} \right\| = 0.$$

Dette T_0, T_1, T_2, T_3 le intersezioni di essa con le facce del tetraedro fondamentale, si trova che le loro coordinate sono date dal seguente quadro:

$$\begin{matrix} 0, & (a_1-a_0)b_1(\lambda-a_1)^{n-1}, & (a_2-a_0)b_2(\lambda-a_2)^{n-1}, & (a_3-a_0)b_3(\lambda-a_3)^{n-1} \\ (a_0-a_1)b_0(\lambda-a_0)^{n-1}, & 0, & (a_2-a_1)b_2(\lambda-a_2)^{n-1}, & (a_3-a_1)b_3(\lambda-a_3)^{n-1} \\ (a_0-a_2)b_0(\lambda-a_0)^{n-1}, & (a_1-a_2)b_2(\lambda-a_1)^{n-1}, & 0, & (a_3-a_2)b_3(\lambda-a_3)^{n-1} \\ (a_0-a_3)b_0(\lambda-a_0)^{n-1}, & (a_1-a_3)b_3(\lambda-a_1)^{n-1}, & (a_2-a_3)b_2(\lambda-a_2)^{n-1}, & 0 \end{matrix}$$

In conseguenza si ha:

$$(T_0 T_1 T_2 T_3) = \frac{a_0 - a_2}{a_0 - a_3} : \frac{a_1 - a_2}{a_1 - a_3};$$

le tangenti della curva (4) *o* (4′) *tagliano,* dunque, *le facce del tetraedro di riferimento secondo quattro punti che formano un birapporto costante;* quella curva appartiene in conseguenza ad un complesso quadratico di rette (complesso tetraedrale) *avente quel tetraedro per superficie singolare* [1]).

---

[1]) Si può dimostrare che questa proprietà non è in generale posseduta da una curva simmetrica rispetto ad un tetraedro. Si noti infatti che la tangente nel punto (x_0, x_1, x_2, x_3) dell'intersezione delle due superficie (2) e (2′) è rappresentata come segue

$$\frac{x_0^{n-1} X_0}{a_0^u} + \frac{x_1^{n-1} X_1}{a_1^u} + \frac{x_2^{n-1} X_2}{a_2^u} + \frac{x_3^{n-1} X_3}{a_3^u} = 0$$

$$\frac{x_0^{n-1} X_0}{b_0^u} + \frac{x_1^{n-1} X_1}{b_1^u} + \frac{x_2^{n-1} X_2}{b_2^u} + \frac{x_3^{n-1} X_3}{b_3^u} = 0;$$

Le formole (4') permettono di determinare tutte le caratteristiche della curva che rappresentano nel caso in cui n sia un numero razionale. Per trovare l'ordine tagliamo la curva col piano

$$\sum_i \xi_i x_i = 0 ;$$

i punti risultanti corrisponderanno alle radici dell'equazione

$$\sum_i \xi_i b_i (\lambda - a_i)^n = 0 ; \tag{7}$$

per calcolarne il numero occorre distinguere il caso di n positivo da quello di n negativo. Se $n = \frac{p}{q}$ (p, q positivi e primi relativi) razionalizzando la (7) si giunge ad un'equazione in λ del grado pq^2; mentre se $n = -\frac{p}{q}$ se ne ottiene similmente una del grado $3pq^2$; quindi si conclude (d'accordo con quanto si vide prima): *l'ordine di una curva simmetrica rispetto ad un tetraedro è espresso da una o tre volte il prodotto del numeratore per*

---

dettene ancora T_0, T_1, T_2, T_3 le tracce sulle facce tetraedro di riferimento e posto per brevità

$$L_{ik} = \begin{vmatrix} \frac{1}{a_i^n} & \frac{1}{a_k^n} \\ \frac{1}{b_i^n} & \frac{1}{b_k^n} \end{vmatrix} = -L_{ki},$$

si vede che le loro coordinate hanno le espressioni seguenti:

$$\begin{matrix} 0 & , x_2^{n-1} x_3^{n-1} L_{23} & , x_3^{n-1} x_1^{n-1} L_{31} & , x_1^{n-1} x_2^{n-1} L_{12} \\ x_2^{n-1} x_3^{n-1} \Gamma_{32} , & 0 & , x_3^{n-1} x_1^{n-1} L_{03} & , x_0^{n-1} x_2^{n-1} L_{20} \\ x_3^{n-1} x_1^{n-1} L_{13} , & x^{n-1} x_0^{n-1} L_{30} , & 0 & , x_2^{n-1} x_0^{n-1} L_{01} \\ x_1^{n-1} x_2^{n-1} L_{21} , & x_0^{n-1} x_2^{n-1} L_{02} , & x_0^{n-1} x_2^{n-1} L_{10} , & 0 \end{matrix}$$

Ora da queste si trae:

$$(T_0 T_1 T_2 T_3) = \frac{x_3^{n-1} L_{13} L_{32} - x_2^{n-1} L_{21} L_{13}}{-x_3^{n-1} L_{13} L_{21} + x_2^{n-1} L_{21} L_{32}} ,$$

espressione in generale variabile con le x; riuscirebbe costante soltanto nell'ipotesi che le costanti a, b soddisfacessero la condizione

$$L^2_{32} - L_{21} L_{13} = 0.$$

il quadrato del denominatore della funzione esprimente il valore assoluto dell' indice, secondochè questo è positivo o negativo.

Le coordinate omogenee della tangente in un punto qualunque della data curva sono notoriamente proporzionali ai determinanti estratti dalla matrice

$$\left\|\begin{matrix} b_0(\lambda-a_0)^n, & b_1(\lambda-a_1)^n, & b_2(\lambda-a_2)^n, & b_3(\lambda-a_3)^n \\ nb_0(\lambda-a_0)^{n-1}, & nb_1(\lambda-a_1)^{n-1}, & nb_2(\lambda-a_2)^{n-1}, & nb_3(\lambda-a_3)^{n-1} \end{matrix}\right\|;$$

perciò si può scrivere

$$(8)\qquad p_{ik} \equiv b_i b_k (\lambda - a_i)^{n-1} (\lambda - a_k)^{n-1} (a_i - a_k)$$

ossia, per le (6),

$$(8')\qquad p_{ik} \equiv b_i^{\frac{1}{n}} b_k^{\frac{1}{n}} x_i^{\frac{n-1}{n}} x_k^{\frac{n-1}{n}} (a_i - a_k).$$

Emerge dalle (8) che il rango della curva è dato dal numero delle soluzioni della seguente equazione in λ:

$$\Sigma q_{i'k'} b_i b_k (\lambda - a_i)^{n-1} (\lambda - a_k)^{n-1} (a_i - a_k) = 0$$

ove $iki'k'$ è una permutazione qualunque dei numeri $0, 1, 2, 3$. Ora, se p e q hanno i significati di prima razionalizzando questa equazione (se è necessario) si trova un'equazione

di grado $2\,(p - q)\,q^4$ se $n > 1$

» » $2\,(q - p)\,q^4$ » $0 < n < 1$

» » $2\,(p + q)\,q^4$ » $n < 0$;

e questi numeri esprimono, negli indicati casi, il rango della data curva.

L'equazione dell'osculatore è, invece, nelle coordinate correnti $X_0, .., X_3$:

$$\left|\begin{matrix} X_0 & , \dots \\ b_0(\lambda - a_0)^n & , \dots \\ nb_0(\lambda - a_0)^{n-1} & , \dots \\ n(n-1)\,b_0(\lambda - a_0)^{n-2} & , \dots \end{matrix}\right| = 0$$

ossia

$$(9) \qquad \frac{X_0}{b_0(\lambda - a_0)^{n-2}}(a_2 - a_3)(a_3 - a_1)(a_1 - a_2) + \ldots = 0,$$

che si può scrivere anche così:

$$(9') \qquad \frac{X_0}{b_0^{\frac{2}{n}} x_0^{\frac{n-2}{n}}}(a_2 - a_3)(a_3 - a_1)(a_1 - a_2) + \ldots = 0.$$

Se nella (9) si considerano le X date e λ incognita essa potrà servire a determinare la classe; ed invero razionalizzandola se è necessario si trova un'equazione

di grado $q^2(2q-p)$ se $0 < n < 2$
» » $3q^2(p-2q)$ » $n > 2$
» » $q^2(p+2q)$ » $n < 0$;

tali sono le espressioni del rango della curva in ognuno di questi casi.

La curva data Γ è proiettata da ciascun vertice del tetraedro fondamentale sulla faccia opposta secondo una curva Γ' dello stesso genere; ma Γ' è una curva triangolare simmetrica d'ordine $\frac{1}{n}$; applicando quindi un teorema di V. Jamet [1]) si conclude che il genere di Γ, al pari di quello di Γ', è dato da $\frac{(q-1)(q-2)}{2}$ sempre nell'ipotesi che sia $n = \pm \frac{p}{q}$.

Consideriamo in particolare la cubica gobba rappresentata dalle equazioni

$$(10) \qquad \varrho x_i = \frac{\beta_i}{\lambda - \alpha_i};$$

applicando quanto si espose prima si vedrà che per essa tangente ed osculatore sono determinati come segue:

$$(11) \qquad p_{ik} \equiv \frac{x_i^2 x_k^2 (\alpha_i - \alpha_k)}{\beta_i \beta_k}$$

$$(12) \qquad \frac{X_0 \beta_0^2}{x_0^3}(\alpha_2 - \alpha_3)(\alpha_3 - \alpha_1)(\alpha_1 - \alpha_2) + \ldots = 0;$$

---

[1]) G. Loria, *Spezielle alg. und transs. ebene Kurven*, T. I, p. 346.

supponiamo ora che questa curva e la data (4′) abbiano comune il punto (x_0, x_1, x_2, x_3) e la corrispondente tangente; ciò esige abbiano luogo tutte le relazioni seguenti:

$$b_i^{\frac{1}{n}} b_k^{\frac{1}{n}} x_i^{\frac{n-1}{n}} x_k^{\frac{n-1}{n}} (a_i - a_k) \equiv \frac{x_i^2 x_k^2 (\alpha_i - \alpha_k)}{\beta_i \beta_k}$$

ossia

$$a_i - a_k = \frac{\alpha_i - \alpha_k}{\beta_i \beta_k} \frac{x_i^{\frac{n+1}{n}} x_k^{\frac{n+1}{n}}}{b_i^{\frac{1}{n}} b_k^{\frac{1}{n}}}.$$

Ora sostituendo questi valori nella (9′) si ottiene un risultato divisibile per

$$\frac{x_0^{\frac{2n+2}{n}} x_1^{\frac{2n+2}{n}} x_2^{\frac{2n+2}{n}} x_3^{\frac{2n+2}{n}}}{\beta_0^2 \beta_1^2 \beta_2^2 \beta_3^2 b_0^{\frac{2}{n}} b_1^{\frac{2}{n}} b_2^{\frac{2}{n}} b_3^{\frac{2}{n}}};$$

tolto questo fattore si ricade nell'equazione (12). Ciò permette il seguente

TEOREMA. *Se una cubica gobba è circoscritta ad un tetraedro ed ha comuni con una curva simmetrica rispetto a questo un punto e la corrispondente tangente, essa ha ivi comune anche il corrispondente piano osculatore*

Donde il seguente

COROLLARIO. *Se due curve simmetriche rispetto allo stesso tetraedro hanno comuni un punto e la corrispondente tangente, avranno ivi comune anche il piano osculatore.*

Proiettiamo le due curve di cui parla il teorema precedente da un vertice qualunque del tetraedro fondamentale sulla faccia opposta; otterremo una curva triangolare d'indice $\frac{1}{n}$ ed una conica fra loro tangenti nel punto P' proiezione del punto P comune alle due curve date. In virtù di un noto teorema il rapporto dei raggi di curvatura in P di queste è eguale a quello dei raggi di curvatura in P' delle proiezioni; ma questo [1]) vale $\frac{2}{1-\frac{1}{n}}$. Sussiste, dunque, quest'altro

TEOREMA. *Il raggio di curvatura in un punto qualunque di una curva simmetrica d' indice* n *rispetto ad un tetraedro sta nel rapporto* $\frac{2}{1-\frac{1}{n}}$ *col raggio di curvatura nello stesso punto della cubica gobba che la tocca in quel punto ed è circoscritta al tetraedro fondamentale* [2]).

Più generalmente sussiste il

TEOREMA: *Se due curve sono simmetriche rispetto allo stesso tetraedro hanno gli indici* n, n' *e sono tangenti fra loro in un punto, le loro curvature nello stesso stanno fra loro nel rapporto* $\frac{1-\frac{1}{n}}{1-\frac{1}{n'}}$.

§ 2. *Curve di cui tutte le tangenti appartengono ad un complesso lineare* [3]).

TEOREMA DI APPELL. *Quando tutte le tangenti di una curva appartengono ad un complesso lineare, il piano corrispondente rispetto al complesso ad un punto qualunque della curva stessa coincide col relativo piano osculatore.*

---

1) G. Loria, *Spezielle alg. und transs. Kurven*, T. I, p. 345.

2) Jamet, *Sur les surfaces et les courbes tétraédrales symétriques* (Ann. de l'Ec. norm. Sup., III Ser., T. IV, 1887, V, Suppl. p. 3-78); Fouret, *Sur les rayons de courbure des courbes triangulaires et des courbes tétraédrales symétriques* (Bull. de la Soc. math. de France, T. XX, 1892, p. 60-64).

3) P. Appell, *Sur les propriétés des cubiques gauches et sur le mouvement hélicoidal d'un corps solide* (Ann. de l'Ec. norm. sup., II Ser., T. V, 1876, p. 246-74) e *Sur les courbes dont les tangentes appartiennent à un complèxe linéare* (Nouv. Ann. de Mathém., III Ser., T. XI, 1892, p. 115-19). E. Picard, *Application des complèxes linéaires à l'étude des surfaces et des courbes gauches* (Ann. Ec. Norm. Sup., II Ser., T. V, 1877, p. 329-66).

Dimostrazione. Per rappresentare un complesso lineare mediante coordinate cartesiane si può evidentemente adoperare la seguente equazione:

$$(1)\qquad A(x_1-x_2)+B(y_1-y_2)+C(z_1-z_2)+\begin{vmatrix} L & M & N \\ x_1 & y_1 & z_1 \\ x_2 & y_2 & z_2 \end{vmatrix}=0 .$$

Sia poi

$$x=x(t)\ ,\ y=y(t)\ ,\ z=z(t)$$

la rappresentazione parametrica di una curva Γ arbitraria; la sua tangente nel punto x, y, z avrà per equazione (X, Y, Z essendo coordinate correnti)

$$(2)\qquad \frac{X-x}{x'}=\frac{Y-y}{y'}=\frac{Z-z}{z'}$$

onde le sue coordinate saranno proporzionali alle sei quantità

$$-x'\ ,\ -y'\ ,\ -z'\ ,\ yz'-y'z\ ,\ zx'-z'x\ ,\ xy'-x'y .$$

Se, quindi, Γ appartiene al complesso lineare (1) sussisterà, per tutti i valori di t, l'identità

$$(3)\qquad Ax'+By'+Cz'-\begin{vmatrix} L & M & N \\ x & y & z \\ x' & y' & z' \end{vmatrix}=0$$

epperò anche la seguente che se ne trae per derivazione

$$(4)\qquad Ax''+By''+Cz''-\begin{vmatrix} L & M & N \\ x & y & z \\ x'' & y'' & z'' \end{vmatrix}=0 .$$

Notiamo poi che il piano che corrisponde rispetto al complesso al punto (x, y, z) ha per equazione:

$$(5)\qquad A(X-x)+B(Y-y)+C(Z-z)+\begin{vmatrix} L & M & N \\ X-x & Y-y & Z-z \\ x & y & z \end{vmatrix}=0 .$$

Ora le tre equazioni precedenti si possono scrivere come segue:

(3')
$$\left\{A-\begin{vmatrix} M & N \\ y & z \end{vmatrix}\right\}x' + \left\{B-\begin{vmatrix} N & L \\ z & x \end{vmatrix}\right\}y' + \left\{C-\begin{vmatrix} L & M \\ x & y \end{vmatrix}\right\}z' = 0$$

(4')
$$\left\{A-\begin{vmatrix} M & N \\ y & z \end{vmatrix}\right\}x'' + \left\{B-\begin{vmatrix} N & L \\ z & x \end{vmatrix}\right\}y'' + \left\{C-\begin{vmatrix} L & M \\ x & y \end{vmatrix}\right\}z'' = 0$$

(5')
$$\left\{A-\begin{vmatrix} M & N \\ y & z \end{vmatrix}\right\}(X-x) + \left\{B-\begin{vmatrix} N & L \\ z & x \end{vmatrix}\right\}(Y-y) + \left\{C-\begin{vmatrix} L & M \\ x & y \end{vmatrix}\right\}(Z-z) = 0;$$

inoltre le tre espressioni in $\{\ \}$ non sono identicamente nulle, chè altrimenti la curva si troverebbe nel piano $Ax + By + Cz = 0$; in conseguenza si conclude essere

$$(6)\qquad \begin{vmatrix} X-x & Y-y & Z-z \\ x' & y' & z' \\ x'' & y'' & z'' \end{vmatrix} = 0;$$

sotto questa forma si può dunque scrivere la equazione (5); ma essa compete all'osculatore a Γ, dunque il teorema è dimostrato.

Corollario. Se una curva appartiene ad un complesso lineare, i punti di contatto dei piani in cui essa è osculata da piani passanti per un punto dato P stanno in un piano (che è quello corrispondente a P rispetto al complesso).

Teorema di Picard. *Se una curva appartiene ad un complesso lineare, le rette che la toccano nei punti di contatto con i piani stazionari, ha ivi con la curva un contatto di second'ordine.*

Dimostrazione. Conservando le notazioni precedenti ricordiamo che i piani stazionari della curva Γ corrispondono ai valori del parametro t che annullano il determinante

$$(7)\qquad D = \begin{vmatrix} x' & y' & z' \\ x'' & y'' & z'' \\ x''' & y''' & z''' \end{vmatrix}.$$

Dalle (4), differenziando nuovamente, emerge l'identità

(8)
$$Ax''' + By''' + Cz''' - \begin{vmatrix} L & M & N \\ x & y & z \\ x''' & y''' & z''' \end{vmatrix} = \begin{vmatrix} L & M & N \\ x' & y' & z' \\ x'' & y'' & z'' \end{vmatrix}$$

Usando abbreviazioni di evidenti significati le (3), (4), (8) possono scriversi:

$$\alpha x' + \beta y' + \gamma z' = 0 \ , \ \alpha x'' + \beta y'' + \gamma z'' = 0 \ , \ \alpha x''' + \beta y''' + \gamma z''' = \Delta ;$$

allora la (7) dà

$$D = \frac{1}{\alpha} \begin{vmatrix} \alpha x' + \beta y' + \gamma z' & y' & z' \\ \alpha x'' + \beta y'' + \gamma z'' & y'' & z'' \\ \alpha x''' + \beta y''' + \gamma z''' & y''' & z''' \end{vmatrix} =$$

$$= \frac{\Delta}{\alpha} (y'z'' - y''z') = \frac{\Delta}{\beta} (z'x'' - z''x') = \frac{\Delta}{\gamma} (x'y'' - x''y') .$$

Si osservi ora che la posizione dei piani stazionari di Γ non dipende dal complesso lineare considerato; perciò D deve annullarsi indipendentemente dai valori di L, M, N il che esige sia

(9)
$$\left\| \begin{matrix} x' & y' & z' \\ x'' & y'' & z'' \end{matrix} \right\| = 0 ,$$

ossia

$$\frac{x''}{x'} = \frac{y''}{y'} = \frac{z''}{z'}$$

e poichè ciò esprime che la tangente nel punto (x, y, z) ha ivi con la curva un contatto di second'ordine, così il teorema è dimostrato.

Corollario. Dalla (7) si trae differenziando

$$D' = \begin{vmatrix} x' & y' & z' \\ x'' & y'' & z'' \\ x^{\text{IV}} & y^{\text{IV}} & z^{\text{IV}} \end{vmatrix} ;$$

ciò prova che, se sussistono le (9), coesistono le equazioni $D = 0 \ , \ D' = 0$; *D è quindi il quadrato perfetto di una funzione del parametro.*

Rispetto ad un complesso lineare *speciale*, le curve che vi appartengono sono quelle situate in piani per l'asse; se, quindi, questo coincide con Oz le funzioni x, y, z che definiscono la curva dovranno soddisfare un' identità del tipo $y - \mu x = 0$, ove μ è una costante. Per stabilire un analogo criterio relativo alle curve appartenenti ad un complesso non speciale

$$x_1 y_2 - x_2 y_1 = k (z_1 - z_2)$$

applichiamo la (3) ed otterremo

$$xy' - x'y + kz' = 0$$

donde

$$z = -\frac{1}{k} \int (xy' - x'y)\, dt\,; \tag{10}$$

prese, adunque, arbitrariamente le funzioni x, y, *la determinazione di* z *non esige che una quadratura.*

Si supponga ad esempio che si cerchino le curve che, oltre ad appartenere ad un complesso lineare, si trovino sul cilindro circolare retto di equazione

$$(x - a)^2 + (y - b)^2 = R^2\,;$$

si potrà porre

$$x = a + R \cos t \;\;,\;\; y = b + R \operatorname{sen} t\,;$$

si avrà quindi

$$x' = \quad -R \operatorname{sen} t \;\;,\;\; y' = \quad R \cos t$$

$$xy' - x'y = R\,(a \cos t + b \operatorname{sen} t) + R^2$$

e la (10) darà

$$z + c = -\frac{R}{k}\,(a \operatorname{sen} t - b \cos t) + \frac{R^2 t}{k}\,,$$

onde si tratta sempre di curve non algebriche; se, in particolare, $a = b = 0$, cioè se il dato cilindro è coassiale al complesso, si ottengono delle ordinarie eliche.

Per fare un altro esempio, consideriamo la curva

$$x = \frac{f_1(t)}{f_0(t)} \;,\; y = \frac{f_2(t)}{f_0(t)} \;,\; z = \frac{f_3(t)}{f_0(t)} \tag{11}$$

ove f_0, f_1, f_2, f_3 sono polinomi di grado n, di cui i tre primi arbitrari. Siccome la (10) si può scrivere

$$kz' = -x^2\left(\frac{y}{x}\right)',$$

così si avrà

$$kz + l = \int \frac{f_1' f_2 - f_1 f_2'}{f_0^2}\, dt ,$$

donde si trae $z = f_3(t)$. Affinchè la curva risultante sia algebrica questo integrale non deve contenere alcun termine logaritmico; una delle condizioni [1]) affinchè ciò accada è soddisfatta, dal momento che il denominatore dell'espressione da integrarsi ha radici tutte di molteplicità $\geqq 2$; altre sono in numero eguale al numero delle radici dell'equazione $f_0(t) = 0$.

Fra le curve razionali sono notevoli quelle aventi una rappresentazione parametrica del tipo seguente:

$$(12) \qquad \left\{ \begin{aligned} x &= \frac{a_0 t^m + a_1 t^n + a_2 t^p + a_3}{d_0 t^m + d_1 t^n + d_2 t^p + d_3} \\ y &= \frac{b_0 t^m + b_1 t^n + b_2 t^p + b_3}{d_0 t^m + d_1 t^n + d_2 t^p + d_3} \\ z &= \frac{c_0 t^m + c_1 t^n + c_2 t^p + c_3}{d_0 t^m + d_1 t^n + d_2 t^p + d_3} \end{aligned} \right.$$

ove m, n, p sono numeri razionali che si possono supporre interi, positivi e disposti in ordine decrescente. Indicando con x_0, x_1, x_2, x_3 opportune funzioni lineari delle coordinate esse possono scriversi come segue

$$\frac{x_0}{t^m} = \frac{x_1}{t^n} = \frac{x_2}{t^p} = x_3;$$

allora le coordinate generiche p_{ik} di una tangente sono proporzionali ai determinanti ricavabili dalla matrice

$$\left\| \begin{matrix} t^m & t^n & t^p & 1 \\ m t^{m-1} & n t^{n-1} & p t^{p-1} & 0 \end{matrix} \right\|;$$

---

[1]) J. A. Serret, *Calcul intégral*, II ed. (Paris, 1880) p. 18.

si ha quindi

$$p_{01} \equiv (n-m) t^{m+n-1} \ , \ p_{02} \equiv (p-m) t^{m+p-1} \ , \ p_{03} \equiv -m t^{m-1}$$
$$p_{23} \equiv p t^{p-1} \ , \ p_{31} \equiv n t^{n-1} \ , \ p_{12} \equiv (p-n) t^{n+p-1} \, .$$

Ora affinchè fra queste quantità passi una stessa relazione lineare per tutti i valori di t, gli esponenti devono soddisfare una delle tre relazioni

$$m + n = p \ , \ n + p = m \ , \ p + m = n \, ;$$

ma la prima è impossibile essendo $m > p$ e la terza perchè $m > n$; nel terzo caso tutte le tangenti della curva appartengono al complesso

$$(n + p) \, p_{12} - (n - p) \, p_{03} = 0 \, .$$

Fra le curve così risultanti si trovano le cubiche gobbe, le quartiche con due tangenti stazionarie ed in generale tutte quelle suscettibili della seguente rappresentazione parametrica:

$$(13) \qquad \begin{cases} x = \dfrac{a_0 t^n + a_1 t^{n-1} + a_2 t + a_3}{d_0 t^n + d_1 t^{n-1} + d_2 t + d_3} \\[2ex] y = \dfrac{b_0 t^n + b_1 t^{n-1} + b_2 t + b_3}{d_0 t^n + d_1 t^{n-1} + d_2 t + d_3} \\[2ex] z = \dfrac{c_0 t^n + c_1 t^{n-1} + c_2 t + c_3}{d_0 t^n + d_1 t^{n-1} + d_2 t + d_3} \end{cases}$$

n essendo un intero arbitrario. Ora l'Appell ha notato che ad un complesso lineare appartengono anche le curve nascenti dalle (13) col far tendere n a 0.

Per riconoscerlo scriviamo la prima delle (13) come segue:

$$x = \frac{\dfrac{a_0'}{n} t^n + a_1 t^{n-1} + a_2 t + \left(a_3' - \dfrac{a_0'}{n}\right)}{\dfrac{d_0'}{n} t^n + d_1 t^{n-1} + d_2 t + \left(d_3' - \dfrac{d_0'}{n}\right)} =$$

$$= \frac{a_0' \, \dfrac{t^n - 1}{n} + a_1 t^{n-1} + a_2 t + a_3'}{d_0' \, \dfrac{t^n - 1}{n} + d_1 t^{n-1} + d_2 t + d_3'} \ ;$$

ma $\lim\limits_{n=\infty} \frac{t^n - 1}{t} = \lim\limits_{n=0} \frac{\log t . t^n}{1} = \log t$; perciò al limite si ha

$$(14) \quad \begin{cases} x = \dfrac{a_0' \log t + a_1 t^{-1} + a_2 t + a_3'}{d_0' \log t + d_1 t^{-1} + d_2 t + d_3'} \\ y = \dfrac{b_0' \log t + b_1 t^{-1} + b_2 t + b_3'}{d_0' \log t + d_1 t^{-1} + d_2 t + d_3'} \\ z = \dfrac{c_0' \log t + c_1 t^{-1} + c_2 t + c_3'}{d_0' \log t + d_1 t^{-1} + d_2 t + d_3'} . \end{cases}$$

Ragionando come prima si vede che a queste equazioni si possono sostituire queste altre

$$\frac{x_0}{\log t} = \frac{x_1}{t^{-1}} = \frac{x_2}{t} = x_3$$

onde la tangente della curva nel punto t ha coordinate proporzionali ai determinanti estratti della matrice

$$\begin{Vmatrix} \log t & \dfrac{1}{t} & t & 1 \\ \dfrac{1}{t} & -\dfrac{1}{t^2} & 1 & 0 \end{Vmatrix} ;$$

essendo, in particolare,

$$p_{03} \equiv -\frac{1}{t} \ , \ p_{12} \equiv \frac{2}{t}$$

si vede essere

$$p_{12} + 2p_{03} = 0 ,$$

onde la curva appartiene al complesso lineare di cui questa è l'equazione, come appunto erasi annunziato.

Osservazione. Esistono curve tali che ad ogni lor punto corrisponda il relativo piano normale rispetto ad un complesso lineare $p_{12} + kp_{30} = 0$?

Conservando le precedenti notazioni, si vede che, affinchè ciò accada per tutti i valori di t, devono coincidere i due piani:

$$(X - x)\, x' + (Y - y)\, y' + (Z - z)\, z' = 0 \ ,$$
$$(X - x)\, y - (Y - y)\, x + k\,(Z - z) = 0 ;$$

ciò esige si abbia:

$$\frac{x'}{y} = \frac{y'}{-x} = \frac{z'}{k} \; ;$$

se ne conclude

$$xx' + yy' = 0$$

onde

$$x^2 + y^2 = R^2 \; ,$$

R essendo una costante. Inoltre

$$z' = k\frac{x'}{y} = k\frac{x'}{\sqrt{R^2 - x^2}}$$

onde

$$z + c = k \operatorname{arc\,sen} \frac{x}{R} \; .$$

Ciò prova che le curve richieste sono suscettibili della seguente rappresentazione parametrica:

$$x = R \operatorname{sen} t \; , \; y = R \cos t \; , \; z + c = kt \; ;$$

epperò sono ordinarie eliche cilindriche, come scoperse il Picard.

Fra la flessione k e la torsione $\varkappa$ di una curva Γ appartenente ad un complesso lineare passa una relazione [1]), la quale può intendersi come una delle equazioni intrinseche della curva. Per stabilirla osserviamo che, affinchè Γ appartenga ad un complesso lineare di parametro p è necessario e sufficiente che esista una retta r (l'asse del complesso) tale che, detta t una retta qualunque del complesso, si abbia

(15) $$\operatorname{dist}(r\,,\,t)\,.\,\operatorname{tg}(r\,,\,t) = p$$

o anche

(15') $$\operatorname{mom}(r\,,\,t) = p\cos(r\,,\,t)\,.$$

---

[1]) Fu stabilita per la prima volta da M. F. Egan (*The linear Complex, and a certain Class of twisted Curves*; Proc. R. Irish Acad., T. XXIX, 1914, p. 33-72) e ritrovata da G. Sannia (*Proprietà metriche caratteristiche delle curve di un complesso lineare e delle superficie rigate di una congruenza lineare*; Rend. Acc. Lincei, 1° genn. 1914, p. 937-43) col procedimento esposto nel testo.

Supporremo che gli assi coordinati siano gli spigoli del triedro satellite relativo all'origine (punto arbitrario della curva) e che come coordinate p_{ik} della retta

$$\frac{X-x}{l}=\frac{Y-y}{m}=\frac{Z-z}{n}$$

si assumano i determinanti estratti dalla matrice seguente:

$$\left\| \begin{matrix} 0 & l & m & n \\ 1 & x & y & z \end{matrix} \right\| ;$$

fra esse passano le relazioni

$$(16) \qquad p_{01}^2+p_{02}^2+p_{03}^2=0$$

$$(17) \qquad p_{01}p_{23}+p_{02}p_{31}+p_{03}p_{12}=0\,.$$

Si consideri anche il triedro satellite relativo al punto della curva consecutivo a O e si supponga che il punto P avente per coordinate $x+\delta x\,, y+\delta y\,, z+\delta z$ abbia rispetto a quel secondo triedro le coordinate $x+dx\,, y+dy\,, z+dz$. Allora sussistono le seguenti relazioni[1]:

(18)

$$\frac{\delta x}{ds}=1+\frac{dx}{ds}-kz\,,\ \frac{\delta y}{ds}=\frac{dy}{ds}-\varkappa z\,,\ \frac{\delta z}{ds}=\frac{dz}{ds}+kx+\varkappa y$$

supponendo che il punto si trovi all'infinito si giunge alle seguenti relazioni, valide per una qualunque direzione:

(19)

$$\frac{\delta l}{ds}=\frac{dl}{ds}-kn\,,\ \frac{\delta m}{ds}=\frac{dm}{ds}-\varkappa n\,,\ \frac{\delta n}{dz}-\frac{dx}{ds}+kl+\varkappa m\,.$$

Se, quindi, il punto o la direzione non variano sussistono le seguenti relazioni:

$$(20) \qquad 0=1+\frac{dx}{ds}-kz\,,\ 0=\frac{dy}{ds}-\varkappa z\,,\ 0=\frac{dz}{ds}+kx+\varkappa y$$

$$(21) \qquad 0=\frac{dl}{ds}-kn\,,\ 0=\frac{dm}{ds}-\varkappa n\,,\ 0=\frac{dn}{ds}+kl+\varkappa m$$

---

[1]) Cfr. Cesàro, *Geometria intrinseca* (Napoli, 1896, p. 124).

ovvero, designando con accenti le derivate rispetto all'arco,

$$(20') \qquad 0 = 1 + x' - kz \ , \ 0 = y' - \varkappa z \ , \ 0 = z' + kx + \varkappa y$$

$$(21') \qquad 0 = l' - k\varkappa \ , \ 0 = m' - \varkappa n \ , \ 0 = n' + kl + \varkappa m \, .$$

Da queste formole se ne deducono altre concernenti una retta arbitraria. Essendo infatti

$$p_{23} = lz - my$$

si ha

$$\frac{\delta p_{23}}{ds} = \frac{\delta l}{ds} z + \frac{\delta z}{ds} l - \frac{\delta m}{ds} y - \frac{\delta y}{ds} m$$

onde, grazie alle (18) e (19),

$$\frac{\delta p_{23}}{ds} = -kp_{12} + p'_{23} \, .$$

Se, pertanto, quella retta è fissa questo binomio è nullo. Essendo similmente nulle le analoghe quantità $\frac{\delta p_{31}}{ds}$ e $\frac{\delta p_{03}}{ds}$ si concludono le tre relazioni:

(22)

$$p'_{23} - kp_{12} = 0 \ , \ p'_{31} - \varkappa p_{12} = 0 \ , \ p'_{12} + kp_{23} + \varkappa p_{31} + p_{02} = 0 \, ;$$

per le (21) si ha poi

(23)

$$p'_{01} - kp_{03} = 0 \ , \ p'_{02} - \varkappa p_{03} = 0 \ , \ p'_{03} + kp_{01} + \varkappa p_{02} = 0 \, .$$

L'asse delle x ha per coordinate

$$p_{01} = 1 \ , \ p_{02} = \dots p_{12} = 0 \, ;$$

onde per esso

$$\text{mom}\,(rt) = -\xi \ , \ \cos\,(r \cdot t) = p_{01}$$

epperò la (15') diviene

$$(24) \qquad p_{23} = -pp_{01} \, .$$

Per trovare la relazione esistente fra k e $\varkappa$ è necessario e sufficiente cercare le condizioni affinchè coesistano le relazioni

(16), (17), (22), (23), (24). Ora, differenziando la (24) e tenendo conto delle (22) e (23), si trova:

$$(25)\qquad p_{12} = -p p_{02}\,.$$

Differenziando nuovamente ed applicando la (24) si ottiene:

$$(26)\qquad p_{31} = -\left(\frac{1}{\varkappa} + p\right) p_{02}\,.$$

Moltiplicando le equazioni (24), (25), (26) rispettivamente per p_{01}, p_{02}, p_{03} ed applicando le (16) (17) si giunge alla seguente relazione:

$$p_{02} = \sqrt{-p\varkappa}\,;$$

in conseguenza la (23, 2ª) dà

$$(28)\qquad p_{03} = \frac{\sqrt{-p\varkappa}\,\varkappa'}{2\varkappa^2}$$

e poi la (23, 3ª):

$$(29)\qquad p_{01} = \frac{4\varkappa^4 - 3\varkappa'^2 + 2\varkappa\varkappa''}{4\varkappa^3 k}\,.\sqrt{-p\varkappa}$$

Sostituendo i valori (27), (28), (29) nella (17) si conclude la relazione cercata:

$$(30)\qquad \frac{(4\varkappa^4 - 3\varkappa'^2 + 2\varkappa\varkappa'')^2}{16\varkappa^5 k^2} + \frac{\varkappa'^2}{4\varkappa^3} + \varkappa = -\frac{1}{p}\,.$$

Si vede dunque, che, affinchè la data curva appartenga ad un complesso lineare, deve il primo membro della (30) essere costante; allora l'inverso ed opposto del valore di essa eguaglia il parametro del complesso contenente la curva.

Per esempio se k e $\varkappa$ sono costanti, la condizione è soddisfatta; siccome la curva è allora un'ordinaria elica cilindrica (v. Cap. XI) così si conclude che *questa curva appartiene ad un complesso lineare*, il cui parametro vale $-\dfrac{\varrho^3}{r^2+\varrho^2}$, se r e ϱ sono i valori costanti dei raggi di flessione e torsione; si può aggiungere che *detta curva è l'unica a torsione costante che sia contenuta in un complesso lineare*, chè se $\varkappa = \text{cost.}$, affinchè la (30) sia soddisfatta, dev'esser anche $k = \text{cost.}$

Introduciamo ora l'ipotesi che la curva Γ le cui tangenti appartengono ad un complesso lineare sia algebrica (dell'ordine n) [1]; allora ad ogni suo punto corrisponde rispetto al complesso il relativo osculatore e ad ogni suo osculatore il punto di contatto. Per trovarne gli osculatori che passano per un punto arbitrario P si consideri il piano che corrisponde a questo punto rispetto al complesso; esso taglierà la curva nei punti di contatto nei piani richiesti. Ciò prova che *se una curva algebrica corrisponde a sè stessa rispetto ad un complesso lineare il suo ordine è eguale alla sua classe.* Inoltre *essa non può avere piani stazionari,* se non nei punti in cui esistono tangenti stazionarie [2], perchè un tale piano avrebbe per corrispondenti due punti consecutivi della curva. Similmente si vede che la curva non può ammettere cuspidi [3], punti doppi ordinari o piani bioscu. latori; nulla vieta però che essa possieda la singolarità risultante dalla combinazione di un punto doppio e di un piano biosculatore.

Cerchiamo il rango della curva Γ, cioè il numero delle sue tangenti che incontrano un'arbitraria retta dello spazio r. Consideriamo a tale scopo la retta r' coniugata di r rispetto al dato complesso. Ad ogni punto P' di r' corrisponde un piano π' passante per r, il quale taglia Γ in n punti X_i e le n rette $P'X_i$ incontrano r in altrettanti punti. Variando P' su r questi gruppi costituiscono un'involuzione di grado n, la quale ammette $2\,(n-1)$ punti doppi. Ognuno di questi proviene da due rette $P'X_i$ coincidenti; ora queste rette, segando due rette r, r' corrispondentisi rispetto al complesso, appartengono al complesso stesso; e siccome ciascuna contiene due punti X_i infinitamente vicini, è una tangente della curva. Questa è dunque, tale che

---

1) C. P. Steinmetz, *On the Curves which are Self-reciprocal in a Linear Nulsystem, and their Configuration in Space* (Amer. Journ. of Mathem., T. XIV, 1892, p. 161-85).

2) Ciò ha evidentemente luogo anche se la curva non è algebrica (cfr. V. Snyder, *Twisted Curves whose Tangents belong to a Linear Complex,* Id., T. XXIX, 1907, p. 278).

3) Ove ciò accada il corrispondente piano osculatore deve avere con la curva almeno un contatto di 5° ordine (v. Snyder, l. c.).

ogni retta dello spazio è incontrata da $2(n-1)$ sue tangenti; *il suo rango è quindi* $2(n-1)$. Proiettandola da un punto arbitrario su un piano qualunque dello spazio si ottiene una curva dell'ordine n, della classe $2(n-1)$, esente da cuspidi; detto quindi d il numero dei suoi punti doppi (numero generalmente eguale a quello dei punti doppi apparenti di Γ), per una delle formole di Plücker, si avrà

$$n(n-1)-2d=2(n-1)$$

donde

$$d=\frac{(n-1)(n-2)}{2}.$$

La proiezione (epperò anche la curva obbiettiva) è in conseguenza di genere 0; in altre parole:

Le curve algebriche corrispondentisi rispetto ad un complesso lineare sono tutte razionali.

Applicando le formole (di Cayley) che legano le caratteristiche di una curva a doppia curvatura si può facilmente dimostrare che i numeri correlativi sono (come vedemmo accadere per ordine e classe) fra loro eguali.

§ 3. *Curve di cui tutte le tangenti appartengono ad un complesso di grado superiore al primo.*

I. Le linee di lunghezza nulla, avendo per tangenti rette che incontrano il cerchio immaginario all'infinito, appartengono alla categoria di curve a cui è dedicato il presente paragrafo. Esse son curve immaginarie soddisfacenti l'equazione

$$dx^2+dy^2+dz^2=0 \tag{1}$$

ed ammettono la seguente rappresentazione parametrica:

$$\left\{\begin{aligned} x &= (1-t^2)f''(t)+2tf'(t)-2f(t)\\ y &= i(1+t^2)f''(t)-2itf'(t)+2if(t)\\ z &= 2tf''(t)-2f'(t)\end{aligned}\right. \tag{2}$$

ove $f(t)$ è una funzione arbitraria [1]).

[1]) Weiertrass, Berlin. Monatsberichte, 1866, p. 619.

II. Per trovare le formole analoghe relative alle curve appartenenti ad un complesso tetraedrale [1]) si esegua una trasformazione proiettiva che faccia andare all'infinito una faccia del tetraedro fondamentale e si assumano le altre facce come piani di riferimento di un sistema cartesiano.

Sia poi

$$\frac{X-x}{dx}=\frac{Y-y}{dy}=\frac{Z-z}{dz} \tag{3}$$

l'equazione della tangente nel punto (x, y, z) ad una delle curve in questione; le terze coordinate dei punti in cui questa retta incontra i tre piani coordinati essendo

$$z-x\frac{dz}{dx}\ ,\ z-y\frac{dz}{dy}\ ,\ 0$$

il birapporto $\varDelta$ che esse formano col punto all'infinito della stessa retta è espresso da

$$\frac{(xdz-zdx)\,dy}{(ydz-zdy)\,dx}\ .$$

Se, quindi, si indica con $\frac{a-c}{b-c}$ il valore costante di $\varDelta$ si avrà per le fatte ipotesi:

$$\frac{(xdz-zdx)\,dy}{(ydz-zdy)\,dx}=\frac{a-c}{b-c}$$

ossia

$$\frac{x(b-c)}{dx}+\frac{y(c-a)}{dy}+\frac{z(a-b)}{dz}=0: \tag{4}$$

questa è l'equazione differenziale delle curve domandate.

Per integrarla distingueremo due casi:

1) Supponiamo che il rapporto $\frac{dx}{x}:\frac{dy}{y}$ sia *variabile* lungo una delle curve considerate; posto allora

$$\frac{dx}{x}:\frac{dy}{y}=\frac{1}{a+t}:\frac{1}{b+t},$$

---

[1]) Lie-Scheffers, *Geometrie der Berührungstransformationen*, I Bd. (Leipzig, p. 327).

per la (4) si ottiene

$$\frac{dx}{x} : \frac{dy}{y} : \frac{dz}{z} = \frac{1}{a+t} : \frac{1}{b+t} : \frac{1}{c+t},$$

epperò

$$\frac{dx}{x} = \frac{f(t)}{a+t}\,dt\,,\quad \frac{dy}{y} = \frac{f(t)}{b+t}\,dt\,,\quad \frac{dz}{z} = \frac{f(t)}{c+t}\,dt$$

$f(t)$ essendo una funzione arbitraria. Integrando e chiamando A, B, C tre costanti qualunque si trova:

$$x = Ae^{\int \frac{f(t)}{t+a}dt}\,,\quad y = Be^{\int \frac{f(t)}{t+b}dt}\,,\quad z = Ce^{\int \frac{f(t)}{t+c}dt}\,, \tag{5}$$

formole che rappresentano la soluzione generale del problema. Se p. es. $f(t)$ è costante $\left(=\frac{1}{n}\right)$ le (5) dànno

$$x = Ae^{\frac{1}{n}\int \frac{dt}{a+t}} = Ae^{\frac{1}{n}\log(a+t)} \qquad \text{ecc.}$$

ossia

$$\left(\frac{x}{A}\right)^n = a+t\,,\quad \left(\frac{y}{B}\right)^n = b+t\,,\quad \left(\frac{z}{C}\right)^n = c+t$$

donde

$$\left(\frac{x}{A}\right)^n - a = \left(\frac{y}{B}\right)^n - b = \left(\frac{z}{C}\right)^n - c\,,$$

equazioni che rappresentano infinite curve di Lamé, trasformate omografiche delle curve simmetriche rispetto ad un tetraedro che studiammo nel § 1 del presente Capitolo.

2) Se invece i rapporti mutui di $\frac{dx}{x}$, $\frac{dy}{y}$, $\frac{dz}{z}$ sono costanti, si ponga

$$\frac{dx}{x} : \frac{1}{\alpha} = \frac{dy}{y} : \frac{1}{\beta} = \frac{dz}{z} : \frac{1}{\gamma}\,(=d\tau);$$

la (4) mostra che fra le costanti α, β, γ e le a, b, c passa la relazione

$$(6) \qquad (b-c)\,\alpha + (c-a)\,\beta + (a-b)\,\gamma = 0\,;$$

essendo poi

$$\frac{dx}{x} = \frac{d\tau}{\alpha}$$

integrando si trova (A, B, C essendo costanti arbitrarie)

$$\log \frac{x}{A} = \frac{\tau}{\alpha}$$

ossia

$$x^\alpha = A^\alpha\, e^\tau$$

e così

$$y^\beta = B^\beta\, e^\tau \ , \ z^\gamma = C^\gamma\, e^\tau$$

ossia

$$(6) \qquad \frac{x^\alpha}{A_0} = \frac{y^\beta}{B_0} = \frac{z^\gamma}{C_0}$$

A_0, B_0, C_0 essendo nuove costanti arbitrarie.

Le (6) rappresentano le curve cercate nel caso suindicato; seguendo l'esempio dato da Klein e Lie si chiamano di solito *Curve W.* [1]).

III. Se

$$f(p_{23}, p_{31}, p_{12}, p_{01}, p_{02}, p_{03}) = 0$$

è l'equazione di un complesso di rette, affinchè questo contenga la retta (3) dev'essere soddisfatta l'equazione

$$(7) \qquad f(ydz - zdy \ , \ zdx - xdz \ , \ xdy - ydx \ , \ dx \ , \ dy \ , \ dz) = 0\,;$$

ora questa è della forma

$$(8) \qquad \Omega(x \ , \ y \ , \ z \ , \ dx \ , \ dy \ , \ dz) = 0$$

Ω essendo una funzione omogenea in dx, dy, dz onde appartiene alla classe delle « equazioni di Monge » (secondo la no-

[1]) F. Klein e S. Lie, *Sur une certaine famille de courbes et surfaces* (Comptes rendus, T. LXX, 1870, p. 1222-26 e 1275-79).

menclatura di S. Lie). Tutte le curve integrali di essa appartengono ad un complesso e godono di una proprietà che si stabilisce come segue: Detti s l'arco di una di dette curve integrali; α, β, γ i coseni di direzione della tangente, ξ, η, ζ quelli della normale principale e r il raggio di curvatura, la (8) si scrive

$$\Omega(x, y, z, \alpha, \beta, \gamma) = 0;$$

differenziandola ed applicando le formole di Serret-Frenet se ne deduce:

$$\left\{ \frac{\partial\Omega}{\partial x}\alpha + \frac{\partial\Omega}{\partial y}\beta + \frac{\partial\Omega}{\partial z}\gamma \right\} + \frac{1}{2}\left\{ \frac{\partial\Omega}{\partial\alpha}\xi + \frac{\partial\Omega}{\partial\beta}\eta + \frac{\partial\Omega}{\partial\gamma}\zeta \right\} = 0.$$

Ma se x_0, y_0, z_0 sono le coordinate del centro di curvatura nel punto x, y, z si ha notoriamente:

$$x_0 = x + r\xi, \quad y_0 = y + r\eta, \quad z_0 = z + r\zeta, \quad (x_0 - x)\alpha + (y_0 - y)\beta + (z_0 - z)\gamma = 0;$$

e la precedente si può scrivere come segue:

$$\left\{ \frac{\partial\Omega}{\partial x}\alpha + \frac{\partial\Omega}{\partial y}\beta + \frac{\partial\Omega}{\partial z}\gamma \right\} \left\{ (x - x_0)^2 + (y - y_0)^2 + (z - z_0)^2 \right\}$$
$$\frac{\partial\Omega}{\partial\alpha}(x_0 - x) + \frac{\partial\Omega}{\partial\beta}(y_0 - y) + \frac{\partial\Omega}{\partial\gamma}(z_0 - z) = 0.$$

Avuto riguardo alle due ultime equazioni scritte si può ritenere dimostrato il seguente

TEOREMA DI LIE [1]). *Se si considerano tutte le curve integrali di un'equazione di Monge che passano per un dato punto* P *ed hanno ivi la stessa tangente* t, *i loro centri di curvatura relativi al punto* P *appartengono ad un medesimo cerchio situato nel piano condotto dal punto* P *perpendicolarmente alla retta* t [2]).

---

1) *Zur Geometrie einer Monge'sche Gleichung* (Leipz. Ber., T. L, 1898, p. 1-2).

2) Speciali curve le cui tangenti appartengono ad un complesso lineare s'incontrano nella nota di E. Turrière, *Sur une transformations des courbes du complèxe linéaire* (Annales de Acad. de Porto, T. XIV, p. 129-41); nella quale sono considerate le curve le cui normali principali appartengono ad

§ 4. *Curve gobbe algebriche rettificabili mediante archi di cerchio o d'ellisse.*

Una curva dicesi rettificabile algebricamente quando la lunghezza di un suo arco qualunque è una funzione algebrica delle coordinate del suo estremo; se sta in un piano essa è — in forza di un teorema di G. Humbert — l'evoluta di una curva algebrica; altrettanto accade se appartiene ad una sfera; nel caso generale essa deve soddisfare ad altre condizioni, che possono esprimersi in vario modo [1]; per rappresentarle analiticamente servono formole del seguente tipo:

$$(1) \qquad \left\{ \begin{aligned} x &= v' + (u w' - v) \\ iy &= v' - (u w' - v) \\ z &= w' - (u v' - v) \\ s &= w' + (u v' - v) \,, \end{aligned} \right.$$

l'ultima delle quali (ove s è l'arco) è corollario delle precedenti, nell'ipotesi che v e w siano funzioni algebriche di u.

Non si conoscono criteri analoghi per decidere quando la rettificazione di una linea dipenda da funzioni circolari ed ellittiche; si conoscono però alcune classi di curve dotate di tale proprietà ed ora ne daremo notizia [2].

---

un complesso della stessa specie e alcune curve le cui tangenti appartengono a certi speciali complessi di secondo grado. È ivi applicata l'osservazione che ogni curva gobba può intendersi inviluppata dagli ∞^1 piani rappresentati da un'equazione della forma

$$x \cos t + y \operatorname{sen} t + \mu z = \nu$$

ove μ, ν sono note funzioni del parametro t.

1) P. Stäckel, *Ueber algebraisch rectificierbare Raumcurven* (Math. Ann., T. XLIII, 1892, p. 171-84) e *Ueber algebraische Raumcurven* (Id. T. XLV, 1894, p. 341-70); E. Salkowski, *Algebraisch rektifizierbare Raumkurven* (Id. T. LXVII, 1909, p. 445-58).

2) Per quanto segue vedi H. Molins, *Détermination, sous forme intégrable, des équations des courbes dont le rayon de courbure et le rayon de torsion sont liés par une rélation donnée quelconque* (Journ. de Mathém., II Ser., T. XIX, 1874, p. 425-51 e *Sur des nouvelles classes de courbes gauches dont les arcs représentent exactement la fonction elliptique de première espèce à module quelconque* (Id. III Ser., T. VI, 1879, p. 187-212).

Una di tali classi ha per equazioni generali:

$$(2)\quad \begin{cases} \dfrac{x}{l} = \dfrac{1}{2(1-p)}\cos(1-p)\,t + \dfrac{1}{2(1+p)}\cos(1+p)\,t \\[2ex] \dfrac{y}{l} = \dfrac{1}{2(1-p)}\operatorname{sen}(1-p)\,t - \dfrac{1}{2(1+p)}\operatorname{sen}(1+p)\,t \\[2ex] \dfrac{z}{l} = \operatorname{sen} t; \end{cases}$$

ora, supposto il numero p razionale, queste formole rappresentano evidentemente curve non solo algebriche, ma anche razionali; da esse segue:

$$\frac{1}{l}\frac{dx}{dt} = -\frac{1}{2}\operatorname{sen}(1-p)\,t - \frac{1}{2}\operatorname{sen}(1+p)\,t$$

$$\frac{1}{l}\frac{dy}{dt} = \frac{1}{2}\cos(1-p)\,t - \frac{1}{2}\operatorname{sen}(1+p)\,t$$

$$\frac{1}{l}\frac{dz}{dt} = \cos t;$$

quadrando e sommando queste relazioni si trova

$$\frac{ds}{dt} = l,$$

onde

$$s = lt + \text{cost}.$$

ossia

$$(3)\qquad s = l \operatorname{arc\,sen}\frac{z}{k} + \text{cost}.$$

donde emerge che *le curve in questione sono rettificabili per archi di cerchi.*

Eliminando t fra le (2) si trova l'equazione

$$x^2 + y^2 + \frac{z^2}{p^2-1} = \frac{l^2}{(p^2-1)^2};$$

dunque *quelle curve appartengono tutte a quàdriche centrali di rotazione.*

Si supponga $0 < p < 1$ e si faccia:

$$\frac{l}{2(1-p)} = R - r \; , \quad \frac{l}{2(1+p)} = r \; , \quad (1-p)\,t = \varphi \, ;$$

le prime due equazioni (2) diverranno:

$$x = (R-r)\cos\varphi + R\cos\left(\frac{R-r}{r}\,\varphi\right)$$

$$y = (R-r)\,\mathrm{sen}\,\varphi - R\,\mathrm{sen}\left(\frac{R-r}{r}\,\varphi\right)$$

le quali equazioni mostrano che tutte le curve in questione si proiettano ortogonalmente sul piano xy secondo epicicloidi. Alla stessa conclusione si giunge in modo analogo nell'ipotesi $p > 1$.

Se la terza delle equazioni (2) si sostituisce con quest'altra

$$z = m\,\mathrm{sen}\,t$$

ove $m \mp l$, si ottengono curve analoghe, ma rettificabili mediante integrali ellittici di II specie.

Si considerino similmente le equazioni

$$\text{(4)} \qquad \left\{ \begin{array}{l} x = a\cos(p+1)\,t + b\cos(p-1)\,t \\ y = a\,\mathrm{sen}\,(p+1)\,t + b\,\mathrm{sen}\,(p-1)\,t \\ z = c\,\mathrm{sen}\,t \; , \end{array} \right.$$

ove p è ancora un numero razionale; e si applichi ad una qualunque delle curve così rappresentate l'inversione

$$x' = \frac{k^2x}{x^2+y^2+z^2} \; , \quad y' = \frac{k^2y}{x^2+y^2+z^2} \; , \quad z' = \frac{k^2z}{x^2+y^2+z^2}$$

Essendo in generale (cfr. p. 57)

$$ds' = \frac{k^2ds}{x^2+y^2+z^2} \, ,$$

se si suppone che le costanti a, b, c, p soddisfino la relazione

$$\frac{4ab(p^2-1)+c^2}{[p(a+b)+(a-b)]^2+c^2} = \frac{4ab-c^2}{(a-b)^2} \, ,$$

per la trasformata di una delle curve (4) si ha:

(5)
$$ds' = \frac{k^2\sqrt{[p(a+b)+(a-b)]^2+c^2}}{(a+b)^2} \frac{dt}{\sqrt{1-\frac{4ab-c^2}{(a+b)^2}\operatorname{sen}^2 t}}$$

donde si trae che *essa trasformata è rettificabile col mezzo d' integrali ellittici di prima specie.*

Lasciamo al lettore di verificare che, supponendo

$$c = 2\sqrt{ab(1-p^2)}\ ,$$

le formole (4) rappresentano *curve rettificabili mediante archi di circolo*; lo si dimostra con un semplice calcolo.

§ 5. *Curve di origine ciclografica.*

Gli sviluppi che di recente ottenne la ciclografia del Fiedler per merito di E. Müller condussero [1]) a considerare le curve rappresentate dall'uno o l'altro dei seguenti sistemi di equazioni.

$$(1)\quad \left\{\begin{aligned} x &= R\cos\varphi \\ y &= R\operatorname{sen}\varphi \\ z &= \frac{2R}{\mu}\operatorname{sen}\frac{\mu\varphi}{2} \end{aligned}\right. \qquad (2)\quad \left\{\begin{aligned} x &= R\cos\varphi \\ y &= R\operatorname{sen}\varphi \\ z^2 &= h^2+r^2-2hr\cos n\varphi \end{aligned}\right.$$

μ e n essendo numeri *interi*, che possono supporsi positivi. Ne estenderemo il concetto supponendo quei numeri semplicemente *razionali* (positivi), ma per brevità ci occuperemo soltanto di quelle rappresentate dalle (1), lasciando ai lettori lo studio analogo delle (2).

Notiamo anzitutto che dalle (1) segue

$$(2)\qquad x^2+y^2=R^2\ ,\ |z| \leqq \frac{2R}{\mu}\ ,$$

---

[1]) O. Danzer, *Ueber Kurven, die sich zyklographisch als Zykloide abbilden* (Monatshefte f. Math. u. Phys., T. XXII, 1911, p. 170-76).

onde ogni curva del detto tipo appartiene ad un cilindro circolare retto ed è tutta compresa entro lo strato limitato dai piani $z = \pm \frac{2R}{\mu}$. Le sue proiezioni sui piani xz e yz sono curve di Lissajous [1]). Facciamo $\mu = \frac{p}{q}$, p e q essendo numeri interi fra loro primi; i punti comuni alla curva in questione ed al piano

$$Ax + By + Cz + D = 0$$

corrispondono ai valori di φ soddisfacenti l'equazione seguente:

$$(3) \qquad pR(A\cos\varphi + B\,\mathrm{sen}\,\varphi) + 2qRC\,\mathrm{sen}\frac{p\varphi}{2q} + pD = 0\,;$$

per vedere quanti siano è necessario distinguere l'ipotesi di p pari dalla opposta.

a) Se $p = 2p'$, posto $\frac{\varphi}{q} = \psi$ la (3) diviene

$$p'R(A\cos q\psi + B\,\mathrm{sen}\,q\psi) + qRC\,\mathrm{sen}\,p'\psi + p'D = 0\,;$$

ma se si pone

$$\mathrm{tg}\,\frac{\psi}{2} = t$$

si ha, per tutti i valori interi positivi di m,

$$\cos m\psi = \frac{F_{2m}}{(1+t^2)^m}\,, \quad \mathrm{sen}\,m\psi = \frac{F_{2m-1}}{(1+t^2)^m}$$

F_{2m} e F_{2m-1} essendo polinomi interi in t dei gradi indicati dagli indici. La precedente equazione diviene in conseguenza:

$$\frac{p'R(AF_{2q} + BF_{2q-1})}{(1+t^2)^q} + qRC\,\frac{F_{2p'-1}}{(1+t^2)^{p'}} + p'D = 0\,;$$

ora, se $q > p'$ ossia $2q > p$ quest'equazione liberata dai denominatori si manifesta dal grado $2q$; se invece $q < p'$, ossia

1) Cfr. G. Loria, *Sp. Kurv.*, T. I (II Aufl.) p. 482 e segg.

$2q < p$, essa si trasforma parimente in un'equazione del grado $2p' = p$.

b) Se p è dispari, posto $\frac{\varphi}{2q} = \psi$ e, come prima, $t = tg\frac{\psi}{2}$ la (3) si muta in quest'altra:

$$\frac{pr\,(AF_{4q} + BF_{4q-1})}{(1+t^2)^{2q}} + 2qRC\,\frac{F_{2p-1}}{(1+t^2)^p} + pD = 0$$

la quale, se $2q > p$ è del grado $4q$, mentre nella ipotesi contraria risulta del grado $2p$.

Raccogliendo i risultati di tale discussione possiamo dire: *Supponendo* $\mu = \frac{\mathrm{p}}{\mathrm{q}}$ *la curva rappresentata dalle equazioni* (1) *è sempre algebrica razionale; se* p *è pari essa è di un ordine eguale al maggiore dei numeri* p, 2q, *mentre, se* p *è dispari, il suo ordine è espresso dal maggiore dei numeri* 2p, 4q.

Sviluppando su un piano il cilindro contenente la curva, al punto che corrisponde al valore φ del parametro corrisponde quello di coordinate

$$u = R\varphi\ ,\ v = \frac{2R}{\mu}\,\mathrm{sen}\,\frac{\mu\varphi}{2}\,;$$

siccome da questa segue

$$v = \frac{2R}{\mu}\,\mathrm{sen}\,\frac{\mu u}{2R}$$

così *la data curva si muta in una sinusoide.*

Presi come piani di proiezione in un sistema mongiano i piani xy, xz la prima proiezione della curva in questione è un cerchio, mentre la seconda si può costruire agevolmente per punti; la tangente in un punto qualunque P si proietta orizzontalmente nella corrispondente tangente del cerchio base; per trovare la proiezione verticale, notisi che l'equazioni della tangente sono

$$\frac{X - x}{-\,\mathrm{sen}\,\varphi} = \frac{Y - y}{\cos\varphi} = \frac{Z - z}{\cos\frac{\mu\varphi}{2}}$$

onde le coordinate X, Y della traccia orizzontale T_1 della tangente stessa sono tali che

$$\sqrt{(X-x)^2+(Y-y)^2} = \frac{2Rz}{\sqrt{4R^2-\mu^2z^2}};$$

il segmento $P'T_1$ è quindi agevolmente costruibile con riga e compasso; noto T_1, il punto T_1'' unito a P'' dà la cercata proiezione verticale della tangente.

L'equazione dell'osculatore è:

$$\begin{vmatrix} X-R\cos\varphi & Y-R\,\mathrm{sen}\,\varphi & Z-\dfrac{2R}{\mu}\,\mathrm{sen}\,\dfrac{\mu\varphi}{2} \\ -R\,\mathrm{sen}\,\varphi & R\cos\varphi & R\cos\dfrac{\mu\varphi}{2} \\ -R\cos\varphi & -R\,\mathrm{sen}\,\varphi & -\dfrac{\mu R}{2}\,\mathrm{sen}\,\dfrac{\mu\varphi}{2} \end{vmatrix} = 0;$$

se ne deduce che il punto nel quale esso incontra l'asse del dato cilindro ha per terza coordinata

$$Z = \frac{4-\mu^2}{4}\,z,$$

onde è facilmente costruibile; esso, con la già costruita tangente in P, determina l'osculatore in questo punto.

La curva ammette piani stazionari in tutti i punti per cui

$$\cos\frac{\mu\varphi}{2} = 0.$$

La sua classe si determina con una discussione analoga a quella che ci servì a trovare l'ordine e che lasciamo al lettore.

§ 6. *Curve globoidali in genere, in particolare le lumache globoidali* [1]).

Una naturale generalizzazione del concetto di « toro » porta a considerare la superficie generata dalla rotazione di una circonferenza attorno ad un asse situato comunque nello spazio;

1) E. Neubauer, *Globoidschneckenlinien, globoidische Strahlensysteme und Regelflächen* (Diss. Halle, 1922).

è una superficie che venne incontrata nella tecnica ove ricevette il nome di *globoide* [1]).

Per trovarne la rappresentazione parametrica osserviamo che la superficie generata dalla rotazione attorno a $0z$ della curva

$$x=\xi(\omega)\,,\ y=\eta(\omega)\,,\ z=\zeta(\omega)\,,$$

ove ω è il parametro, può rappresentarsi nel seguente modo:

$$\begin{cases} x=\xi(\omega)\cos\chi-\eta(\omega)\operatorname{sen}\chi \\ y=\xi(\omega)\operatorname{sen}\chi+\eta(\omega)\cos\chi \\ z=\zeta(\omega)\,, \end{cases}$$

χ essendo un altro parametro.

Applichiamo queste formule al cerchio rappresentato dalle equazioni (16) della pag. 68 del vol. I, ed otterremo:

$$\begin{gathered} x=x_0\cos\chi-y_0\operatorname{sen}\chi+ \\ +r\{\cos(\varphi+\chi)\cos(\psi-\omega)+\operatorname{sen}(\varphi+\chi)\operatorname{sen}(\psi-\omega)\cos\theta\} \\ y=x_0\operatorname{sen}\chi+y_0\cos\chi+ \\ +r\{\operatorname{sen}(\varphi+\chi)\cos(\psi-\omega)-\cos(\varphi+\chi)\operatorname{sen}(\psi-\omega)\cos\theta\} \\ z=z_0+r\operatorname{sen}(\psi-\omega)\operatorname{sen}\theta\,. \end{gathered}$$

Per semplificare queste formule poniamo

$$x_0=l\cos\lambda\ ,\ \ y_0=l\operatorname{sen}\lambda$$

e sostituiamo a χ il parametro t definito dalla formula $\chi+\lambda=t$. Allora le prime due delle equazioni precedenti assumeranno la seguente forma:

$$\begin{aligned} x&=l\cos t+r\{\cos(\varphi+t-\lambda)\cos(\psi-\omega)+\operatorname{sen}(\varphi+t-\lambda)\operatorname{sen}(\psi-\omega)\cos\theta\} \\ y&=l\operatorname{sen}t+r\{\operatorname{sen}(\varphi+t-\lambda)\cos(\psi-\omega)-\cos(\varphi+t-\lambda)\operatorname{sen}(\psi-\omega)\cos\theta\}. \end{aligned}$$

Se, di più, si pone $\lambda-\varphi=\mu$ e s' introduce in luogo di ω il parametro $u=\psi-\omega$ si giunge alle seguenti formule, che riterremo definitive:

$$(1)\quad \begin{cases} x=l\cos t+r\{\cos(t-\mu)\cos u+\operatorname{sen}(t-\mu)\operatorname{sen}u\,.\cos\theta\} \\ y=l\operatorname{sen}t+r\{\operatorname{sen}(t-\mu)\cos u-\cos(t-\mu)\operatorname{sen}u\,.\cos\theta\} \\ z=z_0+r\operatorname{sen}u\,.\operatorname{sen}\theta\,. \end{cases}$$

---

[1]) F. Reuleaux, *Der Konstrukteur*, IV Aufl., p. 569; *Theoretische Kinematik*, II Bd., p. 678.

Esse rappresentano una superficie di quarto ordine avente per linea doppia il cerchio immaginario all'infinito. Stabilendo una relazione fra i parametri t e u si ottiene una curva situata su quella superficie e che dicesi *linea globoidale*. Notiamo che, appunto nell'ipotesi che u sia funzione di t, ponendo

$$(2) \qquad \begin{cases} x_1 = l \cos t \\ y_1 = l \operatorname{sen} t, \\ z_1 = 0 \end{cases}$$

$$(3) \qquad \begin{cases} x_2 = r \{ \cos(t-\mu) \cos u + \operatorname{sen}(t-\mu) \operatorname{sen} u \cos\theta \} \\ y_2 = r \{ \operatorname{sen}(t-\mu) \cos u - \cos(t-\mu) \operatorname{sen} u \cos\theta \} \\ z_2 = r \operatorname{sen} u \operatorname{sen}\theta, \end{cases}$$

le equazioni (1) divengono

$$x = x_1 + x_2 \ , \ y = y_1 + y_2 \ , \ z = z_1 + z_2$$

donde emerge che la linea considerata può costruirsi come curva d'addizione di quelle rappresentate dalle (2), (3); ma le prime rappresentano una circonferenza e le altre una curva sferica; dunque: *qualunque curva globoidale può ottenersi come curva d'addizione di un cerchio e di una curva sferica.* Tale relazione abilita a dedurre da proprietà delle curve tracciate sulla sfera altrettante prerogative di quelle appartenenti ad una superficie globoide.

Le più semplici linee globoidali corrispondono all'ipotesi che t e u siano legate dalla relazione $u = kt$, k essendo costante; esse si chiamano *lumache globoidali.*

Se di più si suppone $k = \frac{m}{n}$, ove m e n sono interi fra loro primi, si perviene a delle curve algebriche. In tale ipotesi, ponendo

$$n = m\zeta \ , \ t = n\zeta \ , \ tg\,\frac{\zeta}{2} = T,$$

si ottengono x, y, z, espresse mediante funzioni algebriche razionali di grado $2(m+n)$ di T; donde emerge che le lumache globoidali sono in tal caso curve razionali dell'ordine $2(m+n)$. Il caso più semplice $m = n = 1$, riconduce alle quartiche di seconda specie.

Capitolo X.

CURVE SFERICHE.

A) Nozioni di geometria sferica.

§ 1. *Coordinate sferiche:* a) *Le coordinate metacartesiane*

Per investigare le curve tracciate su di una superficie giova ricorrere ad una rappresentazione di questa su di un piano o ad un opportuno sistema di coordinate. Nell' ipotesi che la superficie sia sferica è utile di ricorrere alla proiezione stereografica della stessa; di tale rappresentazione ci occuperemo, dopo di avere esposto come lo stesso scopo possa raggiungersi estendendo i procedimenti in uso nella geometria analitica del piano.

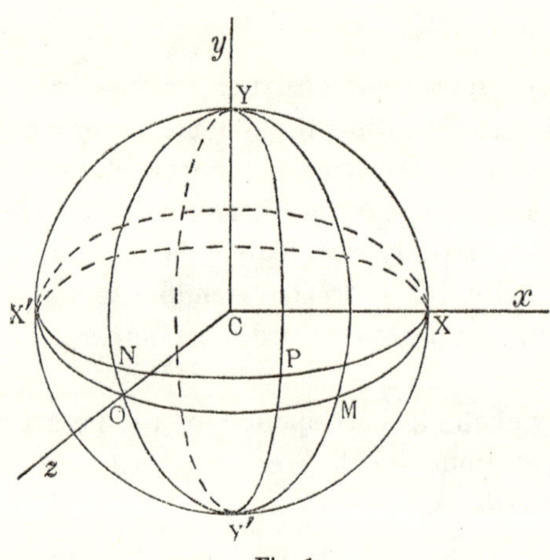

Fig. 1.

Gudermann [1]), Graves [2]) e Bourget [3]) nei loro studi sulla geometria della

---

1) *Grundriss der analytische Spärik* (Kölu, 1830); v. anche le molte memorie pubblicate dallo stesso geometra nel G. di Crelle, fra le quali segnaliamo quella (*De curva quarti ordinis sphaerica, de circulari scalena*: J. f. r. u. Math., T. XLIII, 1852, p. 93-113) dedicata al luogo dei punti di una sfera tali che gli archi di circolo massimo che li uniscono a due punti fissi della stessa formino fra loro un angolo costante.

2) *M. Chasles' Memoirs on Cones and spherical Conics, with Notes and an Appendix* (Dublin, 1841).

3) *Essai de géométrie analytique de la sphère* (Tours, 1847), da cui è estratta la nota *Sur la géométrie analytique de la sphère* (Nouv. Ann. de Ma-

sfera fecero uso di un sistema di coordinate analoghe a quelle che, nel piano, portano il nome di Cartesio; ci sia, quindi lecito, chiamarle *metacartesiane*.

Per definirle consideriamo (v. fig. 1) sulla sfera due circoli massimi OXX', OYY fra loro perpendicolari ed un punto qualunque P della superficie; se i circoli massimi PYY' e PXX' tagliano gli archi OX, OY risp. in M e N le coordinate (metacartesiane) del punto P saranno i numeri:

$$u = \operatorname{tg} OM \quad , \quad v = \operatorname{tg} ON \, .$$

Proiettando tutta la figura dal centro C della sfera sul piano che la tocca in O si otterrà un punto P' le cui coordinate cartesiane rispetto alle proiezioni degli archi OX, OY valgono precisamente u, v; donde emerge che *un'equazione di grado* n *fra le coordinate metacartesiane di un punto della sfera rappresenta una curva nella quale questa è tagliata da un cono d'ordine* n *concentrico alla sfera stessa.*

Si assuma il centro C della data sfera come origine di un sistema cartesiano ortogonale avente CX per asse delle x e CY per asse delle z e si supponga per semplicità che la data sfera sia di raggio 1.

Per determinare le relazioni che intercedono fra le due specie di coordinate di uno stesso punto P chiamiamo ϱ, ω gli archi YP e OM; sarà

$$u = \operatorname{tg} \omega \tag{1}$$

$$\operatorname{arc} MP = \frac{\pi}{2} - \varrho \quad , \quad \operatorname{arc} MX = \frac{\pi}{2} - \omega \, ;$$

e poichè il triangolo sferico rettangolo PMX dà

$$\operatorname{tg} MP = \operatorname{sen} MX . \operatorname{tg} ON \, ,$$

---

them., T. VII, 1848, p. 147 e 174). — Da notare che le coordinate omogenee applicate dal Möbius nella sua memoria *Grundformen der Linien dritten Ordung* (Abh. de k. Sächs. Ges. der Wiss., T. I, 1852; Gesammelte Werke, T. II, 1886, p. 89 e segg.) sono in realtà coordinate dei raggi di una stella; quelle proposte ed usate da F. Daniëls (*Essai de géométrie sphériques en coordonnées projetives*, Fribourg, 1908; *Analytische Sphärik in homogener Koordinaten*, Arch. f. Math. u. Phys., III Ser., T. V, 1903, p. 261 e segg.) riposano sull'uso di vettori.

si ottiene

$$v = \frac{\mathrm{tg}\left(\frac{\pi}{2} - \varrho\right)}{\mathrm{sen}\left(\frac{\pi}{2} - \omega\right)}$$

cioè

$$v = \frac{1}{\cos\omega \,.\, \mathrm{tg}\,\varrho}\,. \tag{2}$$

Ora le (1) e (2) danno:

$$\begin{cases} \mathrm{sen}\,\omega = \dfrac{u}{\sqrt{1+u^2}}\,, \cos\omega = \dfrac{1}{\sqrt{1+u^2}} \\ \mathrm{tg}\,\varrho = \dfrac{1}{v\cos\omega} = \dfrac{\sqrt{1+u^2}}{v}\,, \mathrm{sen}\,\varrho = \dfrac{\sqrt{1+u^2}}{\sqrt{1+u^2+v^2}}\,, \cos\varrho = \dfrac{v}{\sqrt{1+u^2+v^2}}\,; \end{cases}$$

e siccome dimostreremo fra poco (p. 41) le relazioni

$$x = \mathrm{sen}\,\varrho \,.\, \cos\omega \;,\; y = \mathrm{sen}\,\varrho \,.\, \mathrm{sen}\,\omega \;,\; z = \cos\varrho\;,$$

così si conclude:

$$x = \frac{u}{\sqrt{1+u^2+v^2}}\;,\; y = \frac{1}{\sqrt{1+u^2+v^2}}\;,\; z = \frac{v}{\sqrt{1+u^2+v^2}} \tag{3}$$ [1].

Formole più simmetriche si ottengono ponendo

$$u = \frac{\xi}{\eta}\;,\; v = \frac{\zeta}{\eta}\;;$$

infatti le (3) divengono:

$$x = \frac{\xi}{\sqrt{\xi^2+\eta^2+\zeta^2}}\;,\; y = \frac{\eta}{\sqrt{\xi^2+\eta^2+\zeta^2}}\;,\; z = \frac{\zeta}{\sqrt{\xi^2+\eta^2+\zeta^2}}\;; \tag{4}$$

---

[1]) Questa rappresentazione parametrica della considerata sfera presenta l' inconveniente di non essere razionale; la seguente

$$x = \frac{1+pq}{p+q}\;,\; y = i\,\frac{1-pq}{p+q}\;,\; z = \frac{p-q}{p+q}\;,$$

ove p , q sono variabili complesse coniugate si potrà usare quando si ammetta l' uso d' immaginari.

ξ, η, ζ sono coordinate omogenee dei punti della sfera. Sulle (3), (4) va osservato che, lasciando ai radicali tutta la loro generalità, ad ogni gruppo di coordinate corrispondono *otto* punti della sfera; per render univoca la corrispondenza fra punti e coordinate si potrà, quando la cosa è lecita, limitarsi a considerare un ottante della data sfera.

Qualunque circolo della data sfera è l'intersezione di questa con un piano; se

$$Ax + By + Cz + D = 0$$

ne è l'equazione, in coordinate metacartesiane quel circolo si può rappresentare mediante l'equazione

$$(5) \qquad (Au + B + Cv)^2 - D^2(1 + u^2 + v^2) = 0;$$

se in particolare si tratta di un circolo massimo, $D = 0$ e la (5) diviene semplicemente

$$(6) \qquad Au + B + Cv = 0:$$

emerge da ciò che l'equazione lineare generale in coordinate metacartesiane appartiene ai circoli massimi della sfera. I centri sferici del circolo (5) sono le intersezioni della data sfera col diametro perpendicolare al piano di quel circolo, cioè con la retta

$$\frac{x}{A} = \frac{y}{B} = \frac{z}{C};$$

si ha, quindi, in valore assoluto

$$\frac{u}{A} = \frac{1}{B} = \frac{v}{C}$$

epperò

$$u = \pm \frac{A}{B}, \quad v = \pm \frac{C}{B}$$

ove i segni si corrispondono; nel caso $B = 0$ si ha ancora

$$\frac{u}{A} = \frac{v}{C}$$

ed inoltre i centri sferici cadono sul piano xz.

La distanza sferica φ dei due punti $P_1(u_1, v_1)$, $P_2(u_2, v_2)$, non differisce dall'angolo delle due rette CP_1, CP_2, epperò è dato da

$$(7) \qquad \cos\varphi = x_1x_2 + y_1y_2 + z_1z_2 = \frac{u_1u_2 + 1 + v_1v_2}{\sqrt{u_1^2 + 1 + v_1^2}\sqrt{u_2^2 + 1 + v_2^2}}$$

o dall'equivalente

$$(7') \qquad \operatorname{sen}\varphi = \frac{\sqrt{\left\| \begin{matrix} u_1 & 1 & v_1 \\ u_2 & 1 & v_2 \end{matrix} \right\|^2}}{\sqrt{(u_1^2 + 1 + v_1^2)(u_2^2 + 1 + v_2^2)}}.$$

Perciò, se i due punti dati distano di un quadrante, si ha

$$u_1u_2 + 1 + v_1v_2 = 0.$$

ed il cerchio (generalmente minore) luogo dei punti che stanno alla distanza R dal punto (u_0, v_0) ha per equazione:

$$(8) \qquad (u_0^2 + v_0^2 + 1)(u^2 + v^2 + 1)\cos^2 R - (uu_0 + vv_0 + 1)^2 = 0.$$

Si faccia ora nelle (7) $u_1 = u$, $v_1 = v$; $u_2 = u + du$, $v_2 = v + dv$; allora $\operatorname{sen}\varphi$ si identifica con $d\varphi$, ossia con l'arco ds della sfera; se ne conclude

$$(9) \qquad ds = \frac{\sqrt{du^2 + dv^2 + (udv - vdu)^2}}{u^2 + 1 + v^2}$$

e si possono subito scrivere i valori delle quantità fondamentali (cfr. vol. I, p. 20) di I ordine E, F, G.

Una conica sferica nascendo dall'intersezione della data sfera con un cono ad essa concentrico ed il cono avendo un'equazione della forma

$$ax^2 + by^2 + cz^2 + 2e\,yz + 2fzx + 2gxy = 0,$$

si vede che, *in coordinate metacartesiane, una conica sferica ha un'equazione della seguente forma*

$$au^2 + b + cv^2 + 2ev + 2fuv + 2gu = 0,$$

cioè da un'equazione generale di 2° grado; ridotta questa alla forma tipica

$$\frac{u^2}{p^2} + \frac{v^2}{q^2} = 1;$$

se uno dei numeri p, q risulta eguale a 1, la curva corrispondente fu detta, dal Davies, *parabola sferica*.

§ 2. *Coordinate sferiche:* b) *Le coordinate polari geografiche.*

Per rappresentare mediante coordinate i punti di una sfera (di centro 0 e raggio 1) si può estendere il concetto di coordinate polari.

A tale scopo si fissi nella superficie un punto N e si consideri della stessa un punto arbitrario P, Se ϱ è l'arco (*colatitudine*) PN e ω l'angolo (*longitudine*) che il cerchio massimo a cui esso appartiene forma con un piano fisso NOA, ϱ e ω si dicono *coordinate geografiche* dal punto P [1]). Presi OA per asse delle x e ON per asse delle z, dall'esame della figura si trae:

$$PQ = \cos\varrho \;,\; OQ = \operatorname{sen}\varrho \;,\; OR = \operatorname{sen}\varrho . \cos\omega \;,\; QR = \operatorname{sen}\varrho . \operatorname{sen}\omega \,,$$

ossia

$$x = \operatorname{sen}\varrho . \cos\omega \;,\; y = \operatorname{sen}\varrho . \operatorname{sen}\omega \;,\; z = \cos\varrho \,, \tag{10}$$

formole che stabiliscono l' interdipendenza fra le coordinate cartesiane e le coordinate geografiche di un punto della data sfera [2]); da esse si traggono queste altre equivalenti:

$$\left\{ \begin{aligned} & \operatorname{tg}\omega = \frac{y}{x} \;,\; \operatorname{sen}\omega = \frac{y}{\sqrt{x^2+y^2}} \;,\; \cos\omega = \frac{x}{\sqrt{x^2+y^2}} \\ & \operatorname{tg}\varrho = \frac{\sqrt{x^2+y^2}}{z} \;,\; \operatorname{sen}\varrho = \sqrt{x^2+y^2} \;,\; \cos\varrho = z \end{aligned} \right. \tag{11}$$

---

1) Alcuni preferiscono l'angolo $\theta = \frac{\pi}{2} - \varrho$ (*latitudine*).

2) Se la sfera è di raggio $a \neq 1$, le formole (10) vanno sostituite con queste altre:

$$\left\{ \begin{aligned} x &= a \operatorname{sen}\frac{\varrho}{a}\cos\omega \\ y &= a \operatorname{sen}\frac{\varrho}{a}\operatorname{sen}\omega \\ z &= a \cos\frac{\varrho}{a} \end{aligned} \right. \tag{11'}$$

Siccome ϱ e ω hanno gli stessi significati che attribuimmo loro trattando delle coordinate metacartesiane, così fra queste e le coordinate geografiche di un punto della sfera passano le relazioni (1), (2) o le equivalenti

$$\omega = \operatorname{arc\,tg} u \ , \ \varrho = \operatorname{arc\,tg} \frac{\sqrt{1+u^2}}{v} \, . \tag{12}$$

Fra le coordinate cartesiane di un punto di un circolo massimo ha luogo una relazione della forma

$$Ax + By + Cz = D ;$$

perciò fra le sue coordinate geografiche ne sussiste una del seguente tipo:

$$\operatorname{sen} \varrho \, (A \cos \omega + B \operatorname{sen} \omega) + C \cos \varrho = 0 \, .$$

Ora, se m, r, α sono altre costanti opportunamente scelte, si può porre

$$A = m \cos \alpha \ , \ B = m \operatorname{sen} \alpha \ , \ C = -m \operatorname{tg} r$$

ed assumere come equazione generale dei circoli massimi della sfera la seguente:

$$\cos(\omega - \alpha) = \frac{\operatorname{tg} r}{\operatorname{tg} \varrho} \, . \tag{13}$$

Per applicare alla sfera la teoria generale delle superficie osserviamo che le linee coordinate altro non sono che i paralleli ed i meridiani della sfera e deduciamo dalle (10):

$$\frac{\partial x}{\partial \varrho} = \cos \varrho . \cos \omega \, , \ \frac{\partial y}{\partial \varrho} = \cos \varrho . \operatorname{sen} \omega \, , \ \frac{\partial z}{\partial \varrho} = -\operatorname{sen} \varrho$$

$$\frac{\partial x}{\partial \omega} = -\operatorname{sen} \varrho . \operatorname{sen} \omega \, , \ \frac{\partial y}{\partial \omega} = \operatorname{sen} \varrho . \cos \omega \, , \ \frac{\partial z}{\partial \omega} = 0 \, ;$$

perciò

$$E = 1 \ , \ F = 0 \ , \ G = \operatorname{sen}^2 \varrho \ , \ D = \operatorname{sen} \varrho \tag{14}$$

$$ds^2 = d\varrho^2 + \operatorname{sen}^2 \varrho . d\omega^2 . \tag{15}$$

Detto quindi μ l'angolo che l'elemento ds di curva forma col corrispondente meridiano, si ha:

$$(16) \qquad \cos\mu = \frac{1}{\sqrt{1+\left(\frac{d\omega}{d\varrho}\right)^2 \operatorname{sen}^2\varrho}},$$

$$\operatorname{sen}\mu = \frac{\frac{d\omega}{d\varrho}\operatorname{sen}\varrho}{\sqrt{1+\left(\frac{d\omega}{d\varrho}\right)^2 \operatorname{sen}^2\varrho}}, \quad \operatorname{tg}\mu = \frac{d\omega}{d\varrho}\operatorname{sen}\varrho.$$

Per mostrare un'applicazione di queste formole estendiamo alla sfera un noto problema di geometria piana [1]) cercando le curve caratterizzate dalla proprietà che, quando il raggio vettore ruota uniformemente attorno ad un polo fisso, altrettanto fa il cerchio massimo tangente. Ora, scegliendo opportunamente gli elementi di riferimento, l'enunciata condizione può esprimersi mediante una relazione della forma:

$$k\omega = \frac{\pi}{2} - \mu$$

k essendo un fattore costante. Se ne trae

$$\operatorname{cotg} k\omega = \operatorname{tg}\mu = \operatorname{sen}\varrho\frac{d\omega}{d\varrho}.$$

È questa l'equazione differenziale del problema; separando le variabili se ne trae

$$\frac{d\varrho}{\operatorname{sen}\varrho} = \operatorname{tg} k\omega . d\omega$$

onde integrando

$$\log\operatorname{tg}\frac{\varrho}{2} = \log c - \frac{1}{k}\log\cos k\omega$$

ossia

$$\operatorname{tg}\frac{\varrho}{2} . (\cos k\omega)^{\frac{1}{k}} = c$$

1) G. Loria, *Spez. alg. ebene Kurven*, T. I (2ª ed.) p. 471.

ovvero, ponendo $k = -n$

$$\operatorname{tg}\left(\frac{\varrho}{2}\right)^{n} = c^{n} \cos n\,\omega\,;$$

quest'equazione, che rappresenta le curve cercate, è del tutto analoga a quella delle spirali sinusoidi, che appunto risolvono il corrispondente problema piano.

Rispetto ad una curva sferica si possono considerare due elementi analoghi alla suttangente e alla sunnormale di una curva piana riferita a coordinate polari.

Per definirle chiamiamo P un punto qualunque di una curva sferica Γ; segniamo il corrispondente meridiano della sfera ed i cerchi massimi PT e PU risp. tangente e normale in P a Γ; ne siano T e U le intersezioni col meridiano perpendicolare a quello passante per il punto P. Definiremo allora come segue i nuovi elementi di cui sopra:

$$\text{suttangente} = \operatorname{tg} NT\ ,\quad \text{sunnormale} = \operatorname{tg} NU\,.$$

Per trovarne le espressioni consideriamo il triangolo sferico NPT, rettangolo in N ed ove l'angolo in P è quello dianzi chiamato μ; esso dà

$$\operatorname{tg}\mu = \frac{\operatorname{tg} NP}{\operatorname{sen} NV}$$

onde

$$\operatorname{tg} NT = \operatorname{tg}\mu . \operatorname{sen} NP = \operatorname{sen}^2\varrho . \frac{d\omega}{d\varrho}$$

cioè

$$\text{suttangente} = \operatorname{sen}^2\varrho . \frac{d\omega}{d\varrho} \tag{17}$$

Similmente il triangolo sferico NPU, pure rettangolo, dà

$$\operatorname{tg}\left(\frac{\pi}{2} - \mu\right) = \frac{\operatorname{tg} NU}{\operatorname{sen} NP}$$

onde

$$\operatorname{tg} NU = \operatorname{cotg}\mu . \operatorname{sen} NP = \frac{\operatorname{sen} NP}{\operatorname{tg}\mu}$$

dunque

$$\text{sunnormale} = \frac{d\varrho}{d\omega} \tag{18}$$

Segue da questa formola che le curve sferiche per cui è costante la sunnormale sono caratterizzate dall'equazione $\varrho = c\omega + k$ o più semplicemente $\varrho = c\omega$: sono le curve che studieremo fra poco (p. 57) sotto il nome di Clelie.

Un altro elemento che giova considerare è il circolo (generalmente minore) della data sfera che oscula una data curva sferica in un suo punto arbitrario (ϱ, ω) [1]). Per determinarlo chiamiamone (α, β) il centro e r il raggio sferico. Una semplice applicazione del teorema del coseno dà:

$$\cos r = \cos\beta \cos\varrho + \operatorname{sen}\beta \operatorname{sen}\varrho \cos(\omega - \alpha)\,. \tag{19}$$

Differenziando rispetto a ω si deduce:

$$0 = -\cos\beta \operatorname{sen}\varrho \frac{d\varrho}{d\omega} + \operatorname{sen}\beta \cos\varrho \frac{d\varrho}{d\omega} \cos(\omega - \alpha)$$
$$- \operatorname{sen}\beta \operatorname{sen}\varrho \operatorname{sen}(\omega - \alpha)\,,$$

ossia

$$\cot\beta = \cot\varrho \cos(\omega - \alpha) - \operatorname{sen}(\omega - \alpha) \frac{d\omega}{d\varrho} \tag{20}$$

Scrivendo la (19) sotto la forma

$$\frac{\cos r}{\operatorname{sen}\beta} = \cot\beta . \cos\varrho + \operatorname{sen}\varrho . \cos(\omega - \alpha)$$

e sostituendo a $\cot\beta$ il valore precedente si trova

$$\frac{\cos r}{\operatorname{sen}\beta} = \operatorname{cosec}\varrho . \cos(\omega - \alpha) - \cos\varrho . \operatorname{sen}(\omega - \alpha) \frac{d\omega}{d\varrho} \tag{21}$$

Togliendo il quadrato della (20) del quadrato della (21) si ottiene

$$\frac{\cos^2\beta - \cos^2 r}{\operatorname{sen}^2\beta} = -\cos^2(\omega - \alpha) + \operatorname{sen}^2\varrho . \operatorname{sen}^2(\omega - \alpha)\left(\frac{d\omega}{d\varrho}\right)^2,$$

ossia

$$\frac{\operatorname{sen}^2 r}{\operatorname{sen}^2\beta} = \operatorname{sen}^2(\omega - \alpha)\left\{1 + \operatorname{sen}^2\varrho\left(\frac{d\omega}{d\varrho}\right)^2\right\}.$$

---

1) Jeffery, *On spherical Cycloidal and Trochoidal Curves* (Quarterly Journ. of Math., T. XIX, 1883, p. 44-45).

Ma la quantità entro $\Big\{ \Big\}$ vale $\left(\frac{ds}{d\varrho}\right)^2$ (v. p. 42); dunque

$$\operatorname{sen}\beta = \frac{\operatorname{sen} r}{\operatorname{sen}(\omega - \alpha)} \frac{d\varrho}{ds}; \tag{22}$$

in conseguenza la (20) dà:

$$\cos\beta = \operatorname{sen} r \left\{ \cot\varrho \cot(\omega - \alpha) \frac{d\varrho}{ds} - \frac{d\omega}{ds} \right\}. \tag{23}$$

In forza delle (22), (23) la (19) diviene:

$$\cot r \,.\, \frac{ds}{d\varrho} = \operatorname{cosec}\varrho \,.\, \cot(\omega - \alpha) - \cos\varrho \,.\, \frac{d\omega}{d\varrho}. \tag{24}$$

Differenziando la (22) rispetto a ϱ si trova

$$\cot(\omega - \alpha) = - \frac{\dfrac{d^2 s}{d\varrho^2}}{\dfrac{d\omega}{d\varrho} \,.\, \dfrac{ds}{d\varrho}},$$

equazione che permette di eliminare α dalla precedente ed ottenere così:

$$-\cot r \left(\frac{ds}{d\varrho}\right)^2 \frac{d\omega}{d\varrho} = \operatorname{cosec}\varrho \,.\, \frac{d^2 s}{d\varrho^2} + \cos\varrho \left(\frac{d\omega}{d\varrho}\right)^2 \frac{ds}{d\varrho}.$$

Ma, essendo

$$\left(\frac{ds}{d\varrho}\right)^2 = 1 + \operatorname{sen}^2\varrho \left(\frac{d\omega}{d\varrho}\right)^2,$$

differenziando rispetto a ϱ si trova:

$$\frac{ds}{d\varrho} \frac{d^2 s}{d\varrho^2} = \operatorname{sen}\varrho \cos\varrho \left(\frac{d\omega}{d\varrho}\right)^2 + \operatorname{sen}^2\varrho \frac{d\omega}{d\varrho} \,.\, \frac{d^2\omega}{d\varrho^2}, \tag{25}$$

applicando la quale, la precedente assume il seguente aspetto:

$$-\cot r \,.\left(\frac{ds}{d\varrho}\right)^3 \cos\varrho \,.\, \frac{d\omega}{d\varrho} + \operatorname{sen}\varrho \,.\, \frac{d^2\omega}{d\varrho^2} + \cos\varrho \left(\frac{ds}{d\varrho}\right)^2 \frac{d\omega}{d\varrho}. \tag{26}$$

Questa formola serve a determinare il raggio sferico del cerchio osculatore; le derivate $\frac{d\omega}{d\varrho}$, $\frac{d^2\omega}{d\varrho^2}$ si trarranno dalla equazione della curva, mentre al posto di $\frac{ds}{d\varrho}$ si porrà

$$\sqrt{1+\operatorname{sen}^2\varrho\left(\frac{d\omega}{d\varrho}\right)^2}.$$

Alla (25) si può dare forma più conveniente[1]) introducendovi l'angolo μ definito dianzi (p. 43). A tale scopo scriviamo la (16, 2ª) come segue

$$\operatorname{sen}\mu=\frac{\frac{d\omega}{d\varrho}\operatorname{sen}\varrho}{\frac{ds}{d\varrho}}; \tag{16'}$$

differenziandola rispetto a ϱ se ne trae:

$$\left(\frac{ds}{d\varrho}\right)^2\frac{d\operatorname{sen}\mu}{d\varrho}=\frac{ds}{d\varrho}\left[\frac{d^2\omega}{d\varrho^2}\operatorname{sen}\varrho+\frac{d\omega}{d\varrho}\cos\varrho\right]-\frac{d\omega}{d\varrho}\operatorname{sen}\varrho\frac{d^2s}{d\varrho^2}$$

ossia, applicando l'equazione (25),

$$\left(\frac{ds}{d\varrho}\right)^3\frac{d\operatorname{sen}\mu}{d\varrho}=\frac{d^2\omega}{d\varrho^2}\operatorname{sen}\varrho+\frac{d\omega}{d\varrho}\cos\varrho.$$

Servendosi di questa la (26) diviene:

$$-\frac{1}{\operatorname{tg}r}=\frac{d\operatorname{sen}\mu}{d\varrho}+\frac{\cos\varrho.\frac{d\omega}{ds}}{\frac{ds}{d\varrho}}$$

o anche, grazie alla (16'),

$$-\frac{1}{\operatorname{tg}r}=\frac{d\operatorname{sen}\mu}{d\varrho}+\frac{\operatorname{sen}\mu}{\operatorname{tg}\varrho} \tag{27}$$

che è la formola annunziata.

---

1) C. E. Wasteels, *Sur la courbure des courbes planes et sphériques* (Mathesis, III Sér. T. IV, 1904, p. 154-58).

Serviamocene per risolvere la questione: *quali sono le curve sferiche reali per cui il cerchio osculatore è fisso?*

In tale ipotesi la (27) è un'equazione differenziale lineare in $\operatorname{sen}\mu$; integrandola col procedimento classico si trova:

$$\operatorname{sen}\mu = \frac{1}{\operatorname{tg} r . \operatorname{tg}\varrho} + \frac{c}{\operatorname{sen}\varrho}$$

ossia

$$\operatorname{sen}\mu . \operatorname{sen}\varrho . \operatorname{sen} r - \cos\varrho . \cos r = c \operatorname{sen} r;$$

la costante c introdotta dall'integrazione può determinarsi supponendo che il centro del cerchio osculatore coincida col punto S diametralmente opposto al polo N; la precedente dev'essere soddisfatta da $r = \pi - \varrho$, $\mu = \frac{\pi}{2}$ il che esige sia

$$\operatorname{sen}^2 r + \cos^2 r = c \operatorname{sen} r$$

cioè $c \operatorname{sen} r = 1$; si ha quindi

$$\operatorname{sen}\mu \operatorname{sen}\varrho \operatorname{sen} r - \cos\varrho \cos r = 1 .$$

Combinando questa equazione con le altre note

$$\operatorname{sen}\mu = \frac{\operatorname{sen}\varrho . d\omega}{ds}, \quad ds^2 = d\varrho^2 + \operatorname{sen}^2\varrho . d\omega^2$$

si trova

$$\left(\frac{d\varrho}{d\omega}\right)^2 = - \frac{\operatorname{sen}^2\varrho (\cos\varrho - \cos r)^2}{(1 + \cos\varrho \cos r)^2};$$

ora il primo membro deve essere reale se reale è la curva data, mentre il secondo è sempre negativo, se non è nullo; si conclude dunque $\cos\varrho = \cos r$, $\varrho = r$ e tutti i punti di una delle curve cercate sono equidistanti dal punto S. Pertanto *le curve sono circoli, in generale minori, della sfera.*

Faremo un'ultima applicazione delle coordinate geografiche allo studio dell'inviluppo degli ∞^1 circoli minori di dato raggio k coi centri su una data curva sferica Γ: sono le curve *equidistanti* o *parallele* alla data [1]). Siano (P, Ω) le coordinate di un

---

1) W. Roberts, *Sur les courbes equidistantes sphériques* (Ann. di Matem., T. IV della II Ser., 1870-71, p. 207-11).

punto qualunque di Γ, (ϱ, ω) quelle di un punto della curva parallela alla distanza k; sarà

$$(28) \qquad \cos k = \cos P \cos \varrho + \operatorname{sen} P \operatorname{sen} \varrho \cos (\Omega - \omega)$$

e l'equazione della curva cercata si otterrà applicando la regola generale per la ricerca degli inviluppi. Osserviamo adesso che l'equazione del piano che tocca la sfera di centro O e raggio 1 nel punto M (P, Ω) ha per equazione:

$$(29) \qquad 1 = x \operatorname{sen} P \cos \Omega + y \operatorname{sen} P \operatorname{sen} \Omega + z \cos P;$$

e quando M percorre la curva Γ questo piano inviluppa una superficie la cui equazione si ottiene applicando nuovamente la regola succitata. Da ciò e dal paragone delle equazioni (28), (29) si desume il seguente

TEOREMA. *Se* f (x, y, z)=0 *è l'equazione della superficie inviluppata dai piani che toccano lungo la curva* Γ *la sfera* $x^2+y^2+z^2=1$, *l'equazione in coordinate geografiche di una curva di tale sfera equidistante da* Γ *sarà* $f\left(\frac{\operatorname{sen}\varrho . \cos\omega}{\cos k}, \frac{\operatorname{sen}\varrho . \operatorname{sen}\omega}{\cos k}, \frac{\cos\varrho}{\cos k}\right) = 0$.

Similmente: consideriamo l'inviluppo dei circoli massimi passanti pei punti della curva Γ e perpendicolari a quelli condotti per tali punti e per il polo N della sfera; è naturale chiamarla *prima podaria negativa* di Γ rispetto al punto N. L'equazione generale di tali cerchi sarà

$$\operatorname{tg} \varrho . \cos (\Omega - \omega) = \operatorname{tg} P,$$

nell'ipotesi che (P, Ω) siano le coordinate di un punto della curva Γ e che (ϱ, ω) siano coordinate correnti.

Si noti ora che se nella (28) si fa $k = \varrho$ essa si muta nella seguente:

$$\operatorname{tg} \varrho \cos (\Omega - \omega) = \operatorname{tg} \frac{P}{2};$$

paragonando la quale alla precedente si giunge a quest'altro

TEOREMA. *Se si scrive* ϱ *in luogo di* k *nell'equazione della curva parallela alla distanza* k *da una data curva sferica* Γ, *si ot-*

tiene l'equazione della prima podaria negativa, rispetto al polo del dato sistema di coordinate geografiche, della curva luogo dei centri dei raggi vettori sferici della curva Γ [1]).

§ 3. *Proiezione stereografica di una sfera:*

a) *Formole del primo tipo.*

Si proietti la sfera

$$x^2 + y^2 + z^2 = R^2$$

dal punto $N(0, 0, R)$ sul piano xy. Dette ξ, η le coordinate del punto P' proiezione del punto P (x, y, z) sussisteranno le relazioni

$$\frac{x}{\xi} = \frac{y}{\eta} = \frac{z-R}{-R} \; ;$$

detto ϱ il valore comune di queste frazioni si potrà scrivere:

$$x = \varrho\xi \; , \; y = \varrho\eta \; , \; z = R(1-\varrho) \; ;$$

ma x, y, z devono soddisfare l'equazione della data sfera; da ciò la condizione

$$R^2 = \varrho^2(\xi^2 + \eta^2) + R^2(1-\varrho)^2$$

che dà

$$\varrho = \frac{2R^2}{\xi^2 + \eta^2 + R^2} \, .$$

epperò:

(30)

$$x = \frac{2R^2\xi}{\xi^2 + \eta^2 + R^2} \; , \; y = \frac{2R^2\eta}{\xi^2 + \eta^2 + R^2} \; , \; z = \frac{R(\xi^2 + \eta^2 - R^2)}{\xi^2 + \eta^2 + R^2}$$

Sono queste le formole che esprimono la dipendenza fra i punti P e P'. Esse permettono di determinare la curva sferica

---

1) Per un'applicazione delle coordinate omogenea dei raggi di una stella allo studio della curva che nasce tagliando un cono cubico con una sfera concentrica, rinviamo il lettore agli ultimi paragrafi del trattato di R. Heger, *Analytische Geometrie auf der Kugel* (Leipzig, 1908).

che corrisponde ad una data curva piana $\varphi\ (\xi,\ \eta) = 0$; essa è l'intersezione della data sfera col cilindro avente per equazione il risultato dell'eliminazione di ξ, η fra questa equazione e le (30, 1ª–2ª). Viceversa se si considera la curva in cui la data sfera è tagliata dalla superficie $f(x,\ y,\ z) = 0$, ad essa corrisponderà la curva avente per equazione

$$f\left(\frac{2R^2\xi}{\xi^2+\eta^2+R^2},\ \frac{2R^2\eta}{\xi^2+\eta^2+R^2},\ \frac{R(\xi^2+\eta^2-R^2)}{\xi^2+\eta^2+R^2}\right)=0\,.$$

Per es. alla sezione prodotta nella data sfera dal piano

$$Ax + By + Cz + D = 0$$

corrisponde la curva

$$(C+D)(\xi^2+\eta^2) + 2A\xi + 2B\eta + (D-C) = 0\,,$$

che in generale è un cerchio, tranne se $C + D = 0$, cioè quando il dato piano passa per il polo N, chè allora si ottiene una retta. Si vede dunque che: *nella proiezione stereografica ai circoli corrispondono in generale circoli* [1]).

§ 4. *Proiezione stereografica di una sfera:*
b) *Formole del secondo tipo.*

Eseguendo la stessa operazione geometrica nell'ipotesi che la data sfera sia rappresentata dalle formole

$$(32)\qquad x = R\,\mathrm{sen}\,\varrho\,.\,\mathrm{sen}\,\omega\ ,\ y = R\,\mathrm{sen}\,\varrho\,.\cos\omega\ ,\ z = R\cos\varrho$$

si avranno le relazioni:

$$\frac{R\,\mathrm{sen}\,\varrho\,.\,\mathrm{sen}\,\omega}{\xi} = \frac{R\,\mathrm{sen}\,\varrho\,.\cos\omega}{\eta} = \frac{R\cos\varrho - R}{-R}\,;$$

---

1) Per altri usi dello stesso artificio si vegga la nota di G. Pirondini, *Proiezione stereografica e sua applicazione allo studio di alcune linee sferiche* (Period. di Matem., T. XIV, 1898-99, p. 196-205 e 229-243).

ora da queste si trae:

$$\operatorname{tg}\omega = \frac{\xi}{\eta} \ , \ R \operatorname{sen}\varrho . \operatorname{sen}\omega = 2\xi . \operatorname{sen}^2 . \frac{\varrho}{2} \ ,$$

$$R \operatorname{sen}\varrho . \cos\omega = 2\eta . \operatorname{sen}^2 \frac{\varrho}{2} \ , \ R^2 \cos^2 \frac{\varrho}{2} = (\xi^2 + \eta^2) \operatorname{sen}^2 \frac{\varrho}{2} \ .$$

Emerge da queste che, se s' introducono le coordinate polari $(\varrho_1 \ , \omega_1)$ del punto $(\xi, \ \eta)$ mediante le note relazioni

$$\operatorname{tg}\omega_1 = \frac{\xi}{\eta} \ , \ \varrho_1 = \sqrt{\xi^2 + \eta^2}$$

si ha:

$$\omega_1 = \omega \ , \ \varrho_1 = R \cot \frac{\varrho}{2} \ , \tag{33}$$

formole che stabiliscono la corrispondenza fra sfera e piano.

Vogliamo applicarle a dimostrare che *la proiezione stereografica conserva gli angoli*. A tale scopo applicheremo la formola generale che serve a calcolare l'angolo θ formato da due direzioni $du, \ dv$; $\delta u, \ \delta v$ appartenenti ad una superficie determinata mediante le espressioni delle coordinate in funzione delle due variabili $u, \ v$:

$$\cos\theta = \frac{Edu . \delta u + F(du . \delta v + dv . \delta u) + Gdv . \delta v}{\sqrt{Edu^2 + 2Fdu . dv + Gdv^2} \sqrt{E\delta u^2 + 2F\delta u . \delta v + G\delta v^2}}$$

Per servircene notiamo che, per la sfera (32), si ha

$$E = R^2 \ , \ F = 0 \quad G = R^2 \operatorname{sen}^2 \varrho$$

mentre nel piano riferito a coordinate polari ϱ_1 , ω_1 è:

$$E = 1 \ , \ F = 0 \ , \ G = \varrho_1{}^2$$

Si ha dunque:

$$\cos\theta = \frac{d\varrho . \delta\varrho + \operatorname{sen}^2 \varrho . d\omega . \delta\omega}{\sqrt{d\varrho^2 + \operatorname{sen}^2 \varrho . d\omega^2} \sqrt{\delta\varrho^2 + \operatorname{sen}^2 \varrho . \delta\omega^2}}$$

$$\cos\theta_1 = \frac{d\varrho_1 . \delta\varrho_1 + \varrho_1{}^2 d\omega_1 . \delta\omega_1}{\sqrt{d\varrho_1{}^2 + \varrho_1{}^2 d\omega_1{}^2} \sqrt{\delta\varrho_1{}^2 + \varrho_1{}^2 \delta\omega_1{}^2}} \ .$$

Ma, se sussistono le (33), si ha:

$$\varrho = 2 \text{ arc tg} \frac{R}{\varrho_1} \quad , \quad \text{sen}\, \varrho = \frac{2 R \varrho_1}{R^2 + \varrho_1^2} \quad , \quad d\varrho = -\frac{2R\, d\varrho_1}{R^2 + \varrho_1^2};$$

sostituendo questi valori nella prima delle relazioni precedenti si vede essere $\cos\theta = \cos\theta_1$, eguaglianza che esprime il teorema enunciato.

Dalle stesse formole (33) si deduce che la proiezione stereografica della curva, che incontrammo prima (v. p. 44)

$$\left(\text{tg} \frac{\varrho}{2}\right)^n = c^n \cos n\omega$$

ha per equazione

$$\left(\frac{R}{\varrho_1}\right)^n = c^n \cos n\omega_1$$

ossia

$$\varrho_1{}^n \cos n\,\omega_1 = \left(\frac{R}{c}\right)^n$$

ond'è una spirale sinusoide.

Faremo una terza applicazione delle stesse relazioni (33) alla dimostrazione del seguente

TEOREMA DI H. D'ARREST [1]). *Sopra il diametro di un cerchio massimo di una sfera (di raggio 1) passante per questo diametro e nel piano di un cerchio massimo, si descrive una lemniscata, di cui si fa la proiezione da uno dei poli di quel cerchio; questa proiezione ricopre una parte del corrispondente emisfero; ciò che rimane è eguale al quadrato del diametro della data sfera.*

DIMOSTRAZIONE. La lemniscata di cui parla il teorema è rappresentata in coordinate polari come segue:

$$\varrho_1{}^2 = \cos 2\,\omega_1\,,$$

onde la curva che le corrisponde sulla sfera ha per equazione

$$\cot^2 \frac{\varrho}{2} = \cos 2\omega, \quad \text{ossia} \quad \cos\varrho = \frac{\cos 2\,\omega - 1}{\cos 2\,\omega + 1}\,.$$

---

1) Delaire, *Sur un théorème de géométrie sphérique* (Nouv. Ann. de Math. T. XV, 1856, p. 53-58).

Detta, quindi, S l'area da calcolare si ha:

$$\frac{1}{4}S=\int_{\pi=0}^{\omega=\frac{\pi}{4}}d\omega\int_0^{\varrho}\operatorname{sen}\varrho . d\varrho=\int_0^{\frac{\pi}{4}}d\omega(1-\cos\varrho)=\int_0^{\frac{\pi}{4}}\frac{2d\omega}{1+\cos 2\omega}=$$

$$=\int_0^{\frac{\pi}{4}}\frac{d\omega}{\cos^2\omega}=\Big|\operatorname{tg}\omega\Big|_0^{\frac{\pi}{4}}=1 \quad c.d.d.$$

§ 5. *Applicazione alla sfera della teoria generale delle superficie.*

È noto che fra i raggi r, ϱ di flessione e torsione e l'arco s di una curva appartenente ad una sfera di raggio R sussiste la relazione:

$$r^2+\varrho^2\left(\frac{dr}{ds}\right)^2=R^2. \tag{34}$$

Ma, detto $d\sigma$ l'angolo formato da due osculatori consecutivi, si ha

$$\frac{1}{\varrho}=\frac{d\sigma}{ds};$$

perciò la precedente può scriversi

$$r^2+\left(\frac{dr}{d\sigma}\right)^2=R^2. \tag{34'}$$

Differenziandola rispetto a σ si trova:

$$r+\frac{d^2r}{d\sigma^2}=0.$$

È questa un'equazione differenziale lineare a coefficienti costanti il cui integrale generale è:

$$r=c_1\cos\sigma+c_2\operatorname{sen}\sigma;$$

ma le costanti c_1 e c_2 non sono entrambe arbitrarie perchè dev'essere soddisfatta la (34'); sostituendo in questa il valore trovato si vede essere

$$c_1^2+c_2^2=R^2,$$

relazione che autorizza a porre

$$c_1 = R \operatorname{sen} \gamma \quad , \quad c_2 = R \cos \gamma \, ,$$

γ essendo una nuova costante; in conseguenza si ha:

$$r = R \operatorname{sen} (\sigma + \gamma) \text{ [1]}, \tag{35}$$

che, con una scelta conveniente del piano osculatore di partenza, può scriversi più semplicemente sotto la forma

$$r = R \operatorname{sen} \sigma \, . \tag{35'}$$

Da questa si può dedurre una rappresentazione analitica generale delle curve appartenenti alla sfera

$$x^2 + y^2 + z^2 = R^2 \text{ [2]} .$$

Adottando, infatti, le notazioni che abbiamo sempre usate [3] e differenziando la precedente identità rispetto all'arco si trova:

$$\alpha x + \beta y + \gamma z = 0 \, . \tag{36}$$

Differenziando una nuova volta si deduce:

$$\alpha^2 + \beta^2 + \gamma^2 + \frac{1}{r} (\alpha \xi + \beta \eta + \gamma \zeta) = 0$$

cioè, per la (35'),

$$\xi x + \eta y + \zeta z = - R \operatorname{sen} \sigma \, . \tag{36}$$

Differenziando una nuova volta e applicando ancora le formole di Serret-Frenet si ottiene:

$$(\alpha \xi + \beta \eta + \gamma \zeta) - \frac{1}{r} (\alpha x + \beta y + \gamma z) -$$

$$- \frac{1}{\varrho} (\lambda x + \mu y + \nu z) = - R \cos \sigma \, . \frac{d\sigma}{ds}$$

ossia, tenendo conto delle precedenti,

$$\lambda x + \mu y + \nu z = R \cos \sigma \, . \tag{36}$$

---

[1] W. Schell, *Allg. Theorie der Kurven doppelter Krümmung*, III Aufl., bearb. von E. Salkowski (Leipzig und Berlin, 1914, p. 186).

[2] J. Rühlemann, *Ueber sphärische Kurven* (Diss. Halle a. S. 1917, p. 6).

[3] Cfr. Vol. I, p. 2.

Moltiplicando le (36) risp. per α, ξ, λ, o per β, η, μ o finalmente per γ, ζ, ν si conclude, essere:

$$(37)\qquad \begin{cases} x = R\,(\lambda \cos\sigma - \xi \operatorname{sen}\sigma) \\ y = R\,(\mu \cos\sigma - \eta \operatorname{sen}\sigma) \\ z = R\,(\nu \cos\sigma - \zeta \operatorname{sen}\sigma) \end{cases}$$

che sono le formole annunziate.

Mostreremo come esse si applichino, servendocene per determinare le equazioni intrinseche della curva per cui è costante il prodotto $r\varrho$. Essendo per ipotesi

$$r\varrho = b^2$$

la (35′) dà successivamente

$$R\frac{ds}{d\sigma} = \frac{b^2}{\operatorname{sen}\sigma}$$

$$R\,ds = b^2 \frac{d\sigma}{\operatorname{sen}\sigma}$$

$$Rs = b^2 \log \operatorname{tg} \frac{\sigma}{z}$$

$$\varrho = \frac{b^2}{R \operatorname{sen}\sigma}$$

$$(38)\qquad \begin{cases} \varrho = \dfrac{b^2}{R} \cos\dfrac{Rs}{b^2} \\[2ex] r = \dfrac{R}{\cos\dfrac{Rs}{b^2}} \end{cases}$$

e queste sono le equazioni cercate [1]).

§ 6. *Trasformazione per raggi vettori reciproci.*

Se si fa corrispondere al punto $P(x, y, z)$ il punto P_1 (x, y, z) dalla retta OP tale che

$$OP . OP_1 = k^2$$

---

1) Rühlmann, l. c., p. 93. Ivi p. 102-103 è trattata da un analogo punto di vista la curva caratterizzata dall'essere $r\varrho^n = \text{cost}$.

(ove k è un numero reale od immaginario puro) si ottiene la trasformazione involutoria detta per raggi vettori reciproci od inversione. Essa è rappresentata analiticamente dalle formole:

$$x_1 = \frac{k^2 x}{x^2 + y^2 + z^2}, \quad y_1 = \frac{k^2 y}{x^2 + y^2 + z^2}, \quad z_1 = \frac{k^2 z}{x^2 + y^2 + z^2}$$

Da esse segue la seguente relazione fra due elementi lineari corrispondenti:

$$ds_1 = \frac{k^2 . ds}{x^2 + y^2 + z^2}.$$

L' inversione permette, non soltanto di dedurre da una curva sferica un'altra, ma anche di trasformare una linea piana in una sferica.

B) CURVE SFERICHE PARTICOLARI.

§ 1. *Le Clelie di G. Grandi* [1]) *ed in particolare le spirali sferiche di Archimede e Pappo.*

Sulla sfera si possono concepire delle rose multifoglie analoghe alle rodonee; esse sono suscettibili della seguente generazione: Nella sfera di centro O e raggio R (v. fig. 2) consideriamo una delle calotte (p. es. la superiore) determinata da un circolo qualsivoglia AED. Sia BC il diametro della sfera perpendicolare al piano di questo circolo e CGH un piano qualunque condotto per esso; ne sia BH l' intersezione col piano limitante la base e si consideri l'arco EH del cerchio AED compreso fra H ed un punto fisso E. Se poi μ è un dato numero positivo, sia

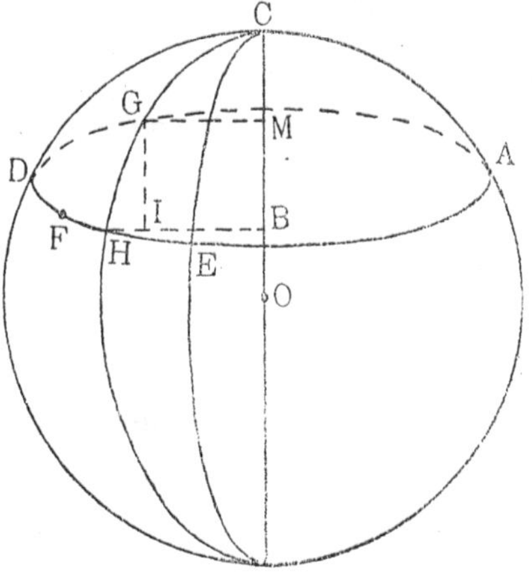

Fig. 2.

$$\text{arc } EF = \mu . \text{arc } EH$$

1) *Flores geometrici ex Rhodonearum, et Claeliarum curvarum descriptione resultantes* etc. (Florentiae, 1728).

e si prenda sul diametro CB

$$CM = R.\frac{CB}{BD}.\text{sen}\, EBF ;$$

da M si conduca la parallela a BH e si otterrà sulla sfera il punto G, il cui luogo geometrico, al variare del piano condotto pel diametro BC, è la curva detta da G. Grandi *clelia di prima specie* (« prima descriptiones »). Se invece si prende su BH il segmento

$$BI = R.\frac{CB}{BD}.\text{sen}\, EBF$$

e da I si conduce la perpendicolare a BH si ottiene sulla sfera un punto G il cui luogo geometrico è una *clelia di seconda specie* (« seconda descriptiones »).

Per trovare la rappresentazione analitica delle clelie assumeremo un sistema di coordinate polari sferiche di cui C sia il piano e l'asse polare il cerchio massimo CEO. Sarà quindi:

$$\text{arc}\, CG = \varrho \ , \ \text{ang}\, EBH = \omega .$$

Posto poi

$$CB = l,$$

sarà

$$BH = \sqrt{l(2R-l)} = BD$$

onde

$$\frac{CB}{BD} = \frac{l}{\sqrt{l(2R-l)}} ;$$

indicheremo con k questo rapporto ed osserveremo che $k \lesseqgtr 1$ secondochè $l \lesseqgtr R$, cioè secondochè la zona considerata è minore, eguale o maggiore d'un emisfero. Per le condizioni del problema è

$$CM = R.k.\text{sen}\, \mu\omega$$
$$OM = R(1 - k\,\text{sen}\, \mu\omega) ;$$

ma d'altronde

$$OM = R \cos\varrho ;$$

dunque in tutti i punti di una clelia di I specie sussiste la relazione

$$\cos\varrho = 1 - k\,\text{sen}\, \mu\omega . \tag{1}$$

Invece per quelle di II abbiamo

$$GM = BI = Rk.\text{sen}\, \mu\omega ;$$

ma

$$GM = R \operatorname{sen} \varrho ,$$

quindi

(2) $$\operatorname{sen} \varrho = k \operatorname{sen} \mu\omega$$

Le (1) (2) sono le equazioni in coordinate polari sferiche di tutte le clelie; si noti che, nel caso in cui il campo di operazione sia un emisfero, $k=1$ e la (2) assume l'aspetto più semplice

(3) $$\varrho = \mu\omega$$

Le (1) (2) mostrano che tutte le clelie passano per il polo C, essendo le (1) (2) soddisfatte da $\varrho = 0 , \omega = 0$; siccome poi a due valori di ω differenti di $\frac{2\pi}{\mu}$ corrispondono valori eguali di ϱ, una clelia qualsiasi consta di tante foglie fra loro identiche. Ricordando le formole, che stabiliscono il passaggio fra coordinate cartesiane e coordinate polari sferiche,

(4) $$x = R \operatorname{sen} \varrho . \cos \omega \;\;,\;\; y = R \operatorname{sen} \varrho . \operatorname{sen} \omega \;\;,\;\; z = R \cos \varrho$$

e chiamando u, θ le coordinate polari della proiezione sul piano xy, del punto (x, y, z) si trova

$$u = R \operatorname{sen} \varrho \;\;,\;\; \theta = \omega .$$

Se, quindi, sussiste la (2) si ha

$$u = Rk . \operatorname{sen} \mu\theta ,$$

la quale dice che *la proiezione ortogonale di una clelia di II specie sul piano che limita la corrispondente zona è una rodonea.*

L'elemento superficiale sulla sfera essendo

$$R^2 \operatorname{sen} \varrho . d\varrho . d\omega$$

è facile quadrare una frazione della superficie limitata da una clelia di I specie: si ha infatti

$$R \iint \operatorname{sen} \varrho . d\varrho . d\omega = - R^2 \int d\omega \Big| \cos \varrho \Big|_0^\omega = R^2 \int d\omega . k \operatorname{sen} \mu\omega =$$

$$= \frac{kR^2}{\mu} \Big| \cos \mu\omega \Big|_0^\omega = \frac{kR^2}{\mu} (1 - \cos \mu\omega)$$

$$= \frac{2kR^2}{\mu} \operatorname{sen}^2 \frac{\mu\omega}{2} ;$$

supposto $\omega = \frac{\pi}{\mu}$ si ottiene come espressione dell'area $\frac{2kR^2}{\mu}$.

Affinchè la curva oltrepassi od almeno sfiori il piano xy, ϱ deve poter assumere il valore $\frac{\pi}{2}$; perchè ciò abbia luogo deve esistere un valore reale di ω tale che sia $k \operatorname{sen} \mu\omega = 1$: questo è possibile soltanto se $k > 1$, cioè quando la zona contenente le clelie considerate sia superiore od almeno eguale ad un emisfero.

Fra le clelie speciali rappresentabili mediante l'equazione (3) ve ne è una anteriormente considerata da Pappo, come analoga sulla sfera della spirale d'Archimede [1]); è quella per cui $\mu = \frac{1}{4}$; siccome tale analogia sussiste per tutti i valori di μ così noi chiameremo tutte le curve rappresentabili con un'equazione del tipo (3) *spirali sferiche d'Archimede* (nel seguito del presente paragrafo le designeremo per brevità come curve Σ) d'*indice* $\frac{1}{\mu}$. Dalle (4) emerge che se, per maggiore generalità, supponiamo che il centro della sfera considerata si trovi in un punto arbitrario (a, b, c), per rappresentare la curva servono le seguenti equazioni:

$$x = a + R \operatorname{sen} \varrho \cos \frac{\varrho}{\mu}, \quad y = b + R \operatorname{sen} \varrho \operatorname{sen} \frac{\varrho}{\mu}, \quad z = c + R \cos \varrho;$$

se μ è razionale, lo indicheremo con $\frac{n}{m}$, ove m e n sono numeri interi positivi fra loro primi. Vogliamo dimostrare che in tal caso Σ è una curva algebrica e determinarne l'ordine. A tale scopo cerchiamone le intersezioni con un piano arbitrario

$$Ax + By + Cz + d = 0;$$

posto per brevità

$$Aa + Bb + Cc + d = RD$$

esse corrispondono ai valori di ϱ che soddisfano l'equazione

$$A \operatorname{sen} \varrho \cos \frac{m\varrho}{n} + B \operatorname{sen} \varrho \operatorname{sen} \frac{m\varrho}{n} + C \cos \varrho + D = 0. \tag{5}$$

---

[1]) G. Loria, *Le scienze esatte nell'antica Grecia* (Milano, 1914) p. 673 e *La spirale de Pappus* (Arch. f. Math. u. Phys., III Ser., T. XII, 1907, p. 45-48).

Per determinarli poniamo

$$\frac{\varrho}{n} = \sigma ;$$

l'equazione precedente diverrà

$$A \operatorname{sen} n\sigma . \cos m\sigma + B \operatorname{sen} n\sigma . \operatorname{sen} m\sigma + C \cos n\sigma + D = 0 .$$

Ma, si è già osservato (p. 31) che, posto

$$\operatorname{tg} \frac{\sigma}{2} = t,$$

si ha in generale, se p è un numero intero positivo,

$$\cos p\sigma = \frac{C_{2p}}{(t^2+1)^p} , \quad \operatorname{sen} p\sigma = \frac{S_{2p-1}}{(t^2+1)^p}$$

ove C_{2p} e S_{2p-1} sono polinomi interi in t dell'ordine indicato dal rispettivo indice. Perciò l'equazione precedente assumerà la forma:

$$AS_{2n-1} C_{2m} + BS_{2n-1} S_{2m-1} + C (1+t^2)^m C_{2n} + D (1+t^2)^{m+n} = 0.$$

Ora questa è un'equazione algebrica di grado $2(m+n)$ nell' incognita t, onde si è autorizzati a concludere:

Una spirale sferica di Archimede di indice $\frac{1}{\mu} = \frac{m}{n}$ *(ove* m, n *sono interi positivi fra loro primi) è una curva algebrica dell'ordine* $2(m+n)$.

Da quanto precede risulta di più che essa è *razionale*.

La più semplice curva Σ corrisponde all' ipotesi $m = n = 1$; essa è di 4° ordine e rappresentata dalle equazioni

$$x = a + R \operatorname{sen} \varrho \cos \varrho , \quad y = b = R \operatorname{sen}^2 \varrho , \quad z = c + R \cos \varrho ;$$

queste equivalgono alle altre

$$x - a = \frac{R \operatorname{sen} 2\varrho}{2} , \quad y - b = R \frac{1 - \cos 2\varrho}{2} , \quad z = c + R \cos \varrho ;$$

ma le due prime danno

$$(x-a)^2 + \left(y - b - \frac{R}{2}\right)^2 = \left(\frac{R}{2}\right)^2 ;$$

ma questa rappresenta un cilindro circolare retto avente per base un cerchio descritto su un raggio della data sfera; onde la curva Σ in questione non differisce dalla finestra di Viviani (v. vol. I, p. 201): donde emerge che questa è rappresentata in coordinate geografiche dall'equazione $\varrho=\omega$ [1]).

Di curve Σ di quart'ordine nella classe che studiamo non si trova che la finestra di Viviani; ma dell'ordine $2N$ ve ne sono tante per quante coppie di numeri primi relativi soddisfano l'equazione $m+n=N$: per es., di 10° ordine, oltre alla spirale di Pappo $\left(\mu=\frac{1}{4}\right)$, esistono quelle di indici $\frac{2}{3}$, $\frac{3}{2}$, 4.

Dalle (3) (4) si trae:

$$\varrho=\frac{n\omega}{m};$$

perciò le (2) danno quest'altra rappresentazione parametrica della curva:

$$x=a+R\operatorname{sen}\left(\frac{n\omega}{m}\right)\cos\omega,$$

$$y=b+R\operatorname{sen}\left(\frac{n\omega}{m}\right)\operatorname{sen}\omega, \quad z=c+R\cos\left(\frac{n\omega}{m}\right).$$

Siccome queste provano che ai valori ω e $\omega+2m\pi$ corrisponde lo stesso punto della curva, così per ottenere tutta questa è sufficiente far variare ω tra 0 e $2m\pi$; la curva ricopre dunque m volte la superficie sferica. Si osservi poi che per ottenere il punto $N(a, b, c+R)$ è necessario e sufficiente attribuire a ω uno dei valori

$$\frac{2k\pi m}{n} \quad \text{per} \quad k=0, 1, \dots n-1;$$

si vede quindi che il polo N è un punto n-plo della curva.

---

1) Senza riferimento a lavori precedenti tale curva venne di recente studiata da F. Schiffner (*Die sphärische Schleifelinie*; Arch. f. Mathem. n. Phys., II Serie, T. V, 1887, pp. 160-71) e E. Janisch (*Zur sphärische Schleifelinie*, Id. T. VIII, 1888, pp. 184-209).

Similmente: per ottenere il punto $S(a, b, c-R)$ a ω deve darsi uno dei valori

$$\frac{(2k+1)\pi m}{n} \quad \text{per} \quad k=0, 1, \ldots n-1,$$

quindi anche il polo opposto S è un punto n-plo della spirale in questione.

La curva

$$\varrho_1 = R \operatorname{sen}\left(\frac{n\omega_1}{m}\right)$$

in cui si projetta la curva è dell'ordine $m+n$ quando i due numeri m, n sono entrambi dispari, diversamente è dell'ordine $2(m+n)$; ciò prova che nel primo caso tutte le generatrici del cilindro proiettante sono corde della curva, mentre nell'altro ognuna incontra la curva in un solo punto. Il primo fatto si presenta, ad es., nella finestra di Viviani, che si proietta in un cerchio, mentre il secondo caso s'incontra nella spirale di Pappo, la cui proiezione ortogonale è di decimo ordine al pari della curva obbiettiva.

Proiettiamo la stessa curva dal centro della sfera su un piano qualunque ($z=l$) parallelo al piano xy; si otterrà così la curva:

$$x = a + (l-c)\operatorname{tg}\mu\omega \, . \cos\omega, \quad y = b + (l-c)\operatorname{tg}\mu\omega \, . \operatorname{sen}\omega;$$

siccome da questa si trae

$$(x-a)^2 + (y-b)^2 = (l-c)^2 \operatorname{tg}^2 \mu\omega,$$

così, introducendo le stesse coordinate polari usate prima, si può scrivere

$$\varrho_1 = (l-c)\operatorname{tg}\mu\omega,$$

dunque *la proiezione centrale dianzi definita di una curva Σ è un nodo* [1]. Ora è facile dimostrare che, se $\mu = \frac{n}{m}$ questa curva è dell'ordine $2(m+n)$ se entrambi i numeri m, n sono dispari, mentre è dell'ordine $m+n$ se è dispari uno solo; ciò prova che

1) G. Loria, *Spez. Kurven*, T. I, p. 199.

nel primo caso tutte le generatrici del cono che proietta la data curva dal centro della data sfera sono unisecanti, mentre nel secondo ne sono corde. Per es., proiettando la finestra di Viviani dal centro della corrispondente sfera si ottiene una curva kappa [1]), mentre nasce in modo analogo una strofoide dalla spirale sferica d'Archimede d'indice $\frac{1}{2}$.

Dalle formole (33) del Capitolo precedente risulta che la proiezione stereografica della curva Σ considerata ha per equazione polare

$$\varrho_1 = R \cot \frac{\mu\omega_1}{2}$$

e se ha luogo la (4) (p. 59)

$$\varrho_1 = R \cot \frac{n\omega_1}{2m} .$$

La curva proiezione è dunque nuovamente un nodo; se n è dispari questa è dell'ordine $n + 2m$; se $n = 2^a n_1$, $m = 2m_1 + 1$, si ha

$$\varrho_1 = R \cot \frac{2^{a-1} n_1 \omega_1}{2m_1 + 1} ,$$

onde la curva è dell'ordine $2(2^{a-1}n_1 + 2m_1 + 1) = n + 2m$ come prima; ciò è d'accordo col fatto che Σ è una curva dell'ordine $2(m + n)$ avente il polo N per punto m–plo. Identico risultato si ottiene proiettando la curva dal punto S antipode di N.

L'arco di una curva sferica essendo in generale determinato dalla formola

$$ds = R\sqrt{d\varrho^2 + \operatorname{sen}^2 \varrho . d\omega^2}$$

se $\varrho = \mu\omega$ sarà $d\omega = \frac{1}{\mu} d\varrho$, epperò

$$ds = R\, d\varrho \sqrt{1 + \frac{1}{\mu^2} \operatorname{sen}^2 \varrho} ;$$

donde emerge che *la rettificazione della curva Σ dipende da integrali ellittici.*

---

[1]) G. Loria, *Spez. alg. und transsc. ebene Kurven*, 2ª ed., T. I, p. 196.

La curvatura geodetica della considerata spirale si trova essere espressa come segue:

$$(6) \qquad R_g = \frac{\mu \cos \omega \, (2 + \mu^2 \operatorname{sen}^2 \omega)}{(1 + \mu^2 \operatorname{sen}^2 \omega)^{\frac{3}{2}}};$$

per dare a questa formola un aspetto migliore consideriamo l'angolo τ che la tangente alla data curva forma con il corrispondente meridiano; essendo

$$\cos \tau = \frac{1}{\sqrt{1 + \mu^2 \operatorname{sen}^2 \omega}},$$

si trova

$$(7) \qquad R_g = (1 + \cos^2 \tau) \sqrt{\mu^2 \cos^2 \tau - \operatorname{sen}^2 \tau}$$

e questa è analoga all'espressione

$$\frac{\cos \tau \, (1 + \cos^2 \tau)}{\mu}$$

della curvatura della spirale d'Archimede $\varrho = \mu\omega$ in funzione dell'angolo τ della tangente col raggio vettore.

§ 2. *Epicicloidi ed ipocicloidi sferiche.*

Il concetto di epicicloidi ed ipocicloidi si estende immediatamente dal piano alla sfera. Però a queste nuove curve non si pervenne con siffatto naturale processo di generalizzazione, ma per un viottolo laterale, di cui giova dar notizia. Si ricordi (T. I, p. 201) il celebre « enigma fiorentino », cioè il problema proposto da V. Viviani di traforare una volta emisferica in modo che la parte residua fosse esattamente *quadrabile*; orbene esso indusse C. E. Offenburg a proporre (*Acta erud.* 1718, p. 175) la questione analoga, ma in cui è posta la condizione che risulti esattamente *rettificabile* il contorno dell'anzidetta volta. Credette di averla risolta J. Hermann [1]), ma il suo errore venne rilevato

1) V. la mem. *De epicycloidibus in superficie sphaerica descriptis* (Comment. Petrop. T. I, 1728, oppure Joh. Bernoulli, Opera Omnia, T. III, 1742, pp. 211-215).

da Giovanni Bernoulli [1]), al quale spetta l'osservazione che *la rettificazione delle curve usate dall'Hermann dipende da quella dell'iperbole.*

Nel secolo scorso le stesse curve vennero considerate da altri punti di punti di vista, in special modo perchè offrivano eleganti applicazioni dei metodi della geometria descrittiva di recente creata [2]); fra i numerosi lavori che le concernono limitiamoci a ricordare il più esteso fra i recentissimi [3]).

Prima di esporre le formole relative avvertiamo che (come nel piano) le epicicloidi ed ipocicloidi sferiche si dicono *ordinarie* quando il punto generatore appartiene alla periferia del cerchio mobile, *allungate* od *accorciate* negli altri casi; portano il nome di *cicloidi* se hanno per base un circolo massimo e di *cardioidi* se, oltre ad essere ordinarie, sono generate da due circoli fra loro eguali.

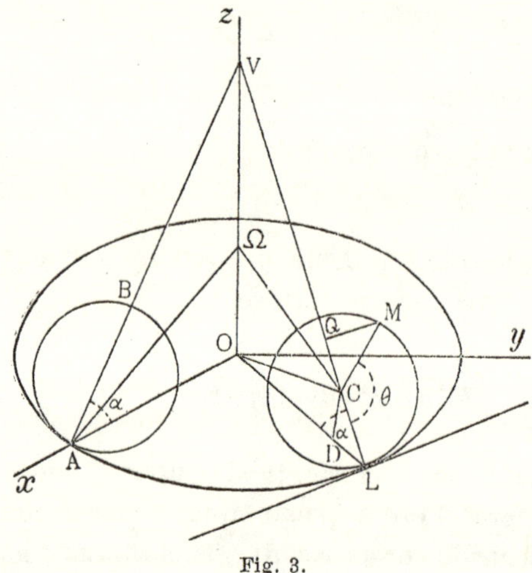

Fig. 3.

Per procedere dal semplice al complesso cominciamo dall'occuparci delle epicicloidi ed ipocicloidi ordinarie, ragionando come segue [4]):

Un cono retto (v. fig. 3) abbia per centro il punto V e per base un circolo di centro O e raggio R. Un altro cerchio di

---

1) *Problème sur les épicycloides sphériques* (Mém. de Paris, 1732, oppure Opera omnia, T. III, pp. 216-229); v. anche la memoria *Sur les courbes algébriques et rectifiables traceés sur une surface sphérique* (Id., T. III, pp. 230-37) ove è esposto un metodo per trovare tutte le linee godenti dell'indicata proprietà ed è applicato a ritrovare risultati noti.

2) Hachette e Gaultier in *Corresp. sur l'Ec. polyth.* T. II, 1809-1813, pp. 22, 27 e 87; Olivier, *Mémoires de géom. descriptive* (Paris, 1851); ecc.

3) Hatom de la Goupillière, *Etude géométrique et dynamique des roulettes planes et sphériques* (Journ. de l'Ec. polyth., II Serie, T. XV, 1911).

4) Cfr. A. Ruiz de Cardenas, *Intorno all'epicicloide sferica* (Giorn. di Matem. T. XII, 1874, pp. 313-20).

raggio r tocchi la base di quel cono in A ed abbia per diametro un segmento AB della corrispondente generatrice; detto α l'angolo costante OAV, sarà α anche la misura dell'angolo acuto formato dai piani dei due cerchi considerati. Si faccia ora ruzzolare il secondo cerchio sul primo in modo che il suo piano si conservi sempre in contatto col dato cono e si cerchi il luogo geometrico delle posizioni assunte in conseguenza dal punto A. Notisi subito che i due cerchi dati, avendo comuni un punto e la corrispondente tangente, appartengono ad una sfera, sulla quale si trova l'anzidetto luogo; questo è pertanto un'epicicloide od ipocicloide sferica.

Per determinarne la rappresentazione analitica assumiamo O come origine, OA come asse delle x e OV come asse della z di un sistema cartesiano ortogonale e consideriamo il cerchio mobile in una posizione arbitraria; ne sia C il centro e L il punto di contatto con la base; sarà ang $VLO = \text{ang} VAO = \alpha$ e arc $AL = \text{arc} LM$; se, quindi, si pone

$$\text{ang } AOL = \varphi \quad , \quad \text{ang } LCM = \theta$$

si avrà evidentemente

$$R\varphi = r\theta. \tag{1}$$

Siccome $OV = R . \text{tg } \alpha$ e siccome

$$x \cos \varphi + y \operatorname{sen} \varphi - R = 0$$

è l'equazione della tangente in L alla base del dato cono, così l'equazione del piano del cerchio mobile è:

$$x \cos \varphi + y \operatorname{sen} \varphi + z \operatorname{cotg} \alpha - R = 0 . \tag{2}$$

Sia D la proiezione ortogonale del centro C sul piano xy; le coordinate del punto C stesso saranno

$$(3) \qquad \begin{gathered} OD \cos \varphi = (R - r \cos \alpha) \cos \varphi , \\ OD \operatorname{sen} \varphi = (R - r \cos \alpha) \operatorname{sen} \varphi \ , \ CD = r \operatorname{sen} \alpha . \end{gathered}$$

Emerge da ciò che la perpendicolare condotta dal punto C al piano (2) del corrispondente circolo ha per equazioni

$$\frac{x - (R - r \cos \alpha) \cos \varphi}{\cos \varphi} = \frac{y - (R - r \cos \alpha) \operatorname{sen} \varphi}{\operatorname{sen} \varphi} = \frac{z - r \operatorname{sen} \alpha}{\cot \alpha} ;$$

perciò essa incontra l'asse della z in un punto Ω tale che

$$(4) \qquad O\Omega = z = \frac{r - R\cos\alpha}{\operatorname{sen}\alpha}.$$

Da ciò risulta che il raggio $A\Omega = R_0$ della sfera contenente la curva considerata è espresso dalla formola:

$$(5) \qquad R_0 = \frac{\sqrt{R^2 + r^2 - 2Rr\cos\alpha}}{\operatorname{sen}\alpha}$$

Conducendo la retta MQ perpendicolare alla generatrice VL e notando che essa è parallela alla tangente in L alla base dell'anzidetto cono, si vede che forma con gli assi gli angoli $\frac{\pi}{2} - \varphi, \varphi, 0.$

Invece la retta VL, congiungente i punti $(0, 0, R\operatorname{tg}\alpha)$ e $(R\cos\varphi, R\operatorname{sen}\varphi, 0)$ ha per coseni direttori

$$\cos\varphi\cos\alpha \;,\; \operatorname{sen}\varphi\cos\alpha \;,\; -\operatorname{sen}\alpha.$$

Finalmente i coseni di direzione della retta OC valgono rispettivamente

$$\frac{(R - r\cos\alpha)\cos\varphi}{OC}, \frac{(R - r\cos\alpha)\operatorname{sen}\varphi}{OC}, \frac{r\operatorname{sen}\alpha}{OC}$$

essendo

$$\overline{OC}^2 = (R - r\cos\alpha)^2 + r^2\operatorname{sen}^2\alpha = R^2 + r^2 - 2Rr\cos\alpha.$$

Si osservi ora che

$$MQ = r\operatorname{sen}\theta \quad , \quad CQ = r\cos\theta$$

e si proiettino sugli assi i cammini contermini OM e $OCQM$; si otterrà così:

$$x = (R - r\cos\alpha)\cos\varphi + r\cos\theta.\cos\varphi.\cos\alpha + r\operatorname{sen}\theta\operatorname{sen}\varphi$$
$$y = (R - r\cos\alpha)\operatorname{sen}\varphi + r\cos\theta.\operatorname{sen}\varphi.\cos\alpha - r\operatorname{sen}\theta\cos\varphi$$
$$z = r\operatorname{sen}\alpha - r\cos\theta\operatorname{sen}\alpha,$$

ossia, eliminando l'angolo φ mediante la relazione (1),

$$
(6)\quad \begin{cases} x=[R-r\cos\alpha\,(1-\cos\theta)]\cos\dfrac{R}{r\theta}+r\,\text{sen}\,\theta.\text{sen}\,\dfrac{r\theta}{R} \\[2ex] y=[R-r\cos\alpha\,(1-\cos\theta)]\,\text{sen}\,\dfrac{r\theta}{R}-r\,\text{sen}\,\theta.\cos\dfrac{r\theta}{R} \\[2ex] z=r\,\text{sen}\,\alpha\,(1-\cos\theta)\,, \end{cases}
$$

equazioni che costituiscono la rappresentazione parametrica della curva considerata.

Nel caso in cui il cerchio fisso sia un circolo massimo della sfera contenente tale curva, è $R_0=R$ onde, per la (5), $r=R\cos\alpha$; la curva è allora (v. p. 66) una cicloide sferica.

Siccome le lunghezze delle due circonferenze date stanno fra loro nel rapporto $\dfrac{r}{R}$, così se questo è razionale $\left(=\dfrac{m}{n}\right)$ il punto mobile, dopo un certo numero di giri, ritorna alla posizione di partenza. In tal caso posto $\theta=n\vartheta$ risulterà $\varphi=m\vartheta$ e le (6) diverranno:

$$
(7)\quad \begin{cases} \dfrac{x}{r}=\left[\dfrac{n}{m}-\cos\alpha\,(1-\cos n\vartheta)\right]\cos m\vartheta+r\,\text{sen}\,n\vartheta.\,\text{sen}\,m\vartheta \\[2ex] \dfrac{y}{r}=\left[\dfrac{n}{m}-\cos\alpha\,(1-\cos n\vartheta)\right]\text{sen}\,m\vartheta-r\,\text{sen}\,n\vartheta.\cos m\vartheta \\[2ex] \dfrac{z}{r}=\text{sen}\,\alpha\,(1-\cos n\vartheta)\,; \end{cases}
$$

e se introduciamo il parametro $\lambda=\text{tg}\,\dfrac{\vartheta}{2}$ vedremo che la curva rappresentata dalle (7) è una curva algebrica razionale dell'ordine $2(m+n)$.

Dalle (6) si può dedurre la rappresentazione analitica della curva nelle solite coordinate geografiche

$$
\omega=\text{arc tg}\,\frac{y}{x}\quad,\quad \varrho=\text{arc cos}\,\frac{z}{R_0}\,.
$$

Infatti dette formole danno

$$\operatorname{tg}\omega = \frac{\operatorname{tg}\frac{r\theta}{R} - \frac{r\operatorname{sen}\theta}{R - r\cos\alpha\,(1-\cos\theta)}}{1 + \frac{r\operatorname{sen}\theta}{R - r\cos\alpha\,(1-\cos\theta)}} =$$

$$= \operatorname{tg}\left\{\frac{r\theta}{R} - \operatorname{arc\,tg}\frac{r\operatorname{sen}\theta}{R - r\cos\alpha\,(1-\cos\theta)}\right\}$$

onde

(8) $$\omega = \frac{r\theta}{R} - \operatorname{arc\,tg}\frac{r\operatorname{sen}\theta}{R - r\cos\alpha\,(1-\cos\theta)};$$

inoltre

(8) $$\varrho = \operatorname{arc\,cos}\frac{r\operatorname{sen}^2\alpha\,(1-\cos\theta)}{\sqrt{R^2 + r^2 - 2Rr\cos\alpha}};$$

siccome le formole (8) esprimono ϱ e ω in funzione del parametro θ, così costituiscono la cercata rappresentazione parametrica.

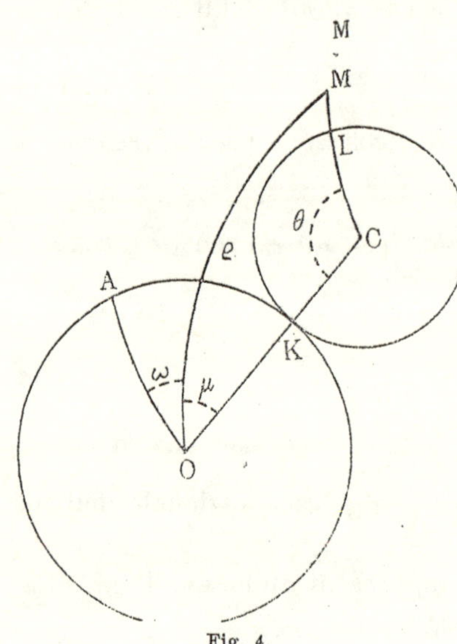

Fig. 4.

Passiamo alla ricerca della rappresentazione analitica in coordinate geografiche di tutte le ipocicloidi ed epicicloidi [1]). Assumiamo perciò (v. fig. 4) come polo il centro O del cerchio fisso e come asse polare il cerchio massimo passante per O e pel punto A in cui avviene in origine il contatto del cerchio fisso col cerchio mobile.

Sia C la posizione generica del centro di questo. K il relativo punto di contatto, M la corrispondente posizione del punto generatore della

---

1) Cfr. H. M. Jeffery, *On spherical Cycloidal and Trohocidal Curves* (Quart. Journ. of Mathem., T. XIX, 1885, p. 44).

curva e L il punto in cui il raggio CM taglia la periferia del cerchio mobile; sarà evidentemente

$$\text{arc}\, KL = \text{arc}\, KA\,. \tag{9}$$

Siano R e r i raggi sferici del cerchio fisso e del mobile, ϱ e ω le coordinate geografiche di M e h l'arco CM; finalmente con θ e μ designeremo gli angoli in C e O del triangolo COM. In conseguenza la (9) assume il seguente aspetto:

$$\theta.\,\text{sen}\, r = (\omega + \mu).\text{sen}\, R \tag{9'}$$

ossia

$$\omega = \frac{\text{sen}\, r}{\text{sen}\, R}.\,\theta - \mu\,. \tag{10}$$

Applicando ora due formole fondamentali della trigonometria sferica al triangolo CMO otterremo:

$$\begin{aligned} \cos\varrho &= \cos(R+r).\cos h + \text{sen}\,(R+r).\text{sen}\, h.\cos\theta \\ \text{cotg}\, h.\text{sen}\,(R+r) &= \cos(R+r)\cos\theta + \text{sen}\,\theta.\text{cotg}\,\mu \end{aligned} \tag{11}$$

Siccome quest'ultima dà

$$\mu = \text{arc tg}\, \frac{\text{sen}\, h\, \text{sen}\,\theta}{\cos h.\text{sen}\,(R+r) - \text{sen}\, h \cos(R+r)\cos\theta}$$

così le (10), (11) conducono alle equazioni seguenti:

$$\left\{\begin{aligned} \varrho &= \text{arc}\cos\left[\cos(R+r)\cos h + \text{sen}\,(R+r)\,\text{sen}\, h\cos\theta\right] \\ \omega &= \frac{\text{sen}\, r}{\text{sen}\, R}\theta - \text{arc tg}\left[\frac{\text{sen}\, h.\text{sen}\,\theta}{\cos h\,\text{sen}\,(R+r) - \text{sen}\, h\cos(R+r)\cos\theta}\right] \end{aligned}\right. \tag{12}$$

le quali, dando le coordinate geografiche della curva in funzione della variabile θ, ne costituiscono la rappresentazione parametrica; da esse si possono trarre le espressioni delle coordinate cartesiane in funzione dello stesso angolo. Notisi che supponendo $R = \frac{\pi}{2}$ si ottengono le cicloidi sferiche, mentre per $h=r$ si ritorna alle ipocicloidi od epicicloidi ordinarie.

Ci serviremo delle (12) per ottenere la rettificazione della curva in questione per $h=r$ e stabilire la verità della surriferita (v. p. 66) asserzione del Bernoulli. Indicando come prima con R_0 il raggio della data sfera ci serviremo dell'espressione del differenziale dell'arco di una curva sferica, cioè della nota formola:

$$\left(\frac{ds}{d\theta}\right)^2 = R_0^2\left[\left(\frac{d\varrho}{d\theta}\right)^2 + \operatorname{sen}^2\varrho\left(\frac{d\omega}{d\theta}\right)^2\right].$$

Ora le (12) danno, nell'ipotesi $h=r$:

$$\frac{d\varrho}{d\theta} = \frac{\operatorname{sen}(R+r).\operatorname{sen} r.\operatorname{sen}\theta}{\operatorname{sen}\varrho},$$

$$\frac{d\omega}{d\theta} = \frac{\operatorname{sen} r}{R} + \frac{\cos(R+r) - \cos r.\cos\varrho}{\operatorname{sen}^2\varrho}$$

perciò dalla precedente ricavasi:

$$\frac{\operatorname{sen}^2\varrho.\operatorname{sen}^2 R}{R_0^2}\left(\frac{ds}{d\theta}\right)^2 =$$

$$= \operatorname{sen}^2 R[\operatorname{sen}^2 r - \cos^2(R+r) + 2\cos r\cos(R+r)\cos\varrho - \cos^2\varrho]$$
$$+ [\cos R\operatorname{sen}(r+R) - \operatorname{sen} R.\cos r.\cos\varrho - \operatorname{sen} r\cos^2\varrho]^2.$$

Osserviamo che il secondo membro si annulla per $\cos\varrho = \pm 1$, onde tutta la relazione precedente è divisibile per $\operatorname{sen}^2\varrho$; fatta la divisione si trova:

$$\frac{\operatorname{sen} R}{R_0}\frac{ds}{d\theta} = \sqrt{\operatorname{sen}^2(r+R) - (\cos\varrho.\operatorname{sen} r + \cos r.\operatorname{sen} R)^2}.$$

Ma, dalla (12, 1ª) si trae:

$$\cos\varrho\operatorname{sen} r + \cos r.\operatorname{sen} R = \operatorname{sen}(r+R)\left[1 - \operatorname{sen}^2 r.\operatorname{sen}^2\frac{\theta}{2}\right],$$

onde la precedente diviene:

$$\frac{\operatorname{sen} R}{R_0}\frac{ds}{d\theta} = 2\operatorname{sen}(r+R)\operatorname{sen}^2 r\operatorname{sen}\frac{\theta}{2}\sqrt{\operatorname{cotg}^2 r + \cos^2\frac{\theta}{2}}. \tag{13}$$

Per eseguire la quadratura necessaria per rettificare le curve in questione poniamo

$$\cos\frac{\theta}{2} = \eta$$

e troveremo

$$(14)\qquad s = -\frac{4\,R_0 \operatorname{sen}(r+R)\operatorname{sen}^2 r}{\operatorname{sen} R}\int d\eta\,\sqrt{\operatorname{cotg}^2 r+\eta^2}\ ^{1)}\,.$$

Notiamo ora che l' integrazione per parti dà

$$\int d\eta\,\sqrt{\operatorname{cotg}^2 r+\eta^2} = \frac{1}{2}\eta\sqrt{\operatorname{cotg}^2 r+\eta^2}+\frac{1}{2}\int\frac{d\eta}{\sqrt{\operatorname{cotg}^2 r+\eta^2}}\,,$$

epperò

$$\int d\eta\sqrt{\operatorname{cotg}^2 r+\eta^2} = \frac{1}{2}\eta\sqrt{\operatorname{cotg}^2 r+\eta^2}+\frac{1}{2}\operatorname{cotg}^2 r.\log\left(\eta+\sqrt{\operatorname{cotg}^2 r+\eta^2}\right).$$

Sostituendo nella precedente ed integrando fra i limiti $\theta=0$ e $\theta=\pi$ si ottiene, per determinare la lunghezza L dell'arco di epicicloide od ipocicloide limitato da due cuspidi consecutive, la formola seguente:

$$(15)\ L = \frac{2R_0 \operatorname{sen}(r+R)\operatorname{sen}^2 r}{\operatorname{sen} R}\left[\operatorname{sen} r+\cos^2 r\log\operatorname{cotg}\left(\frac{\pi}{4}-\frac{r}{2}\right)\right],$$

la quale contiene un' implicita conferma dell'asserzione bernoulliana di cui sopra.

Nel caso speciale $r=\frac{\pi}{2}$ la (13) diviene

$$ds = R_0 \operatorname{cotg} R.\operatorname{sen}\theta.d\theta\,,$$

onde

$$s = -R_0 \operatorname{cotg} R.\cos\theta+\text{cost}.$$

e integrando fra 0 e π si ottiene, in luogo della (16), la formola

$$L = 2R_0 \operatorname{cotg} R\ ^{2)}.$$

---

1) Ricordando che l'arco della parabola $y^2=2px$ è dato da $\frac{1}{p}\int d\eta\,\sqrt{p^2+y^2}$ si vedrà che un arco di epicicloide od ipocicloide ordinaria è eguale ad altro di un'ordinaria parabola.

2) Un'altra estensione del concetto di ipo- ed epicicloidi piane fu proposta da J. S. Vanecek (v. la nota *Raum-Epycicloiden*, Wiener Ber., T. LXXXIV, 1881, pp. 69-71); ecco in che consiste: Dato un cerchio fisso K, un secondo cerchio L si muove in modo da avere sempre con K un punto M

§ 3. *Lossodromica sferica.*

Questioni suggerite dalla pratica della navigazione indussero il matematico portoghese P. Nunes a considerare la curva che taglia sotto angolo costante i meridiani della superficie terrestre [1]). Indipendentemente da tale considerazione, essa venne studiata, sotto il nome di *lossodromica*, da molti matematici (Leibniz, Giov. Bernoulli, Halley, ecc.) i quali avvertirono in essa prerogative degne di nota (in particolare che essa è l'analoga sulla sfera della ordinaria spirale logaritmica).

L'equazione differenziale della lossodromia si ha facilmente supponendo in una formola del § 1 costante l'angolo μ; è dunque

$$\operatorname{tg}\mu = \frac{d\omega}{d\varrho} \operatorname{sen}\varrho .$$

Ora se la si scrive sotto la forma

$$\frac{d\varrho}{\operatorname{sen}\varrho} = \operatorname{cotg}\mu . d\omega$$

le variabili risultano separate e l'integrazione si effettua subito; supposto che a $\omega = 0$ corrisponda $\varrho = \frac{\pi}{2}$ si conclude:

$$\omega = \operatorname{tg}\mu . \log \operatorname{tg}\frac{\varrho}{2} . \tag{1}$$

Per stabilire alcune proprietà della lossodromica applichiamo formole già stabilite ed otterremo

$$x^2 + y^2 = \operatorname{sen}^2\varrho \quad , \quad \frac{y}{x} = \operatorname{tg}\omega ,$$

onde le coordinate polari della proiezione di un punto qualunque della curva sono

$$\varrho_1 = \operatorname{sen}\varrho \quad , \quad \omega_1 = \omega ;$$

---

in comune. Se l'arco descritto da M su K è sempre eguale a quello descritto su L da un altro punto, questo descrive una delle nuove curve. Le condizioni del movimento sono poi ulteriormente ed in vario modo determinate.

[1]) *Tratado em defensam da carta de marear* (1537), *De arti atque ratione navigandi* (1546) e *De regulis et instrumentis artis navigandi* (in *Petri Nonii Opera*, Basileae, 1566).

ora la (1) dà

$$e^{\omega \operatorname{cotg} \mu} = \operatorname{tg} \frac{\varrho}{2},$$

ossia

$$e^{-\omega \operatorname{tg} \mu} = \operatorname{cotg} \frac{\varrho}{2}$$

onde

$$e^{\omega \operatorname{cotg} \mu} + e^{-\operatorname{cotg} \mu} = \frac{\operatorname{sen} \varrho}{2}$$

e per le precedenti

$$\varrho_1 = \frac{2}{e^{\omega \operatorname{cotg} \mu} + e^{-\omega \operatorname{cotg} \mu}}. \tag{2}$$

Questo dimostra che *la proiezione ortogonale della lossodromica sul piano dell'equatore è una spirale di Poinsot* [1]).

Si ricordino poi le formole concernenti la proiezione stereografica e si scriva la (1) sotto la forma

$$e^{\omega \operatorname{cotg} \mu} \operatorname{cotg} \frac{\varrho}{2} = 1 ;$$

si vedrà che la proiezione stereografica della lossodromica ha per equazione

$$e^{\omega_1 \operatorname{cotg} \mu} . \varrho_1 = 1,$$

ossia

$$\varrho_1 = e^{-\omega_1 \operatorname{cotg} \mu}, \tag{3}$$

che *rappresenta una spirale logaritmica* [2]).

Per rettificare la curva ricorriamo alla formola

$$ds^2 = d\varrho^2 + \operatorname{sen}^2 \varrho . d\omega^2 ;$$

essendo $\operatorname{sen} \varrho . d\omega = \operatorname{tg} \mu d\varrho$ essa diviene

$$ds^2 = (1 + \operatorname{tg}^2 \mu)\, d\varrho^2$$

ossia

$$ds = \frac{d\varrho}{\cos \mu}$$

---

1) Cfr. G. Loria, *Spez. alg. und transsc. Kurven*, T. II, p. 218.

2) Tale risultato può ottenersi senza calcolo ricordando che la proiezione stereografica conserva gli angoli.

che integrata dà

$$s = \frac{\varrho}{\cos\mu} + \text{cost}, \tag{4}$$

la quale formola mette in evidenza che la rettificazione della lossodromica sferica non differisce da quella di un arco circolare.

Per determinare la curvatura geodetica della lossodromica serve la formola

$$\varrho_g = \frac{\operatorname{tg}\varrho}{\operatorname{sen}\mu} \tag{5}$$

di cui è notevole l'analogia con l'espressione della curvatura della spirale logaritmica [1]).

Alla rappresentazione parametrica della lossodromica si giunge anche partendo dall'osservazione che essa può definirsi come traiettoria obliqua d'un fascio di piani. Assunto l'asse di questo come asse della z ed indicando con X, Y, Z le coordinate correnti, il piano del fascio passante pel punto (x, y, z) avrà per equazione

$$yX - xY = o$$

mentre

$$\frac{X-x}{x'} = \frac{Y-y}{y'} = \frac{Z-z}{z'}$$

potranno intendersi rappresentare la tangente nel detto punto alla cercata traiettoria. Per le condizioni del problema sarà

$$\frac{yx' - xy'}{\sqrt{x^2+y^2}\sqrt{x'^2+y'^2+z'^2}} = \operatorname{sen}\varepsilon,$$

ovvero

$$(xdy - ydx)^2 - \operatorname{sen}^2\varepsilon.(x^2+y^2)(dx^2+dy^2+dz^2) = o\,.$$

La curva cercata sarà una linea integrale di quest'equazione; siccome poi deve appartenere alla sfera di centro O e raggio 1, si potrà porre

$$x = \operatorname{sen}\varrho.\cos\omega \quad , \quad y = \operatorname{sen}\varrho.\operatorname{sen}\omega \quad , \quad z = \cos\varrho\,; \tag{6}$$

essendo in conseguenza

$$\begin{aligned} dx &= \cos\varrho.\cos\omega.d\varrho - \operatorname{sen}\varrho.\operatorname{sen}\omega.d\omega \\ dy &= \cos\varrho.\operatorname{sen}\omega.d\varrho + \operatorname{sen}\varrho.\cos\omega.d\omega \\ dz &= -\operatorname{sen}\varrho.d\varrho \end{aligned}$$

---

1) Cfr. G. Loria, *Spezielle alg. und transsc. Kurven*, II Aufl. II Bd., p. 65.

quell'equazione differenziale diviene

$$\operatorname{sen}^4 \varrho . d\omega^2 = \operatorname{sen}^2 \varepsilon . \operatorname{sen}^2 \varrho (d\varrho^2 + \operatorname{sen}^2 \varrho . d\omega^2) ,$$

o più semplicemente

$$d\omega = \pm \operatorname{tg} \varepsilon . \frac{d\varrho}{\operatorname{sen} \varrho} .$$

Posto, quindi,

$$\pm \operatorname{tg} \varepsilon = \frac{1}{k}$$

avremo integrando

$$k\omega = \log \operatorname{tg} \frac{\varrho}{2}$$

o, dopo qualche facile trasformazione,

$$\operatorname{sen} \varrho = \frac{1}{\frac{e^{k\omega} + e^{-k\omega}}{2}} ,$$

ovvero, servendosi di funzioni iperboliche,

$$\operatorname{sen} \varrho . \cosh k\omega = 1 .$$

Le (6) divengono in conseguenza

$$x = \frac{\cos \omega}{\cosh k\omega} \quad , \quad y = \frac{\operatorname{sen} \omega}{\cosh k\omega} \quad , \quad z = \operatorname{tgh} k\omega \tag{7}$$

che sono le formole cercate. Siccome da queste si trae:

$$\sqrt{x^2 + y^2} = \frac{1}{\cosh k\omega} \quad , \quad \frac{y}{x} = \operatorname{tg} \omega$$

così l'equazione in coordinate polari ϱ_1 , ω_1 della proiezione della lossodromia sul piano xy è

$$\varrho_1 = \frac{1}{\cosh k\omega_1} ,$$

epperò la proiezione stessa è una spirale di Poinsot, conformemente a quanto si trovò prima [1]).

---

[1]) Per altre proprietà v. Vannson, *Equation et propriétés de la lossodrome* (Nouv. Ann. de Math., T. XX, 1861, pp. 31-41 e 225-232). La stessa

§ 4. *La curva di caccia su di una sfera*[1]).

Sotto la forma più semplice la curva di caccia nel piano si può definire così: « Due punti percorrono con velocità costanti il primo una retta r, il secondo una linea Γ di un piano passante per r; se P e Q ne sono le posizioni in un medesimo istante e se si suppone che la tangente in Q a Γ passi sempre per P, Γ sarà una curva di caccia rispetto alla retta r ». L'estensione di questo concetto alla sfera è immediato; basta, infatti, alla retta r sostituire un cerchio massimo $\varDelta$ ed alla tangente in Q alla linea cercata pure un cerchio massimo. Per giungere alla rappresentazione analitica della risultante curva di caccia giova supporre che la sfera considerata abbia per centro O e raggio 1, che $\varDelta$ ne sia l'intersezione col piano xy e che si usino le solite coordinate geografiche.

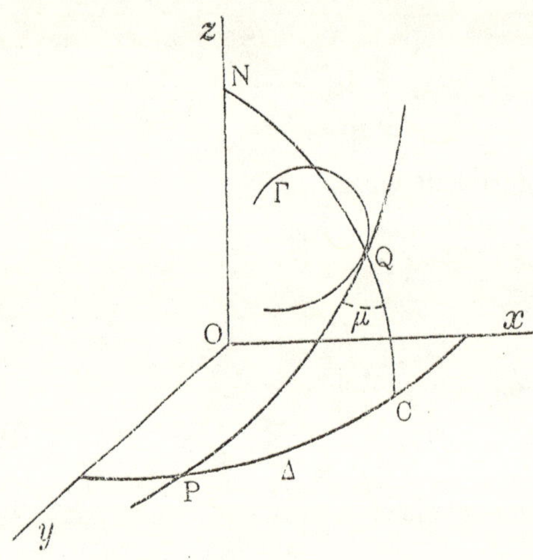

Fig. 5.

Se ϱ, ω (fig. 5) sono le coordinate di Q e $\frac{\pi}{2}, \omega_1$ quelle di P, essendo costante il rapporto della velocità dei movimenti dei due punti considerati avremo:

$$\frac{d\omega_1}{d\varrho} = m \sqrt{1 + \operatorname{sen}^2 \varrho \left(\frac{d\omega}{d\varrho}\right)^2}. \tag{1}$$

---

curva nel 1862 fu scelta in Francia come soggetto della « Question d'analyse au Concours d'agrégation » (v. un articolo di Audoynard, id., Ser. II, T. II, 1863, pp. 63-69).

1) E. Roeser, *Die Verfolgungskurve auf der Kugel* (Diss. Halle a. S. 1909). Ivi si trova anche un cenno dell'analogo problema sulla pseudosfera.

Si chiami poi C il punto in cui il meridiano passante per Q incontra il cerchio $\varDelta$ e si applichi al triangolo sferico rettangolo CQP una delle relazioni fondamentali della trigonometria sferica; si otterrà:

$$\operatorname{tg} Q = \frac{\operatorname{tg} CP}{\operatorname{sen} CQ};$$

ma di $\operatorname{tg} Q$ si può avere un'altra espressione essendo CQP l'angolo formato dal cerchio massimo tangente a $\varGamma$ col corrispondente meridiano; perciò

$$\frac{d\omega}{d\varrho} \operatorname{sen} \varrho = \frac{\operatorname{tg}(\omega_1 - \omega)}{\operatorname{sen}\left(\frac{\pi}{2} - \varrho\right)}.$$

Pongasi ora

$$\frac{d\omega}{d\varrho} = p \tag{2}$$

e si potrà scrivere

$$\omega_1 = \omega + \operatorname{arc\,tg}(p \operatorname{sen} \varrho . \cos \varrho).$$

Differenziando rispetto a ϱ e poi eguagliando il risultante valore di $\frac{d\omega_1}{d\varrho}$ a quello dato dalla (1) si giunge alla relazione seguente:

$$\begin{aligned} p^3 \operatorname{sen}^2 \varrho . \cos^2 \varrho + \frac{dp}{d\varrho} \operatorname{sen} \varrho . \cos \varrho + 2p \cos^2 \varrho = \\ = m\,(1 + p^2 \operatorname{sen}^2 \varrho . \cos^2 \varrho) \sqrt{1 + p^2 \operatorname{sen}^2 \varrho}. \end{aligned} \tag{3}$$

Considerando p come funzione incognita (di ϱ) e integrando si otterrà p in funzione di ϱ e allora la (2), mediante una nuova quadratura, condurrà alla risoluzione del problema.

Per eseguire l'integrazione dell'equazione (3) s'introduca in luogo di ϱ la variabile

$$v = \frac{1}{\cos^2 \varrho} \tag{4}$$

ed in luogo di p la funzione u definita dalla formola seguente:

$$\sqrt{1 + p^2 \frac{v - 1}{v}} = pu. \tag{5}$$

Eseguita la sostituzione si trova la seguente equazione differenziale:

$$2uv - 2v^2(v-1)\frac{du}{dv} = m(uv + v - 1)(uv - v + 1);$$

ora questa appartiene al tipo Riccati ed ammette come soluzioni particolari

$$u = \frac{1-v}{v}, \quad u = \frac{v-1}{v};$$

perciò la soluzione generale è data da

$$u = \frac{v-1}{v}\,\frac{cv^{m}+1}{cv^{m}-1},$$

c essendo una costante arbitraria. Riponendo per u il suo valore (5) e poi applicando la (2) si conclude:

$$\omega = \int \frac{(cv^{m}-1)d\varrho}{2(v-1)\sqrt{4cv^{m+1}-(cv^{m}+1)^2}} + \text{cost}. \tag{6}$$

Se qui s'intende sostituito a v il valore $\frac{1}{\cos^2\varrho}$, si avrà una equazione, la quale può servire a quello studio completo della curva, che a noi è vietato dai limiti imposti alla presente opera.

§ 5. *La sinusoide sferica.*

Lo studio degli strumenti per misurare il tempo col sussidio della luce solare immaginati dagli Arabi condusse M. Chasles [1]) a concepire la curva generata come segue: « In un dato emisfero si considerino gli ∞^1 archi di cerchio minore che stanno in piani fra loro paralleli e sono limitati dal cerchio massimo che chiude l'emisfero e si dividano in un dato rapporto; il luogo dei punti di divisione è una curva che, proiettata dal centro della data sfera su un piano arbitrario, dà la *linea di ore eguali* usata dall'astronomo Abul Hassan ».

---

1) *Aperçu historique* etc., II éd. (Paris, 1875), p. 496.

Nelle solite coordinate geografiche ϱ, ω essa ha un'equazione della seguente forma

$$\cot g\, \varrho = h \cos \frac{\omega}{k} \text{ [1]}, \tag{1}$$

(ove h, k sono costanti), supposto che l'emisfero considerato sia limitato dal cerchio massimo della sfera di centro O e raggio r situato nel piano xy.

Se si proietta da O un punto arbitrario di detta curva sul cilindro circoscritto alla sfera lungo detto cerchio e poi si svolge quel cilindro su un piano si ottiene il punto di coordinate

$$x_1 = r\omega \quad , \quad y_1 = r \cot g\, \varrho ,$$

il cui luogo geometrico ha, in forza della (1), la seguente equazione:

$$\frac{y_1}{r} = h \cos \frac{x_1}{kr} \tag{2}$$

cioè una sinusoide; da ciò un procedimento per farsi un' idea della forma della curva e la ragione del nome *sinusoide sferica* che essa porta.

Se invece la si proietta da O sul piano $z=l$ si ottiene il punto di coordinate cartesiane

$$x_1 = l . \operatorname{tg} \varrho . \operatorname{sen} \omega \quad , \quad y_1 = l . \operatorname{tg} \varrho . \cos \omega ,$$

epperò di coordinate polari

$$\varrho_1 = l \operatorname{tg} \varrho \quad , \quad \omega_1 = \omega ;$$

tenendo conto dell'equazione (1) si vede che la curva proiezione ha per equazione polare

$$\varrho_1 = \frac{l}{h \cos \frac{\omega_1}{k}} : \tag{3}$$

è dunque una spiga [2]).

La rettificazione della sinusoide sferica dipende da integrali ellittici di I e III specie.

---

1) H. Michnick, *Beiträge zur Theorie der Sounenuhren*, I Thl. (Leipzig, 1914).

2) G. Loria, *Spezielle alg. und transs. eb. Kurven*, II ed., T. I, p. 367.

§ 6. *La trattrice circolare sghemba* [1]).

Proponiamoci di determinare una curva sghemba avente per linea equitangenziale una circonferenza, curva che, come è naturale, diremo *trattrice circolare sghemba*. Scelta, come è lecito, per equazione della data circonferenza la seguente

$$X^2+Y^2=b^2 \quad , \quad Z=0, \tag{1}$$

per risolvere il problema dovremo integrare il seguente sistema di equazioni differenziali

$$X=x-a\frac{dx}{ds} \quad , \quad Y=y-a\frac{dy}{ds} \quad , \quad 0=z-a\frac{dz}{ds}, \tag{2}$$

x, y, z essendo le funzioni incognite. Ora la terza di queste, scritta sotto la forma

$$\frac{dz}{z}=\frac{ds}{a}$$

dà

$$z=ce^{\frac{s}{a}}, \tag{3}$$

c essendo la costante d'integrazione. D'altronde, quadrando e sommando le (2) e tenendo conto delle (1), (3) si trova:

$$b^2=x^2+y^2-2a\left(x\frac{dx}{ds}+y\frac{dy}{ds}\right)+a^2-c^2e$$

ossia

$$\frac{d(x^2+y^2)}{ds}-\frac{x^2+y^2}{a}=\frac{a^2-b^2-c^2e^{\frac{2s}{a}}}{a}.$$

Ora, nella funzione x^2+y^2, questa è un'equazione differenziale lineare; integrandola si ottiene

$$x^2+y^2=b^2-a^2-c^2e^{\frac{2s}{a}}+c_1e^{\frac{s}{a}}, \tag{4}$$

---

1) O. Hoel, *Recherches sur les courbes à double courbure* (Arch. for Math. of Naturvid., T. XXXVI, 1920); *La tratrice circulaire à double courbure* (Ann. do Acad. Polyt. do Porto, T. XIV, 1920).

c_1 essendo una nuova costante arbitraria. Ma, applicando la (3) e ponendo

(5) $$\frac{c_1}{2c}=k \quad , \quad R^2=b^2-a^2+k^2 .$$

si vede che la (4) può scriversi

(6) $$x^2+y^2+(z-k)^2=R^2 ,$$

equazione che prova essere la trattrice circolare una curva situata sulla sfera di centro $(0,0,k)$ e raggio R.

Per ottenere la rappresentazione analitica della curva di cui ci occupiamo in coordinate sferiche u, v, poniamo al solito

(7) $$x=R \operatorname{sen} u . \cos v \ . \ y=R \operatorname{sen} u . \operatorname{sen} v \ , \ z=R \cos u+k$$

ed otterremo

$$ds^2=R^2(du^2+\operatorname{sen}^2 u . dv^2) ;$$

ma, per la (3) la (7, 3ª) dà

$$ce^{\frac{s}{a}}=R \cos u+k$$

e poi

$$ds=-\frac{Ra \operatorname{sen} u . du}{R \cos u+k} ;$$

perciò, sostituendo nella precedente, si trova:

(8) $$dv=\sqrt{\frac{a^2}{(R \cos u+k)^2}-\frac{1}{\operatorname{sen}^2 u}}\, du .$$

Questa quadratura è eseguibile elementarmente ponendo $R \cos u+k=w$; ma, anche senza eseguirla, si vede che u varia fra i valori

$$\operatorname{arc\,cos}\left(\frac{ab-Rk}{R^2+a^2}\right), \operatorname{arc\,cos}\left(-\frac{ab+Rk}{R^2+a^2}\right) .$$

Si esegua ora la proiezione stereografica della trattrice mediante le note formole

$$\varrho=R \operatorname{cotg} \frac{u}{2} \quad , \quad \omega=v .$$

La (8) si trasforma in conseguenza in quest'altra:

$$(9) \qquad d\omega = -\frac{d\varrho}{\varrho}\,\frac{\sqrt{4R^2a^2\varrho^2 - \{(R+k)\varrho^2 - R^3 + kR^2\}^2}}{(R+k)\varrho^2 - R^3 + kR^2};$$

ora questa equazione caratterizza la curva piana detta trattrice circolare [1]; si conclude quindi: *la trattrice circolare sghemba ha per proiezione stereografica una trattrice circolare piana.*

§ 7. *Curva sferica di pendenza costante* [2].

La curva sferica di pendenza costante su di un piano può anche definirsi come la traiettoria obliqua di un sistema di sezioni prodotte nella sfera considerata, da ∞^1 piani fra loro paralleli. Per trovarne l'equazione supporremo la sfera di centro O e raggio r, di più che tutti i piani considerati siano paralleli al piano xy. Essendo l'elemento lineare della sfera dato da

$$(1) \qquad ds^2 = r^2(d\varrho^2 + \mathrm{sen}^2\,\varrho\,.\,d\omega^2),$$

ed essendo per ipotesi

$$\frac{dz}{ds} = \mathrm{cost.} = \mathrm{sen}\,\alpha$$

si avrà

$$\frac{ds^2 - dz^2}{dz^2} = \mathrm{cotg}^2\,\alpha\,.$$

Ma, poichè è $z = r\cos\varrho$, si ha $dz = -r\,\mathrm{sen}\,\varrho\,.\,d\varrho$, onde la precedente, dopo facili trasformazioni, diviene

$$(2) \qquad d\omega = d\varrho\sqrt{\mathrm{cotg}^2\,\alpha - \mathrm{cotg}^2\,\varrho}\,.$$

Per eseguire questa quadratura poniamo

$$(3) \qquad \mathrm{cotg}\,\varrho = \mathrm{cotg}\,\alpha\,.\cos\psi\,;$$

---

[1] G. Loria, *Sp. Kurven*, T. II, 2 Aufl., p. 19.

[2] H. J. Jonas, *Kurven von konstantes Steilheit auf der Kugelfläche* (Arch. f. Math. u. Phys. III Ser., T. VIII, 1905, p. 281-84). La stessa curva s'incontrerà fra le eliche; qui ne facciamo cenno per la semplicità della trattazione diretta che essa consente.

avremo:

$$\sqrt{\operatorname{cotg}^2 \alpha - \operatorname{cotg}^2 \varrho} = \operatorname{cotg} \alpha . \operatorname{sen} \psi$$

$$d\varrho = \frac{\operatorname{cotg} \alpha . \operatorname{sen} \psi . d\psi}{1 + \operatorname{cotg}^2 \alpha . \cos^2 \psi}$$

e quindi

$$d\omega = \frac{\cot^2 \alpha . \operatorname{sen}^2 \psi . d\psi}{1 + \operatorname{cotg}^2 \alpha \cos^2 \psi} = \frac{d\psi}{\operatorname{sen}^2 \alpha . \cos^2 \psi + \operatorname{sen}^2 \varphi} - d\psi .$$

Integrando si trova

(4) $$\omega = \frac{1}{\operatorname{sen} \alpha} \operatorname{arc\,cotg} (\operatorname{sen} \alpha . \operatorname{cotg} \psi) - \psi + \operatorname{cost}.$$

Le equazioni (3), (4) esprimono le coordinate geografiche di un punto arbitrario della curva in funzione della variabile indipendente ψ, onde ne costituiscono la rappresentazione parametrica.

La rettificazione della curva si può eseguire elementarmente; eliminando, infatti, $d\omega$ fra le (1) (2) si trova

$$\frac{ds}{d\varrho} = \frac{r}{\operatorname{sen} \alpha} \operatorname{sen} \varrho$$

donde

(5) $$s = \operatorname{cost}. - \frac{r . \cos \varrho}{\operatorname{sen} \alpha}.$$

§ 8. *Catenaria sferica.*

La *catenaria sferica* è la forma d'equilibrio assunta da un filo pesante ed omogeneo, flessibile ed inestendibile, collocato su di una sfera, sulla quale può scorrere senza attrito e di cui sono fissi gli estremi [1]). La ricerca di tale forma venne proposta dal

---

1) Il Gudermann (*Grundriss der analytischen Spërik*, Köln, 1830, p. 47) diede lo stesso nome alla curva che, in coordinate metacartesiane ha per equazione

$$\operatorname{tg} v = \frac{e^{mu} + e^{-mu}}{2},$$

analoga a quella della catenaria piana; ma questa denominazione venne abbandonata più tardi da lui stesso (v. p. seg.).

Bobillier nell'articolo *De l'équilibre de la chainette sur une surface courbe* (Annales de Mathématiques, T. XX, 1829-30, p. 153) e poco dopo dal Gudermann nel Giornale di Crelle (T. XI, 1834, p. 200); ciò diede origine a due memorie, una del Minding [1]), l'altra più estesa e completa del Gudermann stesso [2]), alle quali si deve in gran parte se detta questione s'incontra nei più estesi trattati di meccanica razionale [3]).

Se, al solito, O è il centro e r il raggio della data sfera, e si chiamano ϱ, ω le coordinate polari della proiezione ortogonale della catenaria sul piano xy, per determinare la curva si trova, oltre la $x^2+y^2+z^2=r^2$, l'equazione

$$\omega = \int \frac{kr\,dz}{(z^2-r^2)\sqrt{f(z)}} \tag{1}$$

ove

$$f(z)=(z-h)^2(a^2-z^2)-k^2, \tag{2}$$

e h, k sono costanti date; essendo $\varrho=\sqrt{r^2-z^2}$, la proiezione è così rappresentata analiticamente, dal momento che ϱ e ω si conoscono in funzione della variabile indipendente z.

La quadratura indicata nella (1) dipende da integrali ellittici e venne eseguita in vari modi [4]). Se si scrive la (2) sotto la forma

$$f(z)=-[(z^2-a^2)(z-h)^2+k^2]$$

si vede che, affinchè la curva sia reale, l'equazione $f(z)=0$ non può avere radici tutte complesse; ora detta curva si presenta sotto due distinte forme tipiche, secondochè sono reali due sole o sono reali tutte. Notevole è il caso $h=0$; la curva corrispon-

---

1) *Beantwortung der in 11. Bande dieses Journals S. 200 vorgelegten Frage N. 4* (J. f. r. u. augew. Math., T. XII, 1834, p. 179-80).

2) *De curvis catenariis sphaericis dissertatio analytico-geom.* (T. XXXIII, 1846, p. 189-225 e 281-315).

3) V. p. es. P. Appell, *Traité de Mécanique rationnelle*, T. I, p. 202.

4) Clebsch, *Ueber die Gleichgewichtsfigur eines biegsamen Fadens* (Journ. f. r. u. a. Math. T. LVII, 1860, p. 93-110); O. Biermann, *Problemata quaedam mechanica functionum ellipticarum ope soluta* (Diss. Berlin, 1865); P. Appell, *Sur la chainette sphérique* (Bull. de la Soc. math. de France, T. XIII, 1885, p. 65-71).

dente dicesi *catenaria parabolica* [1]), e può rettificarsi elementarmente. Ma ancor più notevoli sono i casi in cui, per valori speciali delle costanti, l'integrale (1) è pseudo-ellittico, chè allora *la catenaria è una curva chiusa algebrica*; tale importantissimo fatto venne scoperto da A. G. Greenhill [2]), il quale ha studiate accuratamente le catenarie algebriche e ne ha messo in commercio delle riuscitissime immagini stereoscopiche.

Gli sviluppi analitici necessari per stabilire quanto si è enunciato sono talmente considerevoli che non ci è possibile riferirli e ci è forza rinviare il lettore agli scritti citati. Vogliamo soltanto aggiungere, finendo, che Gudermann ha anche considerata la curva luogo dei poli dei circoli massimi tangenti alla catenaria sferica (cioè la curva polare reciproca di essa) mostrando che la sua proiezione sul piano xy è rappresentabile come segue:

$$\omega = \int \frac{r(k+hz)dz}{(r^2-z^2)\sqrt{z^2(r^2-z^2)-(k+hz)^2}}\,, \quad \varrho = \sqrt{r^2-z^2};$$

di più ha notato che, nel caso $h=0$, la curva dedotta non differisce dall'antica, ciò che costituisce una nuova notevole prerogativa della catenaria parabolica.

OSSERVAZIONE. Si possono considerare catenarie anche su altre superficie; vennero sinora studiate quelle relative alle tre più semplici superficie di rotazione: cono, cilindro e paraboloide; le loro equazioni dipendono ancora da integrali ellittici [3]).

§ 9. *La curva del pendolo sferico.*

Se a Clairaut spetta il merito di avere per primo considerato il movimento di un pendolo nelle ipotesi più generali [4]), a Lagrange si deve una trattazione del problema che divenne

1) Perger, *De curva catenaria sphaerica parabolica* (Diss. Berlin, 1838).

2) *The spherical Catenary* (Proc. of the London Math. Soc., T. XXVII, 1896, p. 123-85).

3) H. Dannehl, *Die Kettenlinie auf einigen Rotationsflächen* (Diss. Königsberg, 1887).

4) *Examen des différentes oscillations qu'un corps suspendu par un fil peut faire* (Mém. de Paris, 1735).

presto classica [1]) e grazie a cui di quella questione è fatto cenno in ogni trattato di meccanica razionale ove si parla del moto di un punto ritenuto di una superficie.

La curva descritta dal punto mobile offre una spiccata analogia con la catenaria sferica, perchè, ritenendo le notazioni usate nel paragrafo precedente, può rappresentarsi mediante le due equazioni

(1) $$\omega = \int \frac{kr\,dz}{(z^2 - r^2)\sqrt{f(z)}}\,, \quad \varrho = \sqrt{r^2 - z^2},$$

ove però

(2) $$f(z) = (z - h)(r^2 - z^2) - k^2 .$$

Emerge da queste formole che ω dipende da funzioni ellittiche; onde il problema indicato ha dato luogo a molteplici sviluppi analitici da parte di Tissot [2]), Hermite [3]), de Sparre [4]), Moulton [5]) ed altri e se ne trova cenno in tutte le trattazioni della teoria e delle applicazioni delle dette funzioni (Greenhill, Halphen, Tannery et Molk, Durège, ecc.). Di recente poi A. Emch [6]), inspirandosi ai risultati ottenuti dal Greenhill per la catenaria sferica, ha determinati i casi in cui, per speciali valori delle costanti, la curva del pendolo sferico risulta algebrica; l'ampiezza delle considerazioni che conducono a tali risultati non ci permette che di segnalarne ai lettori l'importanza.

---

[1]) *Mécanique analytique,* Nouv. édit., T. II (Paris, 1815) p. 194 e segg. V. anche V. Puiseux, *Sur le mouvement d'un point matériel pésant sur une sphère* (Journ. de mathém., T. VII, 1842) e C. Gudermann, *De pendulis sphaericis, et de curvis quae ab ipsis describuntur sphaericis* (Journ. f. r. n. a. Mathem., T. XXXVIII, 1849, p. 185-215).

[2]) Id. T. XVII, 1852.

[3]) *Sur le pendule* (Journ. f. r. n. a. Mathem., T. LXXXV, 1878, p. 246-49) e *Sur quelques applications des fonctions elliptiques* (Paris, 1885).

[4]) *Sur le mouvement d'un solide autour d'un point fixe et sur le pendule conique* (Ann. de la Soc. scientif. de Bruxelles, T. IX, 1865, p. 49-94).

[5]) *The Problem of the sperical Pendulum from the Standpoint of periodic Solutions* (Rend. del Circ. mat. di Palermo, T. XXXII, 1911, p. 338-64).

[6]) *On closed Curves described by a Spherical Pendulum* (The Tôhoku Mathem. Journal, Vol. XV, 1919, p. 146-65; cfr. la comunicazione preliminare dello stesso titolo inserita nei Proc. of the Nat. Accad. of Sciences, Vol. IV, 1918, p. 218-25).

Osservazione. Un'altra curva fisico-matematica che offrì notevoli applicazioni delle funzioni ellittiche è la *curva della corda del funambolo*; essa rappresenta la forma secondo cui si dispone una corda omogenea pesante di sezione costante ruotante attorno a due suoi punti fissi con velocità costante [1]; non ci arrestiamo su di essa perchè finora non vennero ravvisate in essa notevoli proprietà geometriche.

---

[1]) Cfr. Clebsch. J. f. d. r. und angew. Mathem., T. LVII, 1860, p. 73; F. G. Teixeira, *Obras sobre mathematicas*, T. VII, p. 275.

Capitolo XI.

CURVE DEFINITE DA RELAZIONI FRA ELEMENTI INTRINSECI.

§ 1. *Curve di Bertrand.*

Una facile applicazione delle formole di Serret-Frenet guida a concludere che *non esistono curve aventi comuni tutte le tangenti*; cerchiamo *se ne esistono aventi comuni le normali principali* [1]). A tale scopo consideriamo una curva Γ, la quale sia definita dandone le coordinate x, y, z in funzione dell'arco s; a partire da ogni suo punto P portiamo sulla corrispondente normale principale un segmento $P\overline{P} = u$, u essendo in generale funzione di s e proponiamoci di vedere se è possibile determinare u in modo che la curva $\overline{\Gamma}$, luogo del punto $\overline{P}$, abbia le stesse normali principali di Γ. Indicando con le medesime lettere sopralineate gli elementi di $\overline{\Gamma}$, avremo, per le fatte ipotesi,

$$\bar{x} = x + \xi u \;,\; \bar{y} = y + \eta u \;,\; \bar{z} = z + \zeta u \tag{1}$$

$$\bar{\xi} = \xi \;,\; \bar{\eta} = \eta \;,\; \bar{\zeta} = \zeta \tag{2}$$

$$\bar{\alpha}\xi + \bar{\beta}\eta + \bar{\gamma}\zeta = o \;,\; \bar{\lambda}\xi + \bar{\mu}\eta + \bar{\nu}\zeta = o\,. \tag{3}$$

Differenziando le (1) rispetto a s e applicando le formole di Serret-Frenet si trova

$$\left\{\begin{aligned} \bar{\alpha}\frac{d\bar{s}}{ds} &= \alpha + \xi u' - u\left(\frac{\alpha}{r} + \frac{\lambda}{\varrho}\right) \\ \bar{\beta}\frac{d\bar{s}}{ds} &= \beta + \eta u' - u\left(\frac{\beta}{r} + \frac{\mu}{\varrho}\right) \\ \bar{\gamma}\frac{d\bar{s}}{ds} &= \gamma + \zeta u' - u\left(\frac{\gamma}{r} + \frac{\nu}{\varrho}\right); \end{aligned}\right. \tag{4}$$

---

[1]) Questo problema venne proposto dal Saint Venant nel suo *Mémoire sur les lignes courbes non planes* (Journ. de l'Ec. polyt., XXX Cah., 1845; nota a pag. 48).

moltiplicando queste relazioni per ξ, η, ζ ed addizionando i risultati si trova $u'=0$, onde $u=\text{cost.}(=h)$. Le (4) divengono in conseguenza:

$$(4')\qquad \left\{\begin{aligned} \bar{\alpha}\frac{d\bar{s}}{ds} &= \alpha\left(1-\frac{h}{r}\right)-\frac{h}{\varrho}\lambda \\ \bar{\beta}\frac{d\bar{s}}{ds} &= \beta\left(1-\frac{h}{r}\right)-\frac{h}{\varrho}\mu \\ \bar{\gamma}\frac{d\bar{s}}{ds} &= \gamma\left(1-\frac{h}{r}\right)-\frac{h}{\varrho}\nu\,. \end{aligned}\right.$$

Quadrando e sommando queste relazioni si trova

$$(5)\qquad \frac{d\bar{s}}{ds}=\sqrt{\left(1-\frac{h}{r}\right)^2+\left(\frac{h}{\varrho}\right)^2}.$$

Giova ora introdurre l'angolo θ definito dalle tre relazioni equivalenti:

$$(6)\qquad \operatorname{tg}\theta=\frac{\frac{h}{\varrho}}{1-\frac{h}{r}}\,,\quad \operatorname{sen}\theta=\frac{\frac{h}{\varrho}}{\sqrt{\left(1-\frac{h}{r}\right)^2+\left(\frac{h}{\varrho}\right)^2}}\,,$$

$$\cos\theta=\frac{1-\frac{h}{r}}{\sqrt{\left(1-\frac{h}{r}\right)^2+\left(\frac{h}{\varrho}\right)^2}}\,;$$

la (5) assume in conseguenza la forma

$$(7)\qquad \frac{d\bar{s}}{ds}=\frac{h}{\varrho\operatorname{sen}\theta}\,,$$

mentre le (4') divengono:

$$(4'')\qquad \left\{\begin{aligned} \bar{\alpha} &= \alpha\cos\theta-\lambda\operatorname{sen}\theta \\ \bar{\beta} &= \beta\cos\theta-\mu\operatorname{sen}\theta \\ \bar{\gamma} &= \gamma\cos\theta-\nu\operatorname{sen}\theta\,. \end{aligned}\right.$$

Differenziando queste formole rispetto a s e applicando nuovamente le formole di Serret-Frenet si trova:

$$\left\{\begin{aligned} \frac{\xi}{\bar{r}}\frac{d\bar{s}}{ds} &= \xi\left(\frac{\cos\theta}{r}-\frac{\operatorname{sen}\theta}{\varrho}\right)-(\alpha\operatorname{sen}\theta+\lambda\cos\theta)\theta' \\ \frac{\eta}{\bar{r}}\frac{d\bar{s}}{ds} &= \eta\left(\frac{\cos\theta}{r}-\frac{\operatorname{sen}\theta}{\varrho}\right)-(\beta\operatorname{sen}\theta+\mu\cos\theta)\theta' \\ \frac{\zeta}{\bar{r}}\frac{d\bar{s}}{ds} &= \zeta\left(\frac{\cos\theta}{r}-\frac{\operatorname{sen}\theta}{\varrho}\right)-(\gamma\operatorname{sen}\theta+\nu\cos\theta)\theta' \end{aligned}\right.$$

Moltiplicando queste eguaglianze una volta per α, β, γ, un'altra per λ, μ, ν ed in entrambi i casi addizionando i prodotti risultanti, si trova

$$0=\operatorname{sen}\theta.\theta' \quad , \quad 0=\cos\theta.\theta' \, ;$$

donde segue $\theta'=0$ epperò $\theta=\text{cost}$. Ora la (6, 1[a]) può scriversi:

$$\left(1-\frac{h}{r}\right)\operatorname{sen}\theta-\frac{h}{r}\cos\theta=0 \, ;$$

essendo θ, h costanti, dico che questa relazione è della forma:

$$\frac{A}{r}+\frac{B}{\varrho}=C, \tag{8}$$

ove A, B, C sono costanti qualsivogliono; infatti identificando questa relazione alla precedente si ottiene

$$\frac{A}{\operatorname{sen}\theta}=\frac{B}{\cos\theta}=\frac{C}{\dfrac{\operatorname{sen}\theta}{h}}$$

onde

$$\theta=\operatorname{arctg}\frac{A}{B} \quad , \quad h=\frac{A}{C}, \text{ ecc.}$$

Concludiamo dunque il seguente importante

Teorema. *Le curve le cui normali principali sono normali principali di un'altra curva sono caratterizzate dalla proprietà che in ogni loro punto flessione e torsione sono legate da una relazione lineare.*

Esse, dal nome del geometra che le ha scoperte [1]) si chiamano *curve di Bertrand*. Da una curva siffatta se ne ottengono infinite altre staccando sulle sue normali principali dei segmenti di lunghezza costante [2]).

Alla relazione (8) si può giungere anche con un altro procedimento, che merita di essere segnalato perchè, con lievi modificazioni, è applicabile a questioni analoghe.

Partiremo ancora dalle formole (1), ove, come dimostrammo, u è costante $(=h)$: le scriveremo, quindi, come segue:

$$(1') \qquad \bar{x}=x+h\xi \quad , \quad \bar{y}=y+h\eta \quad , \quad \bar{z}=z+h\zeta .$$

Ricordando le formole (IV) del Cap. I (Vol. I, p. 3) si vede che la (3, 2ª) si può scrivere come segue:

$$\begin{vmatrix} \xi & \eta & \zeta \\ \bar{x}' & \bar{y}' & \bar{z}' \\ \bar{x}'' & \bar{y}'' & \bar{z}'' \end{vmatrix} = 0 ,$$

le derivate essendo prese in rispetto a s. Ma le (1′) (ponendo per brevità $k=\frac{1}{r}$, $\varkappa=\frac{1}{\varrho}$ e applicando le formole di Serret-Frenet) danno:

$$\begin{aligned} \bar{x}' &= \alpha(1-hk)-h\varkappa\lambda \\ \bar{x}'' &= -hk'\alpha+(k-hk^2-h\varkappa^2)\,\xi-h\varkappa'\lambda \end{aligned}$$

e le analoghe; perciò la precedente diviene:

$$\begin{vmatrix} \xi & \dots \\ \alpha(1-hk)-h\varkappa\lambda & \dots \\ -hk'\alpha-h\varkappa'\lambda & \dots \end{vmatrix} = 0$$

---

[1]) J. Bertrand, *Mémoire sur les courbes à double courbure* (Journ. de Math., T. XV, 1850, p. 347). Altre dimostrazioni della relazione (8) furono suggerite da J. A. Serret (*Sur un théorème rélatif aux courbes à double courbure*, Id., T. XVI, 1851, p. 499-500), A. Mannheim (*Démonstration géométrique d'une proposition due à M. Bertrand*, Id., II Ser., T. XVII, 1872, p. 403) ed altri.

[2]) È facile vedere che la *courbe adjointe* (cfr. Vol. I, p. 39-40) di una curva di Bertrand è una curva della stessa specie; altrettanto può ripetersi riguardo a tutte le curve di cui parlasi nel § 5 del presente Capitolo.

ossia

$$\varkappa'(1-hk)\begin{vmatrix}\xi & \eta & \zeta\\ \alpha & \beta & \gamma\\ \lambda & \mu & \nu\end{vmatrix} - h\varkappa k'\begin{vmatrix}\xi & \eta & \zeta\\ \lambda & \mu & \nu\\ \alpha & \beta & \gamma\end{vmatrix}=0$$

o finalmente

$$\varkappa'(1-hk)+\varkappa k'=0\,.$$

Se ora scriviamo questa formola come segue

$$\frac{\varkappa'}{\varkappa}+\frac{k'}{1-hk}=0$$

e integriamo, otterremo

$$\log\varkappa-\log\frac{1-hk}{h}=\text{cost}\,,$$

ossia

$$\frac{\varkappa}{c}+k=\frac{1}{h}\,,$$

relazione che non differisce in sostanza dalla (8).

Un analogo ragionamento può servire a decidere se, data una curva Γ, se ne può trovare un'altra Γ_0 avente le stesse binormali; sussisteranno allora le formole

$$x_0=x+\lambda u\ ,\ y_0=y+\mu u\ ,\ z_0=z+\nu u$$
$$\lambda_0=\lambda\ ,\ \mu_0=\mu\ ,\ \nu_0=\nu$$
$$\alpha_0\lambda+\beta_0\mu+\gamma_0\nu=0\ ,\ \xi_0\lambda+\eta_0\mu+\zeta_0\nu=0\,;$$

ora, tenendo conto della penultima di queste formole, si dimostra facilmente che u è costante ($=h$); applicando poi le citate formole (VI) del Cap. I si pone l'ultima sotto la forma

$$s'_0(\lambda x''_0+\mu y''_0+\nu z''_0)=s''_0(\lambda x'_0+\mu y'_0+\nu z'_0)\,;$$

ma, differenziando le formole

$$x_0=x+\lambda h\ ,\ y_0=y+\mu h\ ,\ z_0=z+\nu h\,,$$

si riesce a ridurre questa alla seguente

$$\frac{h}{\varrho^2}=0\,;$$

ciò prova che, se $\frac{1}{\varrho}$ non è nulla, se, cioè, la curva non è piana, si deve assumere $h=0$, onde Γ_0 coincide con Γ; nel caso opposto quella condizione è soddisfatta qualunque sia h: la nuova curva è una qualunque sezione retta del cilindro avente per base la curva Γ e le generatrici perpendicolari al suo piano. Da tutto ciò si raccoglie che *non esistono coppie di curve gobbe aventi comuni le binormali.*

Ritornando alle curve di Bertrand, osserviamo che l'angolo costante θ ha un significato geometrico che si desume dalle (4''); esse infatti danno

$$\alpha\bar{\alpha} + \beta\bar{\beta} + \gamma\bar{\gamma} = \cos\theta\,, \tag{9}$$

relazione che esprime la seguente proposizione: *Se due curve hanno comuni le normali principali, le loro tangenti in punti corrispondenti formano un angolo costante.*

Per stabilire altre proprietà delle curve di Bertrand differenziamo la (4'', 1ª) rispetto a s ed otterremo

$$\frac{\bar{\xi}}{\bar{r}}\,\frac{d\bar{s}}{ds} = \xi\left(\frac{\cos\theta}{r} - \frac{\operatorname{sen}\theta}{\varrho}\right);$$

ma $\bar{\xi}=\xi$ e sussiste la (7), quindi

$$\frac{1}{\bar{r}} = \frac{\varrho\operatorname{sen}\theta}{h}\left(\frac{\cos\theta}{r} - \frac{\operatorname{sen}\theta}{\varrho}\right). \tag{10}$$

Essendo poi ortogonale il determinante

$$\begin{vmatrix} \bar{\alpha} & \bar{\beta} & \bar{\gamma} \\ \xi & \eta & \zeta \\ \bar{\lambda} & \bar{\mu} & \bar{\nu} \end{vmatrix},$$

applicando le (4'') si trova:

$$\left\{\begin{aligned} \bar{\lambda} &= \lambda\cos\theta + \alpha\operatorname{sen}\theta \\ \bar{\mu} &= \mu\cos\theta + \beta\operatorname{sen}\theta \\ \bar{\nu} &= \nu\cos\theta + \gamma\operatorname{sen}\theta. \end{aligned}\right. \tag{11}$$

Differenziando la prima rispetto a s si trova:

$$\frac{\bar{\xi}}{\bar{\varrho}}\frac{d\bar{s}}{ds}=\xi\left(\frac{\cos\theta}{\varrho}+\frac{\operatorname{sen}\theta}{r}\right);$$

ma $\xi=\bar{\xi}$ e sussistono le (6) e (7), quindi

$$(12)\qquad \frac{1}{\varrho\bar{\varrho}}=\frac{\operatorname{sen}\theta}{h^2};$$

dunque *se due curve hanno comuni le normali principali, è costante il prodotto delle loro torsioni in una coppia di punti corrispondenti* [1]).

Per trovare la rappresentazione analitica delle curve di Bertrand, consideriamo [2]) l'indicatrice sferica delle binormali della curva Γ dedotta da $\bar{\Gamma}$ nel modo indicato; siano u, v, w le coordinate di un suo punto arbitrario espresse in funzione dell'arco σ della curva. Sussisteranno allora le formole

$$(13)\qquad \bar{\lambda}=\varepsilon u\ ,\ \bar{\mu}=\varepsilon v\ ,\ \bar{\nu}=\varepsilon w \quad \text{ove} \quad \varepsilon=\pm 1$$

$$(14)\qquad u^2+v^2+w^2=1\ ,\ u'^2+v'^2+w'^2=1$$

$$(15)\qquad uu'+vv'+ww'=0\,.$$

Detti, quindi, U, V, W i determinanti estratti dalla matrice

$$\left\|\begin{matrix} u & v & w \\ u' & v' & w' \end{matrix}\right\|$$

si avrà

$$(16)\qquad U^2+V^2+W^2=1$$

$$(17)\qquad V^2=1-(u^2+u'^2)\ ,\ V^2=1-(v^2+v'^2)\ ,\ W^2=1-(w^2+w'^2)$$

$$(18)\qquad Vw'-Wv'=-u\ ,\ Wu'-Uw'=-v\ ,\ Uv'-U'v=-w.$$

---

1) Allo stesso risultato si perviene osservando che, per la perfetta reciprocanza esistente fra le curve considerate insieme alla (7) sussiste l'altra

$$\frac{ds}{d\bar{s}}=\frac{h}{\bar{\varrho}\operatorname{sen}\theta},$$

e questa combinata alla (7) dà la (12).

2) G. Darboux, *Leçons sur la théorie générale des surfaces*, T. I (Paris, 1887) p. 45.

Dalle (11) e (13) risultano queste altre:

$$(11') \qquad \begin{cases} \varepsilon u = \alpha \operatorname{sen}\theta + \lambda \cos\theta \\ \varepsilon v = \beta \operatorname{sen}\theta + \mu \cos\theta \\ \varepsilon w = \gamma \operatorname{sen}\theta + \nu \cos\theta , \end{cases}$$

$d\sigma$ misura l'angolo di due binormali consecutive di $\overline{\Gamma}$, onde vale $\frac{d\overline{\sigma}}{\overline{\varrho}}$ cioè per l'analoga della (7)

$$(19) \qquad \frac{d\sigma}{ds} = \frac{\operatorname{sen}\theta}{h} .$$

Differenziando poi le (11') si trova

$$\xi\left(\frac{\operatorname{sen}\theta}{r} + \frac{\cos\theta}{\varrho}\right) = \varepsilon u' \frac{d\sigma}{ds}, \text{ ecc.},$$

cioè per la (6, 1ª) e per la (19)

$$(20) \qquad \xi = \varepsilon u' \ , \ \eta = \varepsilon v' \ , \ \zeta = \varepsilon w' ;$$

ed essendo

$$\alpha\xi + \beta\eta + \gamma\zeta = 0 .$$

si conclude

$$(21) \qquad \alpha u' + \beta v' + \gamma w' = 0 .$$

Inoltre le (11') danno

$$(22) \qquad \alpha u + \beta v + \gamma w = \varepsilon \operatorname{sen}\theta .$$

Combinando le (21) (22) alla nota relazione

$$\alpha^2 + \beta^2 + \gamma^2 = 1$$

si ottengono i seguenti valori:

$$(23) \qquad \begin{cases} \alpha = \varepsilon u \operatorname{sen}\theta \pm U \cos\theta \\ \beta = \varepsilon v \operatorname{sen}\theta \pm V \cos\theta \\ \gamma = \varepsilon w \operatorname{sen}\theta \pm W \cos\theta , \end{cases}$$

nei quali i doppi segni si corrispondono.

Sostituendo questi valori nelle (11') si trova:

$$(24) \qquad \begin{cases} \lambda = \varepsilon u \cos\theta \pm U \operatorname{sen}\theta \\ \mu = \varepsilon v \cos\theta \pm V \operatorname{sen}\theta \\ \nu = \varepsilon w \cos\theta \pm W \operatorname{sen}\theta . \end{cases}$$

Ricordiamo ora che è il determinante

$$\begin{vmatrix} \alpha & \beta & \gamma \\ \xi & \eta & \zeta \\ \lambda & \mu & \nu \end{vmatrix} = +1;$$

sostituendo ai nove coseni i valori trovati si vede essere

$$\varepsilon \begin{vmatrix} \varepsilon u & \varepsilon v & \varepsilon w \\ u' & v' & w' \\ \pm U & \pm V & \pm W \end{vmatrix} \begin{vmatrix} \operatorname{sen}\theta & 0 & \cos\theta \\ 0 & 1 & 0 \\ \cos\theta & 0 & -\operatorname{sen}\theta \end{vmatrix} = +1,$$

donde emerge che il doppio segno non è arbitrario, ma devesi prendere sempre il segno $-$.

Finalmente si osservi che dalle formole stabilite si desume essere:

$$\frac{dx}{d\sigma} = \frac{dx}{ds} : \frac{d\sigma}{ds} = \frac{h\alpha}{\operatorname{sen}\theta}$$

ossia, per le (23),

$$\frac{dx}{d\sigma} = \varepsilon h u - h U \operatorname{cotg}\theta .$$

Si conclude dunque:

$$(25) \qquad \begin{cases} x = \varepsilon h \int u d\sigma - h \operatorname{cotg}\theta \int (vw' - v'w) d\sigma \\ y = \varepsilon h \int v d\sigma - h \operatorname{cotg}\theta \int (wu' - w'u) d\sigma \\ z = \varepsilon h \int w d\sigma - h \operatorname{cotg}\theta \int (uv' - u'v) d\sigma ; \end{cases}$$

e queste, supposto che le funzioni u, v, w soddisfacciano le relazioni (14), costituiscono la rappresentazione analitica generale delle curve di Bertrand.

Nel caso in cui la relazione fra le due curvature sia scritta sotto la forma (8), le (25) assumono il seguente aspetto:

$$(25') \qquad \begin{cases} Cx = \varepsilon A \int u d\sigma - B \int (vw' - v'w) d\sigma \\ Cy = \varepsilon A \int v d\sigma - B \int (wu' - w'u) d\sigma \\ Cz = \varepsilon A \int w d\sigma - B \int (uv' - u'v) d\sigma \end{cases}$$

e sono applicabili solo quando sia $C \neq 0$ [1]).

---

1) Curve di Bertrand dotate di speciali proprietà, epperò suscettibili di altre rappresentazioni analitiche, furono scoperte ed investigate da E. Salkowski (*Beiträge zur Kenntniss der Bertrand'schen Kurven*, Math. Ann T. LXIX, 1910, p. 559-79).

§ 2. *Curve a flessione costante.*

Se nella relazione (8) del paragrafo precedente si suppone $B=0$ essa diviene $r=\frac{A}{C}$, onde *le curve considerate sono a flessione costante*; da taluni sono chiamate *cerchi storti* [1]), da altri *curve di Monge* [2]); la loro rappresentazione analitica generale è

(1) $$x=r\int u\,.\,d\sigma\ ,\ y=r\int v\,.\,d\sigma\ ,\ z=r\int w\,.\,d\sigma$$

nell' ipotesi che le funzioni $u\,,v\,,w$ siano legate dalla relazione

$$u^2+v^2+w^2=1\,,$$

perciò si può supporre

$$u=\cos\varphi\,.\cos\psi\ \ ,\ \ v=\operatorname{sen}\varphi\,.\cos\psi\ \ ,\ \ w=\operatorname{sen}\psi$$

φ e ψ essendo funzioni arbitrarie di σ.

Un'altra rappresentazione analitica è data dalle seguenti formole suggerite da J. A. Serret [3]):

(2) $$\left\{\begin{aligned} x&=r\int\sqrt{\frac{1+\varphi^2+\varphi'^2}{(1+\varphi^2)^3}}\operatorname{sen}t\,.dt\\ y&=r\int\sqrt{\frac{1+\varphi^2+\varphi'^2}{(1+\varphi^2)^3}}\cos t\,.dt\\ z&=r\int\sqrt{\frac{1+\varphi^2+\varphi'^2}{(1+\varphi^2)^3}}\,\varphi dt\,.\end{aligned}\right.$$

È noto che le coordinate del centro del cerchio osculatore in un punto della curva

$$x=x(s)\quad,\quad y=y(s)\quad,\quad z=z(s)$$

---

1) E. Cesarò, *Geometria intrinseca* (Napoli, 1896) p. 144.

2) Questo geometra ha per primo considerate tali curve nel suo *Mémoire sur les développées, les rayons de courbes* etc. presentata nel 1771 all'Accademia delle scienze di Parigi.

3) Cfr. l'ed. di Liouville dell'*Applications de l'analyse à la géométrie* di Monge (Paris, 1850).

sono date dalle formole

(3) $$x_1=x+r\xi \quad , \quad y_1=y+r\eta \quad , \quad z_1=z+r\zeta ,$$

mentre quelle del centro della sfera osculatrice nello stesso punto si determinano mediante le formole

(4) $$x_2=x+r\xi-\varrho r'\lambda \ , \ y_2=y+r\eta-\varrho r'\mu \ , \ z_2=z+r\zeta-\varrho r'\nu ;$$

ora, affinchè in ogni punto di quella curva si abbia

$$x_1=x_2 \quad , \quad y_1=y_2 \quad , \quad z_1=z_2$$

è necessario e sufficiente che sia $r'=0$ cioè r cost. Dunque: *per tutte e sole le curve a flessione costante il luogo Γ_1 dei centri dei cerchi osculatori si confonde col luogo Γ_2 dei centri delle sfere osculatrici* (cioè con lo spigolo di regresso della sviluppabile costituita dai piani normali) [1]).

Indichiamo con l' indice 2 tutti gli elementi della curva Γ_2; differenziamo le (4) rispetto a s e serviamoci delle formole di Serret-Frenet; otterremo:

$$\alpha_2 \frac{ds_2}{ds}=-\lambda\left\{\frac{r}{\varrho}+(\varrho r')'\right\}$$

$$\beta_2 \frac{ds_2}{ds}=-\mu\left\{\frac{r}{\varrho}+(\varrho r')'\right\}$$

$$\gamma_2 \frac{ds_2}{ds}=-\nu\left\{\frac{r}{\varrho}+(\varrho r')'\right\};$$

essendo in conseguenza

$$\frac{ds_2}{ds}=\varepsilon\left\{\frac{r}{\varrho}+(\varrho r')'\right\} \quad \text{ove} \quad \varepsilon=\pm 1$$

si conclude

(5) $$\alpha_2=-\varepsilon\lambda \quad , \quad \beta_2=-\varepsilon\mu \quad , \quad \gamma_2=-\varepsilon\nu .$$

---

1) Dieu, *Concours d'aggrégation aux Liceés, année 1850* (Nouv. Ann. de Math. T. XI, 1852, p. 341-44).

Una nuova differenziazione dà:

$$\frac{\xi_2}{r_2}\frac{ds_2}{ds}=-\varepsilon\frac{\xi}{\varrho}\ ,\quad \frac{\eta_2}{r_2}\frac{ds_2}{ds}=-\varepsilon\frac{\eta}{\varrho}\ ,\quad \frac{\zeta_2}{r_2}\frac{ds_2}{ds}=-\varepsilon\frac{\zeta}{\varrho}$$

onde, quadrando e sommando,

(6) $$\frac{1}{r_2}\frac{ds_2}{ds}=\frac{\varepsilon'}{\varrho}\quad \text{ove}\quad \varepsilon'=\pm 1$$

cioè

(6′) $$r_2=\varepsilon\varepsilon'\,[r+\varrho\,(\varrho r')']$$

epperò:

(7) $$\xi_2=-\varepsilon\varepsilon'\xi\ ,\quad \eta_2=-\varepsilon\varepsilon'\eta\ ,\quad \zeta_2=-\varepsilon\varepsilon'\zeta\,.$$

La (6′) mostra che *se Γ è a flessione costante, lo stesso accade di quella nella quale coincidono le curve Γ_1 e Γ_2*.

In tal caso *le curve Γ* e *Γ_2 sono reciproche*; infatti essendo

$$x_2=x+r\xi\ ,\quad y_2=y+r\eta\ ,\quad z_2=z+r\zeta$$

sarà

$$\overline{x}_2=x_2+r_2\xi_2=x+r\xi+\varepsilon\varepsilon' r\,(-\varepsilon\varepsilon'\xi)=x_1\ \text{ecc.}$$

Si ha ancora:

$$\lambda_2=\begin{vmatrix}\beta_2 & \gamma_2\\ \eta_2 & \zeta_2\end{vmatrix}=\varepsilon'\begin{vmatrix}\mu & \nu\\ \eta & \zeta\end{vmatrix}\ \text{ecc.}$$

onde

(8) $$\lambda_2=-\varepsilon'\alpha\ ,\quad \mu_2=-\varepsilon'\beta_1\nu_2=-\varepsilon'\gamma\,.$$

Le formole (5), (7), (8) provano che, *qualunque sia la curva Γ, il triedro satellite in un suo punto arbitrario ha gli spigoli paralleli a quelli del triedro satellite nel punto corrispondente della curva luogo dei centri delle sfere osculatrici.*

Finalmente dalle (8′) traesi:

$$\frac{1}{\varrho_2^{\,2}}=\left(\frac{d\lambda_2}{ds_2}\right)^2+\left(\frac{d\mu_2}{ds_2}\right)^2+\left(\frac{d\nu_2}{ds_2}\right)^2$$

$$=\left\{\left(\frac{d\lambda}{ds}\right)^2+\left(\frac{d\mu}{ds}\right)^2+\left(\frac{d\nu}{ds}\right)^2\right\}\left(\frac{ds}{ds_2}\right)^2$$

$$=\left(\frac{\xi^2+\eta^2+\zeta^2}{r^2}\right)\left(\frac{ds}{ds_2}\right)^2=\frac{1}{r^2}\frac{\varrho^2}{r_2^{\,2}}\,,$$

cioè in valore assoluto (5) $\varrho\varrho_2 = rr_2$; *se quindi* Γ *è a flessione costante*, si ha

$$\varrho\varrho_2 = r^2,$$

onde *in punti corrispondenti delle due curve* Γ *e* Γ_2 *le torsioni sono inversamente proporzionali.*

La fondamentale questione *se esistono curve algebriche a flessione costante* venne di recente risolta in modo affermativo [1]) servendosi di una rappresentazione parametrica diversa dalla (1) — anzi più complicata —, alla quale si fu condotti dalla considerazione delle relazioni esistenti fra due curve in corrispondenza, con la condizione che in punti analoghi le tangenti siano fra loro perpendicolari.

Siano Γ e Γ_1 due curve siffatte. Servendosi delle consuete notazioni sussisterà l' identità

$$\alpha\alpha_1 + \beta\beta_1 + \gamma\gamma_1 = 0$$

alla quale si soddisfa, qualunque sia l'angolo θ, ponendo:

$$(9) \qquad \left\{ \begin{aligned} \alpha_1 &= \lambda \operatorname{sen}\theta + \xi \cos\theta \\ \beta_1 &= \mu \operatorname{sen}\theta + \eta \cos\theta \\ \gamma_1 &= \nu \operatorname{sen}\theta + \zeta \cos\theta . \end{aligned} \right.$$

Si assuma ora ad arbitrio la funzione $f(s)$ e si ponga:

$$(10) \qquad ds_1 = f(s)ds .$$

Indicando poi con $\varkappa\left(=\frac{1}{r}\right)$ la flessione e $\tau\left(=\frac{1}{\varrho}\right)$ la torsione di Γ, e similmente per Γ_1, si ha:

$$\varkappa_1^2 = \left(\frac{d\alpha_1}{ds_1}\right)^2 + \left(\frac{d\beta_1}{ds_1}\right)^2 + \left(\frac{d\gamma_1}{ds_1}\right)^2 = (\alpha_1'^2 + \beta_1'^2 + \gamma_1'^2)\left(\frac{ds}{ds_1}\right)^2$$

cioè, per le (9), (10),

$$(12) \qquad f(s)\varkappa_1 = \sqrt{\varkappa^2 \cos^2\theta + \left\{\left(\frac{d\theta}{ds}\right)^2 - \tau\right\}^2} .$$

1) Salkowski, *Zur Transformation des Raumkurven* (Math. Ann. T. LXVI, 1903, p. 534-42).

Similmente si trova:

(13)

$$f(s)\tau_1 = -\frac{\varkappa \operatorname{sen}\theta\left(\frac{d\theta}{ds}-\tau\right)+\varkappa^2\cos\theta\frac{d}{ds}\left\{\frac{1}{\varkappa}\left(\frac{d\theta}{ds}-\tau\right)\right\}}{\varkappa^2\cos^2\theta+\left(\frac{d\theta}{ds}-\tau\right)^2}-\varkappa\operatorname{sen}\theta.$$

Ora:

$$\alpha_1 = \frac{dx_1}{ds_1} = \frac{dx_1}{ds}\frac{ds}{ds_1} = \frac{1}{f(s)}\frac{dx_1}{ds}$$

onde sussiste la relazione

$$x_1 = \int f(s)\,\alpha ds$$

e due analoghe, ossia per le (9)

(14)
$$\begin{cases} x_1 = \int f(s)(\lambda \operatorname{sen}\theta + \xi\cos\theta)ds\,, \\ y_1 = \int f(s)(\mu \operatorname{sen}\theta + \eta\cos\theta)ds\,, \\ z_1 = \int f(s)(\nu \operatorname{sen}\theta + \zeta\cos\theta)ds\,. \end{cases}$$

Affinchè la curva Γ_1 risulti di curvatura costante $\varkappa_1=1$, per la (12), si deve assumere

$$f(s) = \sqrt{\varkappa^2\cos^2\theta + \left\{\left(\frac{d\theta}{ds}\right)^2 - \tau\right\}^2}\,;$$

le (14) divengono allora:

(15)
$$\begin{cases} x_1 = \int(\lambda \operatorname{sen}\theta + \xi\cos\theta)\sqrt{\varkappa^2\cos^2\theta + \left\{\left(\frac{d\theta}{ds}\right)^2 - \tau\right\}^2}\,ds \\ y_1 = \int(\mu \operatorname{sen}\theta + \eta\cos\theta)\sqrt{\varkappa^2\cos^2\theta + \left\{\left(\frac{d\theta}{ds}\right)^2 - \tau\right\}^2}\,ds \\ z_1 = \int(\nu \operatorname{sen}\theta + \zeta\cos\theta)\sqrt{\varkappa^2\cos^2\theta + \left\{\left(\frac{d\theta}{ds}\right)^2 - \tau\right\}^2}\,ds. \end{cases}$$

La semplice ispezione di queste formole prova che esse subiscono una notevole semplificazione, supponendo

(16)
$$\frac{d\theta}{ds} = \tau:$$

esse, infatti, divengono:

$$(17)\qquad \begin{cases} x_1 = \int (\lambda \operatorname{sen}\theta + \xi \cos\theta)\varkappa \cos\theta . ds \\ y_1 = \int (\mu \operatorname{sen}\theta + \eta \cos\theta)\varkappa \cos\theta . ds \\ z_1 = \int (\nu \operatorname{sen}\theta + \zeta \cos\theta)\varkappa \cos\theta . ds . \end{cases}$$

Supponiamo ad es. che la curva Γ di partenza sia l'elica

$$x = \cos v \quad , \quad y = \operatorname{sen} v \quad , \quad z = mv .$$

Si avrà allora:

$$\varkappa = \frac{1}{1+m^2} \;,\quad \tau = \frac{m}{1+m^2} \;,\quad s = \sqrt{1+m^2}\,v \,,$$

$$\xi = \cos v \quad , \quad \eta = \operatorname{sen} v \quad , \quad \zeta = 0$$

$$\lambda = \frac{m \operatorname{sen} v}{\sqrt{1+m^2}} \;,\quad \mu = -\frac{m \cos v}{\sqrt{1+m^2}} \;,\quad \nu = \frac{1}{1+m^2}$$

$$\theta = \frac{m}{\sqrt{1+m^2}}\, v .$$

Giova introdurre, invece di m, la costante

$$n = \frac{m}{\sqrt{1+m^2}} ;$$

le (17) si mutano allora nelle altre:

$$(18)\qquad \begin{cases} x_1 = -\sqrt{1-n^2} \int (n \operatorname{sen} v . \operatorname{sen} nv + \cos v . \cos nv) \cos nv . dv \\ y_1 = -\sqrt{1-n^2} \int (n \cos v . \operatorname{sen} nv - \operatorname{sen} v . \cos nv) \cos nv . dv \\ z_1 = -(1-n^2) \int \operatorname{sen} nv . \cos nv . dv . \end{cases}$$

Per eseguire le quadrature indicate si supponga aversi:

$$(n \operatorname{sen} v . \operatorname{sen} nv + \cos v . \cos nv) \cos nv =$$

$$= \frac{n}{2} \operatorname{sen} v . \operatorname{sen} 2nv + \frac{1}{2} \cos v (1 + \cos 2nv)$$

$$= \frac{n}{2} \frac{\cos(2n-1)v - \cos(2n+1)v}{2} + \frac{1}{2} \cos v +$$

$$+ \frac{1}{2} \frac{\cos(2n-1)v + \cos(2n+1)v}{2}$$

$$= \frac{1+n}{4} \cos(2n-1)v + \frac{1-n}{4} \cos(2n+1)v + \frac{1}{2} \cos v ;$$

e similmente per la quantità che si presenta sotto il segno $\int$ nell'espressione di y_1; mentre

$$\operatorname{sen} nv \,.\, \cos nv = \frac{1}{2} \operatorname{sen} 2nv \,.$$

Si conclude quindi:

$$(19)\quad \left\{\begin{aligned} x_1 &= -\sqrt{1-n^2}\left\{\frac{1-n}{4(1+2n)}\operatorname{sen}(1+2n)v \right.\\ &\quad \left. + \frac{1+n}{4(1-2n)}\operatorname{sen}(1-2n)v + \frac{1}{2}\operatorname{sen} v\right\} \\ y_1 &= \sqrt{1-n^2}\left\{\frac{1-n}{4(1+2n)}\cos(1+2n)v \right.\\ &\quad \left. + \frac{1+n}{4(1-2n)}\cos(1-2n)v + \frac{1}{2}\cos v\right\} \\ z_1 &= \frac{1+n^2}{4n}\cos 2nv \,. \end{aligned}\right.$$

Ora se si suppone che n (<1) sia un numero razionale queste equazioni rappresentano una curva, non solo algebrica, ma anche razionale; e siccome dalle (19) segue agevolmente una relazione della forma

$$A(x_1^2 + y_1^2) = B + C(z_1 + D)^2 \,,$$

ove A, B, C, D sono funzioni di n, così *tutte le curve trovate appartengono a quàdriche rotonde.*

Così per es. nell'ipotesi $n = \frac{1}{6}$ si trova la curva:

$$\left\{\begin{aligned} x_1 &= \frac{\sqrt{35}}{6.32}\left\{5 \operatorname{sen}\frac{4v}{3} + 14 \operatorname{sen}\frac{2v}{3} + 13 \operatorname{sen} v\right\} \\ y_1 &= \frac{\sqrt{35}}{6.32}\left\{5 \cos\frac{4v}{3} + 14 \cos\frac{2v}{3} + 16 \cos v\right\} \\ z_1 &= \frac{35}{34}\cos\frac{v}{3}\,; \end{aligned}\right.$$

posto $\frac{v}{3}=w$, essa può rappresentarsi più semplicemente come segue:

$$x_1=\frac{\sqrt{35}}{6.32}\{5 \operatorname{sen} 4w+14 \operatorname{sen} 2w+13 \operatorname{sen} 3w\}$$

$$y_1=\frac{\sqrt{35}}{6.32}\{5 \cos 4w+14 \cos 2w+16 \cos 3w\}$$

$$z_1=\frac{35}{34}\cos w;$$

introducendo finalmente come parametro

$$t=\operatorname{tg}\frac{w}{2}$$

si vede trattarsi di una curva razionale di ottavo ordine.

§ 3. *Curve a torsione costante.*

Dalle equazioni che chiudono il § 1 del presente Capitolo si traggono, supponendo $A=0$, quelle che porgono la rappresentazione analitica delle curve a torsione costante; ma le formole risultanti possono anche ottenersi agevolmente per via diretta ricordando essere

$$\lambda'=\frac{\xi}{\varrho}\quad,\quad \mu'=\frac{\eta}{\varrho}\quad,\quad \nu'=\frac{\zeta}{\varrho}\,.$$

Scriviamo, infatti, queste relazioni come segue:

$$\xi=\varrho\frac{d\lambda}{ds}\quad,\quad \eta=\varrho\frac{d\mu}{ds}\quad,\quad \zeta=\varrho\frac{d\nu}{ds}\,;$$

ricordiamo poi che si ha in generale

$$\alpha=\frac{dx}{ds}=\begin{vmatrix}\eta & \zeta\\ \mu & \nu\end{vmatrix}\quad \text{ecc.}$$

onde per le precedenti

$$\frac{dx}{ds}=\frac{\varrho}{ds}\begin{vmatrix}d\mu & d\nu\\ \mu & \nu\end{vmatrix}\quad \text{ecc.};$$

quindi, quando ϱ è costante:

(1) $x=\varrho\int(\nu.d\mu-\mu.d\nu)\,,\ y=\varrho\int(\lambda.d\nu-\nu.d\lambda)\,,\ z=\varrho\int(\mu.d\lambda-\lambda.d\mu)$;

sono queste le formole cercate nell'ipotesi che le tre funzioni λ, μ, ν soddisfino all'identità

(2) $$\lambda^2+\mu^2+\nu^2=1\,.$$

Fra λ, μ, ν si potrà stabilire una relazione arbitraria

(3) $$f(\lambda\,,\,\mu\,,\,\nu)=0\,;$$

traendo allora dalle (2), (3) μ, ν in funzione di λ e sostituendo nelle (1) i valori risultanti, si ridurrà alle quadrature il problema di determinarne tutte le curve di torsione costante.

Ponendo

(4) $$\lambda=\frac{h}{\sqrt{h^2+k^2+l^2}}\,,\quad \mu=\frac{k}{\sqrt{h^2+k^2+l^2}}\,,\quad \nu=\frac{l}{\sqrt{h^2+k^2+l^2}}$$

la (2) risulta identicamente soddisfatta e le (1) divengono:

$$x=\varrho\int\frac{l.dk-k.dl}{h^2+k^2+l^2}\,,\quad y=\varrho\int\frac{h.dl-l.dh}{h^2+k^2+l^2}\,,\quad z=\varrho\int\frac{k.dh-h.dk}{h^2+k^2+l^2}$$ [1]).

Alle formole (1) si può dare un altro aspetto, introducendo delle nuove variabili suggerite da O. Bonnet [2]).

Osserviamo perciò che la (2) risulta soddisfatta identicamente ponendo:

$$\lambda=\frac{1-\alpha\beta}{\alpha-\beta}\,,\quad \mu=i\frac{1+\alpha\beta}{\alpha-\beta}\,,\quad \nu=\frac{\alpha+\beta}{\alpha-\beta}\,,$$

α e β essendo due variabili indipendenti; in conseguenza:

$$d\lambda=\frac{1}{(\alpha-\beta)^2}\begin{vmatrix} d\alpha & d\beta \\ \alpha^2-1 & \beta^2-1 \end{vmatrix}\,,$$

$$d\mu=-\frac{i}{(\alpha-\beta)^2}\begin{vmatrix} d\alpha & d\beta \\ \alpha^2+1 & \beta^2+1 \end{vmatrix}\,,\quad d\nu=-\frac{2}{(\alpha-\beta)^2}\begin{vmatrix} d\alpha & d\beta \\ \alpha & \beta \end{vmatrix}$$

---

1) J. A. Serret nella già citata V ed. dell'*Appl. de l'analyse à la géom.* di Monge, p. 566.

2) Cfr. Lyon, *Sur les courbes à torsion constante* (Ann. de l'Enseign. Sup. de Grenoble, T. II, 1890, p. 353-422).

ed alle (1) si possono sostituire queste altre:

$$(5)\qquad \begin{cases} x+iy=2i\varrho\displaystyle\int\frac{\beta^2.d\alpha+\alpha^2.d\beta}{(\alpha-\beta)^2}\\ x-iy=-2i\varrho\displaystyle\int\frac{d\alpha+d\beta}{(\alpha-\beta)^2}\\ z=2i\varrho\displaystyle\int\frac{d(\alpha\beta)}{(\alpha-\beta)^2}; \end{cases}$$

per eseguire le quadrature indicate bisogna stabilire fra α e β una relazione.

Le (5) equivalgono alle seguenti:

$$\begin{cases} x+iy=-2\varrho\displaystyle\int\frac{d.i\left(\frac{1}{\alpha}+\frac{1}{\beta}\right)}{\left(\frac{1}{\alpha}-\frac{1}{\beta}\right)^2}\\ x-iy=-2\varrho\displaystyle\int\frac{d.i(\alpha+\beta)}{\left(\frac{1}{\alpha}-\frac{1}{\beta}\right)^2}\\ z=2\varrho\displaystyle\int\frac{d.i\,\frac{1}{\alpha\beta}}{\left(\frac{1}{\alpha}-\frac{1}{\beta}\right)^2}; \end{cases}$$

se, quindi, si pone

$$i(\alpha+\beta)=-\frac{2}{u_1}\ ,\ i\left(\frac{1}{\alpha}+\frac{1}{\beta}\right)=-\frac{2}{u},$$

si avrà

$$(6)\qquad x+iy=\varrho\int\frac{du}{1+uu_1}\ ,\ x-iy=\varrho\int\frac{du_1}{1+uu_1}\ ,$$

$$iz=\frac{\varrho}{2}\int\frac{u.du_1-u_1.du}{1+uu_1}$$

e anche qui, per eseguire le quadrature indicate, è necessario stabilire una relazione fra u e u_1. Suppongasi ad esempio

$$uu_1=a;$$

verrà

$$dx + idy = \frac{\varrho}{1+a} du \quad , \quad dx - idy = \frac{\varrho}{1+a} du_1 \quad , \quad dz = i\frac{a\varrho}{1+a}\frac{du}{u}$$

$$ds^2 = \frac{\varrho^2}{(1+a)^2}\left[du\,.du_1 - a^2\frac{du^2}{u^2}\right] = -\frac{a\varrho^2\,.\,du^2}{u^2(1+a)}$$

$$\frac{dz}{ds} = \sqrt{\frac{a}{a+1}} \qquad x^2 + y^2 = \frac{a\varrho^2}{(1+a)^2},$$

donde emerge che la curva è un'ordinaria elica-cilindrica.

Per far scomparire dalle (6) ogni traccia d'immaginario porremo:

$$u = \xi + i\eta = r(\cos\omega + i \operatorname{sen}\omega)$$
$$u_1 = \xi - i\eta = r(\cos\omega - i \operatorname{sen}\omega)\;;$$

esse allora si presenteranno sotto le due forme seguenti:

$$(7) \quad x = \varrho\int\frac{d\xi}{\xi^2+\eta^2+1} \;,\; y = \varrho\int\frac{d\eta}{\xi^2+\eta^2+1} \;,\; z = \varrho\int\frac{\eta d\xi - \xi d\eta}{\xi^2+\eta^2+1},$$

$$(8) \quad x = \varrho\int\frac{\cos\omega\,.dr}{r^2+1} \;,\; y = \varrho\int\frac{\operatorname{sen}\omega\,.dr}{r^2+1} \;,\; z = \varrho\left(\int\frac{d\omega}{r^2+1} - \omega\right)$$

ove fra ξ e η oppure fra r e ω si deve supporre stabilita una relazione [1]).

Fra le curve a cui in tal modo si giunge notiamo le due seguenti:

I. $$x = \log\left(\frac{2}{\sqrt{3}} + \cos\varphi\right) \;,\; y = \varphi - 2\psi \;,\; z = \psi - 2\varphi$$

nell'ipotesi che fra φ e ψ passi la relazione

$$\operatorname{tg}\frac{\psi}{2} = \sqrt{\frac{2-\sqrt{3}}{2+\sqrt{3}}}\operatorname{tg}\frac{\varphi}{2}\;;$$

II. $$x = \frac{\varrho}{2\delta}\log\left(\frac{\sqrt{1+\delta^2}}{\delta} + \cos\varphi\right),$$

$$y = \frac{\varrho}{2\delta}(\varphi - \sqrt{1+\delta^2}\,\psi) \quad , \quad z = -\frac{\varrho}{2}\varphi\;;$$

---

[1]) Per altra rappresentazione analitica v. W. de Tanneberg, *Sur les courbes gauches à torsion constante* (C. R. T. CXXXVII, 1903, p. 692-95).

gli angoli φ e ψ essendo legati alla costante δ mediante la relazione

$$\operatorname{tg}\frac{\psi}{2}=\frac{1}{\delta+\sqrt{1+\delta^2}}\operatorname{tg}\frac{\varphi}{2}.$$

Per ottenere delle curve a torsione costante razionali supponiamo nelle formole (6)

$$u=\frac{A}{B}\ ,\quad u_1=-\frac{C}{B}$$

ove $A\,,B\,,C$ sono polinomi interi di uno stesso parametro, non aventi due a due fattori comuni.

Le (6) diverranno:

$$x+iy=\varrho\int dt\,\frac{AB'-A'B}{AC-B^2}\ ;$$

$$x-iy=\varrho\int dt\,\frac{BC'-B'C}{AC-B^2}\ ,\quad z=\frac{i\varrho}{2}\int dt\,\frac{CA'-C'A}{AC-B^2}\ ;$$

volendo ottenere curve reali basta porre

$$A=a-ic\ ,\ B=b\ ,\ C=a+ic,$$

ove $a\,,b\,,c$ sono nuovi polinomi a coefficienti reali; infatti le precedenti danno:

$$x=-\varrho\int\frac{ab'-a'b}{a^2+b^2+c^2}dt\ , \tag{9}$$

$$y=-\varrho\int\frac{bc'-b'c}{a^2+b^2+c^2}dt\ ,\quad z=-\varrho\int\frac{ca'-c'a}{a^2+b^2+c^2}dt.$$

Sotto questa forma si potranno rappresentare analiticamente tutte le curve razionali reali a torsione costante, *supposto che esistano*, dubbio che le (9) lasciano sussistere.

Per toglierlo ricorriamo [1]) alle formole (4), supponendovi:

$$
\begin{aligned}
h&=a + b \cos\lambda\theta + c \operatorname{sen}\lambda\theta + d \cos\mu\theta + e \operatorname{sen}\mu\theta\\
k&=a' + b' \cos\lambda'\theta + c' \operatorname{sen}\lambda'\theta + d' \cos\mu'\theta + e' \operatorname{sen}\mu'\theta\\
l&=a'' + b'' \cos\lambda''\theta + c'' \operatorname{sen}\lambda''\theta + d'' \cos\mu''\theta + e'' \operatorname{sen}\mu''\theta,
\end{aligned}
$$

ove $\lambda,\ldots.\mu''$ sono numeri interi e θ un parametro; si scelgano poi le costanti $a, a', \ldots, e''$ in modo che il trinomio

$$h^2 + k^2 + l^2$$

risulti costante e che nei determinanti estratti dalla matrice

$$\left\| \begin{matrix} h & k & l \\ \dfrac{dh}{d\theta} & \dfrac{dk}{d\theta} & \dfrac{dl}{d\theta} \end{matrix} \right\|$$

manchino i termini costanti. In tale ipotesi dalle (9) risulta che x, y, z saranno esprimibili mediante funzioni lineari intere di seni e coseni di multipli dell'angolo θ; quindi, introducendo come parametro $\tau=\operatorname{tg}\dfrac{\theta}{2}$, si otterranno per x, y, z funzioni razionali di τ. In tale modo *risulta stabilita l'esistenza di curve algebriche reali a torsione costante.*

Applicando la procedura esposta si arriva ad es. alla curva

$$
\left\{
\begin{aligned}
x&=\frac{\varrho}{\lambda^2+4\lambda-3}\,\frac{2\sqrt{\lambda}}{(\lambda+1)^2}\left(A \operatorname{sen}\theta+B \operatorname{sen}3\theta+\frac{2\lambda}{5}\operatorname{sen}5\theta\right)\\
y&=\frac{\varrho}{\lambda^2+4\lambda+3}\,\frac{2\sqrt{\lambda}}{(\lambda+1)^2}\left(-A' \cos\theta+B' \cos 3\theta-\frac{2\lambda}{5}\cos 5\theta\right)\\
z&=\frac{\varrho}{\lambda^2+4\lambda-3}\,\frac{2\lambda}{(\lambda+1)^2}\left(-4\sqrt{\lambda^2-3}\operatorname{sen}2\theta+\lambda\operatorname{sen}4\theta\right)
\end{aligned}
\right.
$$

nell'ipotesi che sia $\dfrac{\lambda}{4}>\sqrt{3}$ e che le costanti A, A'; B, B' valgono rispettivamente

$$(\lambda+3)(\lambda+1)^2 \pm \lambda(\lambda+3)\sqrt{\lambda^2-3}\ ,\quad -\frac{2\lambda^2}{3}\pm\left(\frac{\lambda}{3}-1\right)\sqrt{\lambda^2-3}.$$

---

1) E. Fabry, *Sur les courbes algébriques à torsion constante* (Ann. de l'Ec. Norm. Sup., III Ser. T. IX, 1892, p. 177-96).

Per la stessa via si giunge alle infinite curve rappresentate, qualunque siano gli interi p, q, dalle formole seguenti:

$$\left\{\begin{aligned} x &= \frac{\varrho\sqrt{A}}{A-1}\operatorname{sen} p\theta - \\ &\quad -\frac{\varrho\sqrt{Ap}}{(A+1)^2}\left\{\frac{A}{q-p}\operatorname{sen}(q-p)\theta - \frac{1}{q+p}\operatorname{sen}(q+p)\theta\right\} \\ y &= \frac{\varrho\sqrt{A}}{1-A}\cos p\theta - \\ &\quad -\frac{\varrho\sqrt{Ap}}{(A+1)^2}\left\{\frac{A}{q-p}\cos(q-p)\theta + \frac{1}{q+p}\cos(q+\theta)\theta\right\} \\ z &= \frac{\varrho A}{(A+1)^2}\frac{2p}{q}\cos q\theta . \end{aligned}\right.$$

ove

$$A = \sqrt{\frac{q+2p}{q-2p}}\ ,\quad q > 2p$$ [1].

Chiuderemo questo paragrafo notando che sulla sfera non esiste alcuna curva algebrica a torsione costante [2]) e che fu iniziato lo studio delle trasformate omografiche delle curve dotate di siffatta prerogativa [3]).

---

[1]) Per altre applicazioni della medesima procedura, si veda G. Heberich, *Eine neue Klasse von reellen algebraischen Raumkurven konstanter Torsion* (Diss.). L'Accademia delle Scienze dell'Istituto di Francia pose a concorso per il 1915 il seguente problema: « Realizzare un notevole progresso nello studio delle curve a torsione costante; possibilmente determinare quelle fra dette curve che sono algebriche od almeno quelle che sono unicursali ». Furono presentate al concorso e premiate due importanti memorie, a cui deve ricorrere chiunque intenda approfondire l'argomento: eccone i titoli: B. Gambier, *Sur les courbes à torsion coustante* (Annales scient. de l'Ecole normale sup., III Ser. T. XXXVI e XXXVII, 1919-20); G. Darmois, *Sur les courbes à torsion constante* (Thèse de doctorat, Toulouse 1921).

[2]) Le Vasseur, *Sur les courbes sphériques à torsion constante* (Bull. de l'Univ. de Toulouse, T. I, 1897, p. 87-88).

[3]) G. Darmois, *Sur les courbes à torsion constante* (Bull. d. sciences mathém., II Ser., T. XXXVIII, 1914, 2ª Partie, p. 154-57).

§ 4. *Curve di Mannheim.*

Il problema risoluto delle curve di Bertrand suggerisce l'altro: *esistono curve Γ le cui normali principali siano binormali di un'altra curva Γ_1?* [1]). Mostreremo che tale domanda ammette risposta affermativa e, in memoria del geometra che per primo sciolse l'enunciata questione [2]), diremo *curve di Mannheim* le curve dotate dell'anzidetta proprietà, *di I specie*, quelle di cui le normali principali sono binormali di altre, *di II specie* quelle per cui, viceversa, le binormali sono normali principali di altre.

Per risolvere l'enunciato problema partiremo da formole analoghe a quelle che ci servirono nel § 1, cioè dalle seguenti:

$$x_1 = x + \xi u \ , \ y_1 = y + \eta u \ , \ z_1 = z + \zeta u \ , \tag{1}$$

facendo però le ipotesi

$$\lambda_1 = \xi \ , \ \mu_1 = \eta \ , \ \nu_1 = \zeta \tag{2}$$

e le conseguenti:

$$\alpha_1 \xi + \beta_1 \eta + \gamma_1 \zeta = 0 \ , \ \xi_1 \xi + \eta_1 \eta + \zeta_1 \zeta = 0 \, . \tag{3}$$

Differenziando le (1) rispetto a s e poi tenendo conto della prima delle (3) si conclude, come in principio del § 1, che u è costante; lo indicheremo con h e scriveremo, invece delle (1),

$$x_1 = x + h\xi \ , \ y_1 = y + h\eta \ , \ z_1 = z + h\zeta \, . \tag{1'}$$

Ricordiamo poi le formole (VI) del Cap. I (Vol. I p. 3) e applichiamole alla curva Γ_1 (di cui tutti gli elementi s'indicheranno apponendo l'indice 1 alle notazioni in uso per la Γ); la seconda delle (3) diverrà in conseguenza

$$s_1'(\xi x_1'' + \eta y_1'' + \zeta z_1'') = s_1''(\xi x_1' + \eta y_1' + \zeta z_1'),$$

---

1) Non è il caso di domandarsi se le tangenti di una curva possano essere normali principali o binormali di un'altra, perchè, mentre quelle costituiscono una superficie sviluppabile, le rigate formate da queste rette sono gobbe.

2) *Principes et développements de géométrie cinématique* (Paris, 1894) p. 536.

le derivate essendo pure rispetto a s; ma, per la prima delle (3) quest'ultimo trinomio è nullo; onde si ha semplicemente

$$\xi x_1'' + \eta y_1'' + \zeta z_1'' = 0 .$$

Applicando adesso le formole di Serret-Frenet alle (1') si trae:

$$x_1' = \alpha\left(1 - \frac{h}{r}\right) - \frac{h}{\varrho}\lambda, \text{ ecc.} \tag{4}$$

e quindi

$$\left\{\begin{aligned} x_1'' &= \frac{hr'}{r^2}\alpha + \xi\left(\frac{1}{r} - \frac{h}{r^2} - \frac{h}{\varrho^2}\right) + \frac{h\varrho'}{\varrho^2}\lambda, \\ y_1'' &= \frac{hr'}{r^2}\beta + \eta\left(\frac{1}{r} - \frac{h}{r^2} - \frac{h}{\varrho^2}\right) + \frac{h\varrho'}{\varrho^2}\mu, \\ z_1'' &= \frac{hr'}{r^2}\gamma + \zeta\left(\frac{1}{r} - \frac{h}{r^2} - \frac{h}{\varrho^2}\right) + \frac{h\varrho'}{\varrho^2}\nu, \end{aligned}\right.$$

e da queste, moltiplicando per ξ, η, ζ e addizionando i risultati,

$$\frac{1}{r^2} + \frac{1}{\varrho^2} = \frac{1}{hr} \tag{5}$$

e questa è l'equazione che caratterizza le curve di Mannheim di I specie.

Notiamo che le (4) si possono scrivere

$$\alpha_1\left(\frac{ds_1}{ds}\right) = \alpha\left(1 - \frac{h}{r}\right) - \frac{h}{\varrho}\lambda, \text{ ecc.};$$

onde, quadrando e sommando, si trova

$$\left(\frac{ds_1}{ds}\right)^2 = \left(1 - \frac{h}{r}\right)^2 + \frac{h^2}{\varrho^2}$$

o, per la (5)

$$\left(\frac{ds_1}{ds}\right)^2 = \left(1 - \frac{h}{r}\right),$$

cioè

$$\frac{ds_1}{ds} = \sqrt{1 - \frac{h}{r}} \tag{6}$$

o anche, eliminando h mediante la (5)

$$s_1' = \frac{r}{\sqrt{r^2 + \varrho^2}};$$

in conseguenza

$$s_1'' = \varrho \frac{\varrho r' - \varrho' r}{(r^2 + \varrho^2)^{\frac{3}{2}}}$$

Ora la formola (VII) del Cap. I (Vol. I, p. 3) dà

$$\frac{1}{r_1^2} = \frac{x_1''^2 + y_1''^2 + z_1''^2 - s_1''^2}{s_1'^6};$$

ma

$$x_1''^2 + y_1''^2 + z_1''^2 - s_1''^2 = \frac{r'^2\varrho^4 + \varrho'^2 r^4}{r^2(r^2 + \varrho^2)^2} - \varrho^2 \frac{(\varrho r' - \varrho' r)^2}{(r^2 + \varrho^2)^3}$$

$$= \frac{(\varrho^3 r' + r^3 \varrho')^2}{r^2(r^2 + \varrho^2)^3};$$

dunque

$$\frac{1}{r_1} = \frac{\varrho^3 r' + r^3 \varrho'}{r^4}. \tag{7}$$

Un procedimento del tutto simile a quello che condusse alla (5) guida all'equazione caratteristica delle curve di Mannheim di II specie. Partiremo perciò dalle formole

$$x_1 = x + \lambda u \;, \quad y_1 = y + \mu u \;, \quad z_1 = z + \nu u \;, \tag{8}$$

u essendo una funzione da determinarsi con la condizione che la curva Γ_1 rappresentata dalle formole (8) abbia per normali principali le binormali della data; sarà quindi

$$\xi_1 = \lambda \;, \quad \eta_1 = \mu \;, \quad \zeta_1 = \nu \tag{9}$$

e quindi

$$\lambda \alpha_1 + \mu \beta_1 + \nu \gamma_1 = 0 \;, \quad \lambda \lambda_1 + \mu \mu_1 + \nu \nu_1 = 0 \,. \tag{10}$$

Ciò premesso differenziamo le (8) rispetto a s ed applichiamo le formole di Serret-Frenet; otterremo:

$$\begin{cases} \alpha_1 \dfrac{ds_1}{ds} = \alpha + \dfrac{\xi}{\varrho} u + \lambda u' \\ \beta_1 \dfrac{ds_1}{ds} = \beta + \dfrac{\eta}{\varrho} u + \mu u' \\ \gamma_1 \dfrac{ds_1}{ds} = \gamma + \dfrac{\zeta}{\varrho} u + \nu u' \end{cases}$$

onde la (10, 1ª) mostra essere $u' = 0$; u è, quindi, costante e potrà indicarsi con h; perciò, invece delle (8), scriveremo:

$$x_1 = x + \lambda h \,,\quad y_1 = y + \mu h \,,\quad z_1 = z + \nu h \,. \tag{8'}$$

Applicando ora alla curva così rappresentata le equazioni (VI) del Cap. I (Vol. I, p. 3) si vede facilmente che alla (10, 2ª) può sostituirsi la seguente:

$$\begin{vmatrix} \lambda & \mu & \nu \\ x_1' & y_1' & z_1' \\ x_1'' & y_1'' & z_1'' \end{vmatrix} = 0 \,. \tag{10}$$

le derivate essendo sempre prese rispetto all'arco s. Ma le (8') danno:

$$x_1' = \alpha + \frac{h}{\varrho}\xi$$
$$x_1'' = -\frac{h}{r\varrho}\alpha + \left(\frac{1}{r} - \frac{h\varrho'}{\varrho^2}\right)\xi - \frac{h}{\varrho^2}\lambda$$

e le analoghe; la (10) diviene quindi:

$$\begin{vmatrix} \lambda & \cdot\cdot \\ \alpha + \dfrac{h}{\varrho}\xi & \cdot\cdot \\ -\dfrac{h}{r\varrho}\alpha + \left(\dfrac{1}{r} - \dfrac{hr'}{\varrho^2}\right)\xi - \dfrac{h}{\varrho^2}\lambda & \cdot\cdot \end{vmatrix} = 0$$

ossia

$$\left(\frac{1}{r} - \frac{h\varrho'}{\varrho^2}\right)\begin{vmatrix} \lambda & \mu & \nu \\ \alpha & \beta & \gamma \\ \xi & \eta & \zeta \end{vmatrix} - \frac{h^2}{r\varrho^2}\begin{vmatrix} \lambda & \mu & \nu \\ \xi & \eta & \zeta \\ \alpha & \beta & \gamma \end{vmatrix} = 0$$

o più semplicemente

$$\frac{1}{r} - \frac{h\varrho'}{\varrho^2} + \frac{h^2}{r\varrho^2} = 0$$

o finalmente

$$\varrho^2 + h^2 - hr\varrho' = 0 \tag{11}$$

e questa è l'equazione intrinseca comune a tutte le curve di Mannheim di II specie [1]).

Scrivendola sotto la forma

$$\frac{h.d\varrho}{\varrho^2 + h^2} = \frac{ds}{r}$$

avremo

$$\text{arc tg}\,\frac{\varrho}{h} = \int \frac{ds}{r}$$

ovvero

$$\varrho = h\,\text{tg}\int \frac{ds}{r}, \tag{12}$$

equazione equivalente alla (11).

§ 5. *Curve di cui flessione e torsione in un punto qualunque sono legate da una equazione quadratica* [2]).

Si consideri [3]) una curva Γ riferita al triedro satellite relativo ad un punto O, ed una retta arbitraria r determinata da un suo punto (x_0, y_0, z_0) e dai suoi coseni direttori (a, b, c). Se immaginiamo il movimento atto a trasferire quel triedro nel

---

1) T. Hayashi, *On the Curves whose Principal Normals are the Binormals of a given Curve* (Giorn. di Matem. T. LIV, 1916, p. 71).

2) Per la bibliografia dell'argomento si ricorra alle due Diss. di O. Joachimi (*Ueber Kurven bei denen die beiden Krümmungen durch eine quadratische Beziehuug verknüpft sind*, Münster i. W. 1911) e F. Klaucke (*Ueber Raumkurven zwischen deren beiden Krümmungen eine Beziehung besteht.*, Halle a. S., 1916).

3) G. Grübner, *Systeme von Gerden, welche bei Fortbewegung des die Raumkurven begleitenden Dreikantes besondere Regelflichen erzeugen* (Progr. Kreisoberrealschulz, Würzburg, 1913).

triedro satellite relativo ad un altro punto arbitrario della curva, la retta r assumerà una nuova posizione; l'insieme di tutte le rette analoghe costituisce la rigata avente la seguente rappresentazione parametrica:

$$(1)\qquad \left\{\begin{array}{l} X=x+(\alpha x_0+\xi y_0+\lambda z_0)+u(\alpha a+\xi b+\lambda c)\\ Y=y+(\beta x_0+\eta y_0+\mu z_0)+u(\beta a+\eta b+\mu c)\\ Z=z+(\gamma x_0+\zeta y_0+\nu z_0)+u(\gamma a+\zeta b+\nu c)\,, \end{array}\right.$$

ove non solo le coordinate x, y, z di un punto della curva, ma anche i nove coseni $\alpha, \beta, .., \nu$ sono funzioni dell'arco s di Γ.

Posto:

$$(2)\quad \left\{\begin{array}{l} p=x+(\alpha x_0+\xi y_0+\lambda z_0)\\ q=y+(\beta x_0+\eta y_0+\mu z_0)\\ r=z+(\gamma x_0+\zeta y_0+\nu z_0) \end{array}\right. \qquad (3)\quad \left\{\begin{array}{l} l=\alpha a+\xi b+\lambda c\\ m=\beta a+\eta b+\mu c\\ n=\gamma a+\zeta b+\nu c, \end{array}\right.$$

quella rigata può intendersi definita mediante la curva (2), che ne è direttrice, e la (3), che ne è l'indicatrice sferica delle generatrici. Ora differenziando le (2) ed applicando le formole di Serret-Frenet si trovano le relazioni

$$(4)\qquad \left\{\begin{array}{l} \dfrac{dp}{ds}=\alpha\left(1-\dfrac{y_0}{r}\right)+\xi\left(\dfrac{x_0}{r}+\dfrac{z_0}{\varrho}\right)-\lambda\dfrac{y_0}{\varrho}\\ \dfrac{dl}{ds}=-\alpha\dfrac{b}{r}+\xi\left(\dfrac{a}{r}+\dfrac{c}{\varrho}\right)-\lambda\dfrac{b}{\varrho} \end{array}\right.$$

e le quattro analoghe. Detto quindi σ l'arco della direttrice si ha

$$(5)\qquad \frac{d\sigma}{ds}=\sqrt{\left(1-\frac{y_0}{r}\right)^2+\left(\frac{x_0}{r}+\frac{z_0}{\varrho}\right)^2+\frac{y_0^2}{r^2}}$$

quantità che designeremo con $\sqrt{H}$; le (4) danno in conseguenza:

$$(6)\qquad \left\{\begin{array}{l} \dfrac{dp}{d\sigma}=\dfrac{1}{\sqrt{H}}\left\{\alpha\left(1-\dfrac{y_0}{r}\right)+\xi\left(\dfrac{x_0}{r}+\dfrac{z_0}{\varrho}\right)-\lambda\dfrac{y_0}{\varrho}\right\}\\ \dfrac{dl}{d\sigma}=\dfrac{1}{\sqrt{H}}\left\{-\alpha\dfrac{b}{r}+\xi\left(\dfrac{a}{r}+\dfrac{c}{\varrho}\right)-\lambda\dfrac{b}{\varrho}\right\} \end{array}\right.$$

e le quattro analoghe. Detto, quindi θ, l'angolo sotto cui una generatrice della rigata considerata taglia la direttrice, avremo:

$$\cos\theta = l\frac{dp}{d\sigma} + m\frac{dq}{d\sigma} + n\frac{dr}{d\sigma}$$

$$= \frac{1}{\sqrt{H}}\left\{ a\left(1 - \frac{y_0}{r}\right) + b\left(\frac{x_0}{r} + \frac{z_0}{\varrho}\right) - c\frac{y_0}{\varrho} \right\}.$$

Emerge da ciò che, affinchè θ sia costante ($= \arccos k$) deve sussistere la relazione seguente:

$$\left\{ a\left(1 - \frac{y_0}{r}\right) + b\left(\frac{x_0}{r} + \frac{z_0}{\varrho}\right) - c\frac{y_0}{\varrho} \right\}^2 - \tag{7}$$

$$- k^2\left\{ \left(1 - \frac{y_0}{r}\right)^2 + \left(\frac{x_0}{r} + \frac{z_0}{\varrho}\right)^2 + \frac{y_0^2}{r^2} \right\} = 0;$$

e siccome questa è in generale della forma:

$$\frac{A}{r^2} + \frac{B}{\varrho^2} + \frac{C}{r\varrho} + \frac{D}{r} + \frac{E}{\varrho} + F = 0 \tag{8}$$

così si conclude: *Se una curva Γ possiede la proprietà che una retta* r *invariabilmente legata al triedro satellite di un suo punto, al moversi di questo, descriva una rigata le cui generatrici segano sotto angolo costante la curva descritta da un punto di* r, *flessione e torsione di Γ sono legate da un'equazione di secondo grado a coefficienti costanti.*

Nel caso in cui $\theta = \frac{\pi}{2}$, è $h = 0$ e la (7) diviene

$$a\left(1 - \frac{y_0}{r}\right) + b\left(\frac{x_0}{r} + \frac{x_0}{\varrho}\right) - c\frac{y_0}{\varrho} = 0$$

onde ha la forma

$$\frac{D}{r} + \frac{E}{\varrho} + F = 0;$$

perciò *Γ è una curva di Bertrand* [1]).

---

1) È appena necessario avvertire che anche le curve di Mannheim di I specie appartengono alla classe di curve di cui ci occupiamo.

La considerazione della rigata costituita dalle ∞' posizioni assunte dalla retta r induce a chiedersi quando quella superficie sia sviluppabile; è noto che, affinchè ciò accada, dev'essere per tutti i valori di s

$$\begin{vmatrix} l & m & n \\ \frac{dp}{ds} & \frac{dq}{ds} & \frac{dr}{ds} \\ \frac{dl}{ds} & \frac{dm}{ds} & \frac{dn}{ds} \end{vmatrix} = 0 ;$$

ora tenendo conto delle (4) si vede che questa equivale alla seguente:

$$\begin{vmatrix} \alpha & \xi & \lambda \\ \beta & \eta & \mu \\ \gamma & \zeta & \nu \end{vmatrix} \cdot \begin{vmatrix} a & b & c \\ 1-\frac{y_0}{r} & \frac{x_0}{r}+\frac{z_0}{\varrho} & -\frac{y_0}{\varrho} \\ -\frac{b}{r} & \frac{a}{r}+\frac{c}{\varrho} & -\frac{b}{\varrho} \end{vmatrix} = 0 ;$$

ora il primo determinante vale 1 ed il secondo, svolto, assume la forma del primo membro dell'equazione (8) *in cui però* F=0.

Perciò: *Se una curva Γ possiede la proprietà che una retta* r *invariabilmente legata al triedro satellite di un suo punto, al muoversi di questo descriva una sviluppabile, fra la sua flessione e la sua torsione in un punto arbitrario ha luogo una relazione di secondo grado a coefficienti costanti senza termine costante*; Γ viene allora chiamata *curva di Cesàro* in memoria del geometra che l'ha per primo incontrata [1]).

---

1) *Geometria intrinseca* (Napoli, 1896) p. 149. Quando fra torsione e flessione di una curva gobba sussiste una relazione dell'anzidetta specie, esistono nello spazio in generale quattro rette atte a descrivere nel modo indicato una superficie sviluppabile, eccezion fatta per sei classi che furono determinate da E. Salkowski (v. la memoria *Die Cesàro'schen Kurven,* Sitzungsber. der Bayer. Akad., 1911, p. 523-37) per le quali esistono infinite rette godenti di quella prerogativa (cfr. anche la nota dello stesso autore intitolata *Bestimmung aller Raumkurven, für welche zwischen Krümmung, Torsion und Bogen eine gegebene Gleichung besteht* (Sitzungsber. der Berl. math. Gesell., 1905, p. 64-69). Una di queste curve eccezionali era stata incontrata

Un'altra classe di curve aventi un'equazione intrinseca della forma (8) si ottiene [1]) riferendo la curva Γ considerata ad un triedro satellite ed osservando che l'asse dell'elica avente comune con la data curva nell'origine flessione e torsione è rappresentata dall'equazione

$$(9)\qquad \frac{z}{x} = -\frac{\varrho}{r}\ , \quad y = \frac{r\varrho^2}{r^2+\varrho^2},$$

r e ϱ essendo funzioni della stessa variabile; eliminando questa si ottiene un'equazione della forma

$$F\left(\frac{z}{x}\ ,\ y\right) = 0$$

la quale notoriamente rappresenta una superficie conoide di cui tutte le generatrici sono parallele al piano xz od incontrano l'asse delle y. Se questa superficie è una conoide di Plücker la sua equazione ha la forma

$$Axz + Bx^2 + Cz^2 + Dy\,(x^2+z^2) = 0$$

ossia

$$A\frac{x}{z} + B\left(\frac{x}{z}\right)^2 + C + Dy\left[1 + \left(\frac{z}{x}\right)^2\right] = 0$$

sostituendovi i valori (9) si ottiene:

$$-\frac{A\varrho}{r} + B\frac{\varrho^2}{r^2} + C + D\frac{r\varrho^2}{r^2+\varrho^2}\left(1+\frac{\varrho^2}{r^2}\right) = 0$$

ossia

$$-\frac{A}{r\varrho} + \frac{B}{r^2} + \frac{C}{\varrho^2} + \frac{D}{r} = 0$$

che è caso particolare della (8). Facendo l'ipotesi $C=0$ si ricade in una curva di Bertrand.

---

dal Cesàro (*Remarques sur certaines questions de géométrie intrinsèque*, Mathésis, 2e Sér., T. X, 1900, p. 9) e fu poi studiata accuratamente da B. Spieweck nella Dissertazione *Genauere Untersuchung der Kurven* $A\varkappa + B\tau = C\dfrac{\tau}{\varkappa}$ (Halle a. S. 1919).

[1]) Demoulin, *Sur una classe particulière de courbes gauches* (Bull. Soc. math. de France, T. XXI, 1893, p. 8-13).

Non sono queste le uniche questioni geometriche conducenti a curve in cui curvatura e torsione in ogni punto sono legate da una equazione quadratica [1]).

§ 6. *Continuazione: Curve di curvatura totale costante.*

Fra le curve le cui due curvature in un punto qualunque sono legate da una relazione quadratica si distinguono quelle caratterizzate dalla relazione

$$\frac{1}{r^2}+\frac{1}{\varrho^2}=\frac{1}{a^2}\,.$$

A. Mannheim ne ha scoperta una proprietà notevole, la quale si può stabilire con la seguente procedura.

La superficie rigata Σ costituita dalle normali principali di una curva Γ si può rappresentare mediante le equazioni

$$X=x+t\xi\ ,\quad Y=y+t\eta\ ,\quad Z=z+t\zeta\,,$$

ove X, Y, Z sono coordinate correnti e x, y, z (epperò anche ξ, η, ζ) sono funzioni dell'arco s di Γ. Il piano tangente in un punto qualunque di Σ ha per equazione:

$$\begin{vmatrix} X-x & Y-y & Z-z \\ x'+t\xi' & y'+t\eta' & z'+t\zeta' \\ \xi & \eta & \zeta \end{vmatrix}=0$$

ossia, applicando le formole di Serret-Frenet,

$$(X-x)\left[\frac{t}{\varrho}\alpha-\left(1-\frac{t}{r}\right)\lambda\right]+(Y-y)\left[\frac{t}{\varrho}\beta-\left(1-\frac{t}{r}\right)\mu\right]$$
$$+(Z-z)\left[\frac{t}{\varrho}\gamma-\left(1-\frac{t}{r}\right)\nu\right]=0\,.$$

---

1) Per altre v. G. Grübner, *Ueber Raumkurven, deren Krümmung und Torsion einer Relation zweiten Grades genügen* (Arch. f. Math. u. Phys., III Ser., T. XXIV, 1916, p. 316-41).

Perciò, affinchè i piani tangenti nei punti di una generatrice che corrispondono ai valori t_1, t_2 del parametro t, siano fra loro perpendicolari dev'essere

$$\frac{t_1 t_2}{\varrho^2} + 1 - \left(\frac{t_1}{r}\right)\left(1 - \frac{t_2}{r}\right) = 0 ;$$

ciò prova che a $t_2 = \infty$ corrisponde il valore t_1 che è radice dell'equazione:

$$t\left(\frac{1}{r^2} + \frac{1}{\varrho^2}\right) = \frac{1}{r} ,$$

onde

$$t = \frac{r\varrho^2}{r^2 + \varrho^2} ;$$

emerge da ciò che la linea di stringimento della rigata Σ è rappresentata come segue:

$$X = x + \frac{r\varrho^2}{r^2 + \varrho^2}\xi \quad , \quad Y = y + \frac{r\varrho^2}{r^2 + \varrho^2}\eta \quad , \quad Z = z + \frac{r\varrho^2}{r^2 + \varrho^2}\zeta .$$

Sulla stessa rigata consideriamo il luogo K dei punti nei quali la curvatura media della rigata stessa è nulla; servendosi delle consuete notazioni si vede che, sopra una superficie qualunque, essa è caratterizzata dalla relazione

$$EN - 2FM + GL = 0 ;$$

ora nel caso della rigata Σ si ha:

$$E = \left(1 - \frac{t}{r}\right)^2 + \frac{t^2}{\varrho^2} \quad , \quad F = 0 \quad , \quad G = 1$$

mentre $N = 0$, onde quella relazione si semplifica divenendo

$$L = 0$$

o più esplicitamente

$$\frac{tr'}{r^2} + \frac{\varrho'}{\varrho}\left(1 - \frac{t}{r}\right) = 0 .$$

Emerge da ciò che su ogni generatrice di Σ esiste un punto della curva Γ e che esso corrisponde al seguente valore di t:

$$t = -\frac{r^2\varrho'}{r'\varrho - r\varrho'} .$$

Ciò prova che, affinchè la curva K coincida con la linea di stringimento di Σ dev'essere

$$-\frac{r^2\varrho'}{r'\varrho - r\varrho'} = \frac{r\varrho^2}{r^2 + \varrho^2}$$

ossia

$$\frac{r'}{r^3} + \frac{\varrho'}{\varrho^3} = 0$$

o finalmente

$$\frac{1}{r^2} + \frac{1}{\varrho^2} = \text{cost}.$$

Dunque *una curva di curvatura totale costante gode la proprietà che sulla rigata formata dalle sue normali principali la linea di stringimento coincide col luogo dei punti di curvatura media nulla* [1]).

§ 7. *Cenni intorno ad altre curve caratterizzate da una proprietà intrinseca.*

I. È noto che in ogni punto di una curva si possono costruire ∞' eliche cilindriche che ivi la osculino; una di esse ha il proprio asse normale alla superficie costituita dalle normali principali della curva. Ora se si cercano le curve tali che

---

1) A. Mannheim, *Principes et développements de géométrie cinématique* (Paris, 1894) p. 537. Le stesse curve vennero incontrate da E. Cesàro cercando le curve i cui assi centrali sono binormali di un'altra curva (*Remarques sur certaines questions de géométrie intrinsèque*, Mathésis, II Ser., T. X, 1900, p. 40).

tutti i risultanti ∞' cilindri retti abbiano il medesimo raggio a si trova che, per esse, la curvatura $\varkappa$ e la torsione τ soddisfano la seguente relazione:

$$a^3\varkappa^3 - 3a^2\varkappa^2 + 3a\varkappa + \varkappa\tau^3 - 1 = 0 \text{ [1]} .$$

II. Se si considerano gli assi degli ∞' movimenti elicoidali infinitesimi che trasportano ogni triedro satellite nel consecutivo e si domanda quando essi formino una rigata cubica di Cayley, si trova che sono pure caratterizzate da un'equazione cubica fra la flessione e la torsione.

III. E. Cesàro ha determinate [2] tanto le geodetiche quanto le linee di curvatura d'un'elicoide-conoide ed ha trovato che, tanto per le une quanto per le altre flessione e torsione sono legate da un'equazione biquadratica.

IV. Ad una curva in cui le due curvature sono legate fra loro da una relazione di sesto grado pervenne A. Enneper [3] cercando le geodetiche dell'elicoide sviluppabile.

V. Oltre le linee caratterizzate da una relazione in termini finiti fra le due curvature, si possono cosiderare quelle definite da una equazione differenziale fra gli elementi intrinseci. Così [4], se si considerano le curve per cui il raggio della sfera osculatrice è proporzionale al raggio di flessione, tali cioè che sia

$$R = kr ,$$

si trova che esse soddisfano alla relazione

$$\sqrt{k^2 - 1}\, r = \varrho r' ;$$

---

1) Klaucke, Diss. cit., p. 114-19.

2) *Remarques sur certaines questions de géométrie intrinsèque* (Mathésis, II Ser., T. X, 1900, p. 60 e 61).

3) *Zur Theorie der Curven doppelter Krümmung* (Math. Annales, T. XIX, 1881, p. 78).

4) R. Occhipinti, *Su alcune linee gobbe* (Giorn. di Matem., T. LIV, 1916, pp. 373-80).

in particolare se $k = \sqrt{2}$, si ha più semplicemente

$$r = \varrho \frac{dr}{ds};$$

in esse però non vennero sinora riscontrate proprietà così notevoli da indurci a trattenerci su di esse [1]).

---

[1]) Oltre le curve considerate nel presente Capitolo vennero incontrate delle linee gobbe caratterizzate da relazioni fra elementi intrinseci e non intrinseci; ad es.: O. Hoel, *Uber einige halbnatürliche Koordinaten* (Norsk matem. foreigns Skriften, I Ser., N. 11, 1923); B. Spieweck, *Neue Paare von Raumkurven* (Jahresber. d. Deutschen Math. Vereinigs, 32 Bd., 1923, p. 271-285).

Capitolo XII.

CURVE SPECIALI SITUATE SOPRA SUPERFICIE ASSEGNATE.

A) Eliche.

§ 1. *Eliche del cilindro circolare retto.*

La considerazione dell'elica del cilindro circolare retto (come traiettoria del moto composto dalla rotazione uniforme di una retta attorno ad un asse fisso ad essa parallelo e dalla traslazione pure uniforme di un punto sopra di essa) risale alla più remota antichità, essendo attribuita ad Apollonio Pergeo [1]. Tale curva può anche considerarsi per la traiettoria obliqua delle generatrici del dato cilindro, oppure come linea di pendenza costante sopra un piano perpendicolare alle generatrici di questo; quando il cilindro si svolge su di un piano essa mutasi in una retta, onde è geodetica del cilindro.

Queste svariate definizioni furon la fonte delle varie generalizzazioni che vennero proposte per la curva concepita dal celebre matematico greco; prima di parlarne occupiamoci di questa.

Detto R il raggio del cilindro e H il *passo* della curva, assunti per asse delle z di un sistema cartesiano ortogonale l'asse del dato cilindro e per origine il centro della base di essa, si vede facilmente che, per rappresentare analiticamente la curva servono le equazioni seguenti:

$$x = R\cos t \quad , \quad y = R\cos t \quad , \quad z = \frac{Ht}{2\pi} \; ; \tag{1}$$

---

1) Cfr. G. Loria, *Le scienze esatte nell'antica Grecia*, II ed. (Milano, 1914) p. 308. La stessa curva fu considerata poi da Guidobaldo del Monte nell'opera *De cochlea libri quatuor* (Venet. 1615).

conviene introdurre metodicamente la costante

$$(2) \qquad h = \frac{H}{2\pi}$$

che chiamasi *passo ridotto*. Detto s l'arco si trae dalla (1)

$$ds^2 = (R^2 + h^2)\, dt^2$$

onde

$$(2) \qquad s = \sqrt{R^2 + h^2}\, t + \text{cost}.$$

Assumendo per origine degli archi il punto in cui $t=0$, si ha $s = \sqrt{R^2 + h^2}\, t$; ciò prova che, in luogo delle (1), si possono usare queste altre equazioni:

$$(1') \quad x = R \cos \frac{s}{\sqrt{R^2 + h^2}}, \quad y = R \,\text{sen}\, \frac{s}{\sqrt{R^2 + h^2}}, \quad z = \frac{hs}{\sqrt{R^2 + h^2}}.$$

Se ne deduce:

$$(3) \quad \begin{cases} x' = -\dfrac{y}{\sqrt{R^2 + h^2}}, & y' = \dfrac{x}{\sqrt{R^2 + h^2}}, & z' = \dfrac{h}{\sqrt{R^2 + h^2}} \\[2ex] x'' = -\dfrac{x}{R^2 + h^2}, & y'' = -\dfrac{y}{R^2 + h^2}, & z'' = 0 \\[2ex] x''' = \dfrac{y}{(R^2 + h^2)^{\frac{3}{2}}}, & y''' = -\dfrac{x}{(R^2 + h^2)^{\frac{3}{2}}}, & z''' = 0 \end{cases}$$

epperò

$$(4) \qquad r = \frac{R^2 + h^2}{R}, \quad \varrho = -\frac{R^2 + h^2}{h}$$

$$(5) \quad \begin{cases} \alpha = -\dfrac{y}{\sqrt{R^2 + h^2}}, & \beta = \dfrac{x}{\sqrt{R^2 + h^2}}, & \gamma = \dfrac{h}{\sqrt{R^2 + h^2}} \\[2ex] \xi = -\dfrac{x}{R}, & \eta = -\dfrac{y}{R}, & \zeta = 0 \\[2ex] \lambda = \dfrac{hy}{R(R^2 + h^2)^{\frac{1}{2}}}, & \mu = -\dfrac{hx}{R(R^2 + h^2)^{\frac{1}{2}}}, & \nu = \dfrac{R^2}{R^2 + h^2}. \end{cases}$$

Le (4) dicono che *l'elica del cilindro circolare retta ha costanti entrambe le curvature*; mentre le (5) della prima e terza linea dicono che nella stessa curva *sono costanti gli angoli fatti con l'asse della curva dalla tangente e dalla binormale.* Dalle (5) della seconda orizzontale si desume invece che le equazioni della normale principale sono

$$\frac{X}{x} = \frac{Y}{y} \quad , \quad Z - z = 0 \, ,$$

onde *la normale principale coincide con la normale al dato cilindro* (il che conferma essere l'elica geodetica del cilindro).

Dalle (3) si deduce facilmente che l'equazione del piano che oscula la curva nel punto corrispondente al valore φ del parametro t è

$$x \operatorname{sen} \varphi - y \cos \varphi + \frac{R}{h} (z - h\varphi) = 0 \, , \tag{6}$$

trarremo da ciò un teorema importante. A tale scopo consideriamo i punti nei quali l'elica taglia un piano arbitrario:

$$ax + by + cz + d = 0 \, ;$$

per uno qualunque di essi sussisterà l'equazione

$$aR \cos \varphi + bR \operatorname{sen} \varphi + ch\varphi + d = 0 \, ;$$

ciò prova che l'osculatore corrispondente ad uno qualunque degli stessi punti passa per il punto le cui coordinate soddisfano alle condizioni seguenti:

$$\frac{x}{bR} = \frac{y}{-aR} = \frac{-R}{ch} = \frac{Rz}{hd}$$

cioè per il punto

$$\left(- \frac{bR^2}{ch} \, , \, \frac{aR^2}{ch} \, , \, - \frac{d}{c} \right) ,$$

il quale appartiene al dato piano. Risulta così dimostrato il seguente

TEOREMA DI REYE [1]). *I piani che osculano un'ordinaria elica cilindrica negli infiniti punti in cui essa è tagliata da un*

---

1) V. la nota *Bemerkenswerte Eigenschaft der Schraubentinie* (Zeitschr. f. Math. u. Phys., T. XV, 1870, p. 64-66).

piano arbitrario dello spazio, passano tutti per un punto del piano stesso.

In modo analogo si dimostra la proposizione correlativa, cioè il

Teorema. *I punti di contatto degli infiniti osculatori di un'elica passanti per un punto arbitrario dello spazio stanno in un piano passante per quel punto.*

Notisi che, dette X, Y, Z le coordinate del punto dell'elica corrispondente al valore φ del parametro t, la (6) si può scrivere

$$\begin{vmatrix} x & y \\ X & Y \end{vmatrix} + \frac{R^2}{h}(z-Z)=0,$$

ossia, introducendo le ordinarie coordinate di rette,

$$p_{12}=\frac{R^2}{h}p_{03},$$

equazione di un complesso lineare individuato dalla data elica.

Proiettiamo questa curva da un punto arbitrario C dell'asse Oz sul piano xy; detta c la z di C le equazioni generiche del raggio proiettante sono

$$\frac{x}{R\cos t}=\frac{y}{R\operatorname{sen} t}=\frac{z-c}{ht-c};$$

facendo ivi $z=0$ si trova la seguente rappresentazione analitica della proiezione:

$$x=-\frac{cr\cos t}{ht-c},\quad y=-\frac{cr\operatorname{sen} t}{ht-c}.$$

ossia introducendo coordinate polari ed eliminando t

$$\varrho(c-h\omega)=cR;$$

ma, facendo

$$\tilde{\omega}=\frac{c}{h}-\omega,$$

questa si può scrivere

$$\varrho\tilde{\omega}=\frac{cR}{h};$$

si può quindi concludere il seguente

TEOREMA DI T. OLIVIER [1]). *La proiezione centrale di una ordinaria elica cilindrica fatta da un punto dell'asse su un piano perpendicolare a questo è una spirale iperbolica.*

Proiettando invece la stessa curva parallelamente alla direzione individuata dagli angoli l, m, n si ottiene similmente la curva

$$x=R\cos t-\frac{h\cos l}{\cos n}t \quad , \quad y=R\,\mathrm{sen}\,t-\frac{h\cos m}{\cos n}t;$$

ora queste equazioni rappresentano una cicloide allungata, ordinaria od accorciata secondochè

$$\frac{h^2(\cos^2 l+\cos^2 m)}{\cos^2 n}\gtreqless R^2$$

ossia

$$\mathrm{tg}\, n\gtreqless\frac{R}{h};$$

ma $\frac{R}{h}$ (v. eq. (5)) misura la tangente trigonometrica dell'angolo che la tangente all'elica forma con l'asse della stessa, onde si conclude

TEOREMA DI MONTUCLA-GUILLERY [2]). *La proiezione di un'ordinaria elica cilindrica fatta su un piano perpendicolare all'asse parallelamente ad una data retta è una cicloide allungata, ordi-*

---

1) *Devéloppements de géométrie descriptive* (Paris, 1843) p. 77.

2) Lo designamo in questo modo perchè lo si trova, per la cicloide ordinaria, in Montucla, *Histoire des Mathématiques*, Nouv. éd., T. II (Paris, 1799) p. 78; in generale venne comunicata, per incarico di un suo amico, da Th. Olivier nel 1847 alla Société philomatique; cfr. i *Mémoires de géométrie descriptive* (Paris, 1851) di questo geometra, p. 290.

naria od accorciata secondochè la inclinazione di questa retta sull'asse è maggiore, eguale o minore dell'angolo formato dalle tangenti alla curva con l'asse della stessa [1]).

Se x_1, y_1, z_1 sono le coordinate del centro di curvatura dell'elica nel punto (x, y, z) si ha notoriamente

$$x_1 = x + r^2 x'' \ , \ y_1 = y + r^2 y'' \ , \ z_1 = z + r^2 z''$$ [2]),

ossia pei valori trovati di x'', y'', z'', r

$$x_1 = -\frac{h^2 x}{R^2} \ , \ y_1 = -\frac{h^2 y}{R^2} \ , \ z_1 = z;$$

essendo in conseguenza

$$x_1^2 + y_1^2 = \left(\frac{h^2}{R}\right)^2,$$

la curva luogo dei centri di curvatura sta sul cilindro di raggio $R_1 = \frac{h^2}{R}$ con le generatrici parallele a $0z$. Si ha poi:

$$x_1' = \frac{h^2 y}{R^2 \sqrt{R^2 + h^2}} \ , \ y_1' = -\frac{h^2 x}{R^2 \sqrt{R^2 + h^2}} \ , \ z_1' = 0$$

onde, detto s_1 l'arco della nuova curva, si trova

$$s_1'^2 = \frac{h^2}{R^2}$$

epperò

$$s_1 = \frac{hs}{R} .$$

---

1) Si desume dai teoremi precedenti che il cerchio, la spirale iperbolica e le cicloidi sono casi particolari delle curve nascenti dal proiettare un'ordinaria elica da un punto qualunque su un piano arbitrario dello spazio.

2) Essendo per l'elica ordinaria r costante, queste espressioni coincidono con quelle delle coordinate del centro della sfera osculatrice, onde la linea di cui stiamo per occuparci non differisce dallo spigolo della sviluppabile costituita dai piani normali dell'elica.

Se ora, per simmetria, si fa $h_1=h$ si vede che la stessa curva è rappresentabile come segue:

$$x_1=-R_1\cos\frac{s_1}{\sqrt{h_1^2+R_1^2}}\ ,\quad y_1=-R_1\,\text{sen}\,\frac{s_1}{\sqrt{h_1^2+R_1^2}}\ ;$$

$$z_1=\frac{h_1 s_1}{\sqrt{h_1^2+R_1^2}}\ ;$$

è, quindi, un'elica avente lo stesso passo della data.

Paragonando queste equazioni alle (1′) si desume facilmente che l'evoluta dell'evoluta trovata ha per equazioni:

$$x_2=R_2\cos\frac{s_2}{\sqrt{h_2^2+R_2^2}}\ ,\quad y_2=R_2\,\text{sen}\,\frac{s_2}{\sqrt{h_2^2+R_2^2}}\ ,\quad z_2=\frac{h_2 s_2}{\sqrt{h_2^2+R_2^2}}\ ;$$

essendo

$$h_2=h_1=h\ ,\quad s_2=\frac{h_1 s_1}{R_1}=h.\frac{R}{h^2}.\frac{hs}{R}=s\ ,\quad R_2=\frac{h_1^2}{R_1}=h^2\frac{R}{h^2}=R\,,$$

si vede essere

$$x_2=x\ ,\quad y_2=y\ ,\quad z_2=z$$

donde emerge che *un'ordinaria elica cilindrica e l'analoga curva che è il luogo dei centri di curvatura della data, sono fra di loro in posizione scambievole* [1]).

Risulta dalle (5) che l'equazione generale dei piani rettificanti è

$$Xx+Yy=R^2\,,$$

onde i piani stessi toccano il cilindro a cui appartiene la curva; in conseguenza la podaria di un punto P rispetto ai piani rettificanti non differisce dalla podaria del punto stesso rispetto

---

1) Questa proposizione fa sorgere la seguente questione: Di una curva Γ si cerchi il luogo Γ_1 dei centri delle sfere osculatrici e si consideri la curva analoga Γ_2 rispetto a Γ_1: quando succede che Γ_2 sia identica Γ? Di essa si occuparono l'Aoust (*Intégrales des courbes dont les développantes par le plan et les développées sur le plan sont égales entre elles*; Bull. Soc. Math. de France, T. VII, 1879, p. 143-154), e l'Hoppe (*Das Aoust'sche Problem in der Curventheorie,* Arch. f. Math. u. Phys., T. LXVI, p. 386-96). Di recente fu ripreso con maggiore successo da E. Salkowski (*Das Aoustsche Problem der Kurven theorie*; Sitzungsber. der Berliner math. Ges., 20 marzo 1907), il quale stabilì l'esistenza di un'intera categoria di eliche dotate dell'indicata proprietà.

alla circonferenza in cui il cilindro contenente l'elica è tagliata dal piano condotto per P perpendicolarmente all'asse della curva; *quella podaria è quindi una lumaca di Pascal* [1]).

Le normali principali di un'elica essendo le corrispondenti normali del cilindro contenente la curva, costituiscono un'elicoide-conoide; perciò la podaria di un punto qualunque P dello spazio rispetto alle normali principali dell'elica non differisce dalla podaria di P rispetto alle generatrici g del corrispondente elicoide-conoide. Ora, dette P', g', n' le proiezioni sul piano della base del cilindro contenente la curva rispettivamente del punto P, della generatrice g e della normale condotta da P a g, si vede che l'angolo $\widehat{n'g'}$ è retto, perchè proiezione ortogonale dell'angolo retto $\widehat{ng}$ avente un lato parallelo al piano di proiezione. Ciò prova che la podaria in questione si proietta sul piano della base nella circonferenza avente per diametro il segmento OP'; questo fatto abilita a concludere che *quella podaria è un'elica eccentrica all'elicoide-conoide.* Notisi che tale podaria cambia soltanto di posizione se il punto P si muove sopra una parallela all'asse della curva data.

Siccome i piani rettificanti dell'elica non differiscono dai piani tangenti del cilindro contenente la curva, così è chiaro che *questo è anche la podaria dell'asse dell'elica rispetto ai suoi piani rettificanti.* Un breve calcolo mostra invece che *proiettando ortogonalmente l'asse dell'elica sopra i suoi piani osculatori o normali si ottiene un elicoide a cono direttore.*

Applicando le formole di pag. 36 del Vol. I troviamo subito come rappresentazione analitica della curva baricentrica dell'elica (1) la seguente:

$$\bar{x} = \frac{R \operatorname{sen} t}{t}, \quad \bar{y} = \frac{R(1 - \cos t)}{t}, \quad \bar{z} = \frac{h}{2} t; \tag{7}$$

essendo in conseguenza $\bar{z} = \frac{1}{2} z$ si vede che *il baricentro dell'arco d'elica avente per estremi i punti della curva corrispondente ai valori* 0 *e* t *del parametro si trova ad un'altezza sul piano* xy *eguale alla metà dell'ordinata dell'estremo dell'arco stesso e si*

---

[1]) G. Loria, *Spezielle alg. u. tranns. eb. Kurven*, II Aufl. I Bd. (Leipzig, 1910) p. 147.

proietta sul piano stesso nel baricentro dell'arco circolare che è proiezione di questo [1]. Notiamo poi che le (7) danno:

$$\frac{\bar{y}}{\bar{x}}=\operatorname{tg}\frac{t}{2}\ ,\quad \sqrt{\bar{x}^2+\bar{y}^2}=\frac{2R\operatorname{sen}\frac{t}{2}}{t}$$

donde segue che la proiezione ortogonale della curva baricentrica dell'elica ha per equazione polare

$$\varrho=\frac{\operatorname{sen}\omega}{\omega}\ ;$$

la proiezione stessa è, quindi, *una cocleoide* [2]. Se finalmente si elimina z fra le equazioni

$$\frac{\bar{y}}{\bar{x}}=\operatorname{tg}\frac{t}{r}\ ,\quad \bar{z}=\frac{h}{2}t$$

si ottiene

$$\frac{\bar{y}}{\bar{x}}=\operatorname{tg}\frac{\bar{z}}{h}$$

equazione che ci dice *trovarsi la linea baricentrica considerata sull'elicoide-conoide individuata dalla data elica.*

Questo risultato trova conferma nella determinazione della superficie baricentrica dell'elica che ora faremo applicando formole esposte nel Cap. II del vol. I, p. 37.

Posto per brevità $k=\frac{R}{\sqrt{R^2+h^2}}$ si ottiene così:

$$X=\frac{2R^2}{k}\cdot\frac{\operatorname{sen}\frac{k(t-u)}{2R}\cdot\cos\frac{k(t+u)}{2R}}{t-u}$$

$$Y=\frac{2R^2}{k}\cdot\frac{\operatorname{sen}\frac{k(t-u)}{2R}\cdot\operatorname{sen}\frac{k(t+u)}{2R}}{t-u}$$

$$Z=\frac{hk}{2R}(t-u)\ ;$$

---

[1] Cfr. Ferriot, *Centre de gravité d'un arc quelconque d'hélice tracée sur un cylindre droit à base circulaire* (Nouv. Ann. de Mathém., T. I, 1842, p. 201-203).

[2] G. Loria, *Spez. Kurven*, II ed., T. II, p. 29.

essendo in conseguenza

$$\frac{Y}{X}=\operatorname{tg}\frac{k(t+u)}{2R},$$

si conclude che la superficie ha per equazione

$$\frac{Y}{X}=\operatorname{tg}\frac{Z}{h}$$

onde *coincide con l'anzidetta elicoide-conoide.*

§ 2. *Eliche cilindriche in generale.*

Un'elica cilindrica è una traiettoria obliqua delle generatrici d'un cilindro; siccome svolgendo questo su di un piano quella linea si muta in una retta così le eliche non differiscono dalle geodetiche dei cilindri.

Per trovarne la rappresentazione analitica supporremo di assumere come asse delle z una retta parallela alle generatrici del dato cilindro e che dell'elica si cerchino le espressioni delle coordinate in funzione dell'arco s. Essendo per le fatte ipotesi $\frac{dz}{ds}$ costante ($=\cos\omega$), sarà $z=s\cos\omega+\text{cost}$, onde, scelto come origine degli archi un punto comune all'elica ed al piano xy, otterremo la seguente rappresentazione parametrica:

$$x=x(s)\ ,\ y=y(s)\ ,\ z=s\cos\omega\,. \tag{1}$$

In conseguenza per tutti i valori di s si ha:

$$\left\{\begin{array}{l} x'^2+y'^2=\operatorname{sen}^2\omega\ ,\ x'x''+y'y''=0\ , \\ \quad (x'x'''+y'y''')+(x''^2+y''^2)=0\,,\ \text{ecc.} \\ z'=\cos\omega\ ,\ z''=0\ ^{1)}\ ,\ z'''=0\,,\ \text{ecc.}\end{array}\right. \tag{2}$$

---

[1]) Essendo in conseguenza $\zeta=0$ si vede che *le normali principali dell'elica sono perpendicolari alle generatrici del corrispondente cilindro.*

L'equazione generale dell'osculatore è, se X, Y, Z rappresentano coordinate correnti,

$$(3) \qquad -(X-x)\,y'' + (Y-y)x'' + \frac{x'y''-x''y'}{\cos\omega}(Z-z)=0\,^{1)};$$

invece l'equazione del piano tangente al cilindro contenente la curva è

$$(X-x)y' - (Y-y)x' = 0\,;$$

ora in virtù di una delle identità (2) *questo piano è perpendicolare al precedente*; ne segue che *il piano che oscula un'elica in un suo punto arbitrario è quello determinato dalla corrispondente tangente della curva e della corrispondente normale del dato cilindro.* La traccia dell'osculatore sul piano xy ha per equazione

$$\frac{X-x}{x''} = \frac{Y-y}{y''}\,;$$

per interpretare questo risultato notiamo che tutte le evolventi della base del dato cilindro hanno equazioni della forma

$$X = x + (l-s)x' \;,\; Y = y + (l-s)y',$$

l essendo una costante arbitraria; le loro tangenti hanno, quindi, per equazione generale

$$\frac{X-[x+(l-s)x']}{x''} = \frac{Y-[y+(l-s)y']}{y''}\,;$$

siccome questa si identifica alla precedente supponendo $l=s$ si conclude: *L'osculatore di un'elica cilindrica in un suo punto taglia il piano di una sezione retta del corrispondente cilindro secondo una tangente ad una determinata evolvente di quella sezione retta.*

---

1) Servendosi delle (2), la (3) può scriversi sotto la forma:

$$Xx' + Yy' - Z\frac{\operatorname{sen}^2\omega}{\cos\omega}\,(-xx' + yy' - s\operatorname{sen}^2\omega)$$

e da questa è agevole dedurre che *le superficie di egual pendio su di un dato piano sono le sviluppabili osculatrici di eliche appartenenti a cilindri con le generatrici perpendicolari a quel piano.*

La base del dato cilindro essendo rappresentata dalle equazioni:

$$x=x(s) \quad , \quad y=y(s) \, ;$$

se S ne è l'arco e R il raggio di curvatura, si trova anzitutto:

$$\left(\frac{dS}{ds}\right)^2=x'^2+y'^2=\operatorname{sen}^2\omega \quad \text{onde (4)} \quad S=s\operatorname{sen}\omega$$

supposto che gli archi sull'elica e sulla base abbiano comune l'origine [1]; inoltre

$$(5) \qquad R=\frac{\operatorname{sen}^2\omega}{\sqrt{x''^2+y''^2}} \, .$$

Indicando, poi al solito, con r e ϱ i raggi di prima e seconda curvatura della data curva, si trova

$$(6) \qquad r=\frac{1}{\sqrt{x''^2+y''^2}}$$

o per le (5)

$$(6') \qquad r=\frac{R}{\operatorname{sen}^2\omega} \, ,$$

equazione che dice: *in due punti corrispondenti dell'elica e della base i raggi di curvatura stanno fra loro nel rapporto costante* $\frac{1}{\operatorname{sen}^2\omega}$. Inoltre:

$$\frac{1}{\varrho}=-\frac{\cos\omega}{x''^2+y''^2}\begin{vmatrix} x'' & x''' \\ y'' & y''' \end{vmatrix}=-r^2\cos\omega\begin{vmatrix} x'' & x''' \\ y'' & y''' \end{vmatrix} \, .$$

Ma, grazie alle identità (2), si ha:

$$\frac{x''}{y'}=\frac{y''}{-x'}=\frac{\sqrt{x''^2+y''^2}}{\sqrt{x'^2+y'^2}}=\frac{1}{r\operatorname{sen}\omega}$$

$$x''=\frac{y'}{r\operatorname{sen}\omega} \quad , \quad y''=-\frac{x'}{r\operatorname{sen}\omega} \, ;$$

---

[1]) In conseguenza, ogni elica cilindrica si può rappresentare in funzione degli archi della base, sotto la forma

$$x=x(S) \ , \ y=y(S) \ , \ z=kS$$

k essendo non costante di cui è facile trovare il significato geometrico.

in conseguenza

$$\frac{1}{\varrho} = -\frac{r \cos\omega}{\operatorname{sen}\omega}(x'x''' + y'y''') = \frac{r\cos\omega}{\operatorname{sen}\omega}(x''^2 + y''^2)$$

o finalmente

$$\varrho = r \operatorname{tg}\omega . \tag{7}$$

Dunque: *in ogni elica cilindrica è costante il rapporto delle due curvature in un punto qualunque* [1]).

La stessa conclusione può ottenersi applicando le formole di Serret-Frenet, con un ragionamento che esporremo perchè guida ad una nuova definizione delle eliche.

Detti a, b, c i coseni direttori delle generatrici del cilindro contenente la curva, si ha, per le fatte ipotesi,

$$a\alpha + b\beta + c\gamma = \text{cost} ; \tag{8}$$

differenziando rispetto a s ed applicando le formole succitate si trova

$$a\xi + b\eta + c\zeta = 0 , \tag{9}$$

ossia, differenziando nuovamente,

$$\frac{1}{r}(a\alpha + b\beta + c\gamma) + \frac{1}{\varrho}(a\lambda + b\mu + c\nu) = 0 ;$$

ora $a\alpha + b\beta + c\gamma$ è costante per ipotesi; d'altra parte

$$\frac{d}{ds}(a\lambda + b\mu + c\nu) = \frac{1}{\varrho}(a\xi + b\eta + c\zeta)$$

è pure nulla, onde anche $a\lambda + b\mu + c\nu$ è costante; epperò lo stesso accade del rapporto $\frac{r}{\varrho}$ c. d. d.

---

1) Emerge dalla (6') che r è costante sempre e solo quando è costante R, cioè quando la base del dato cilindro sia un cerchio; ma allora, per la (7) è costante anche ϱ; si vede dunque che *le eliche del cilindro circolare retto sono le uniche in cui le due curvature sono costanti*; v. Puiseux, *Problème de géométrie* (Journ. de Mathém., T. VII, 1842, p. 65). La proprietà ora dimostrata mostra che le eliche *sono speciali curve di Bertrand*; esse però sfuggono alle formole di Darboux stabilite nel Cap. XI (v. p. 98) perchè non si può in esse supporre $C = 0$.

Viceversa, supponiamo sussista una relazione della forma (9); essa può scriversi successivamente come segue:

$$ax'' + by'' + cz'' = 0$$

$$ax' + by' + cz' = \text{cost},$$

e questa non differisce dalla (8): dunque *le eliche possono definirsi come le curve le cui normali principali sono parallele ad un piano fisso* [1]).

Facciamo invece l'ipotesi che sia $\frac{r}{\varrho} = \text{cost}\,(=k)$; le formole di Serret-Frenet danno

$$\lambda' - k\alpha' = 0 \quad , \quad \mu' - k\beta' = 0 \quad , \quad \nu' - k\gamma' = 0 \, ,$$

ossia, dette p, q, r tre costanti

$$\lambda - k\alpha = p \quad , \quad \mu - k\beta = q \quad , \quad \nu - k\gamma = r \, ;$$

queste nuove costanti sono evidentemente legate dalla relazione

$$p^2 + q^2 + r^2 = 1 + k^2 \, ;$$

se quindi si pone

$$\frac{p}{\sqrt{1+k^2}} = a \quad , \quad \frac{q}{\sqrt{1+k^2}} = b \quad , \quad \frac{r}{\sqrt{1+k^2}} = c$$

saranno a, b, c i coseni di direzione di una determinata retta e si potrà scrivere

$$\lambda - k\alpha = a\sqrt{1+k^2} \; , \; \mu - k\beta = b\sqrt{1+k^2} \; , \; \nu - k\gamma = c\sqrt{1+k^2} \, ;$$

se ora si moltiplicano queste equazioni per α, β, γ e si addizionano i risultati si trova la relazione

$$a\alpha + b\beta + c\gamma = -\frac{k}{\sqrt{1+k^2}} \, .$$

1) Essendo le eliche cilindriche curve di Bertrand, le loro normali principali sono normali principali di infinite altre linee di quella categoria; ma, essendo tali normali principali parallele ad un piano, si vede che *le normali principali di un'elica cilindrica sono normali principali di infinite curve della stessa specie.*

Siccome questa concorda con la (8), così potremo asserire che *le eliche cilindriche possono definirsi come le curve per cui è costante il rapporto delle due curvature* [1]).

Dalle formole che determinano gli elementi di una curva parallela ed una data linea [2]) o dello spigolo di regresso della sviluppabile polare [3]) si deduce che: *Le curve parallele ad una elica sono eliche; è pure un'elica la curva polare di un'elica.* Avendo noi dimostrato nel § 2 del Cap. XI (v. p. 102) che, se r_2, ϱ_2 sono le due curvature della curva Γ_2 luogo dei centri della sfera osculatrice di una curva Γ, sussiste la relazione

$$\varrho/r = r_2/\varrho_2$$

così è chiaro che *se Γ è un'elica altrettanto avviene di Γ_2* [4]).

Le ∞^1 evolventi filari di una curva sono rappresentate, al variare della costante l, dalle equazioni

$$x_1 = x + \alpha(l - s) \quad , \quad y_1 = y + \beta(l - s) \quad , \quad z_1 = z + \gamma(l - s) \, ;$$

ora se $z = s \cos \omega$, è $\gamma = \cos \omega$ epperò $z_1 = l \cos \omega$; dunque: *le evolventi filari di un'elica sono le sezioni prodotte nella corrispondente sviluppabile osculatrice da piani perpendicolari all'asse della curva.*

Le coordinate del centro di curvatura in un punto qualunque della data elica sono date dalle formole

$$x_1 = x + r^2 x'' \quad , \quad y_1 = y + r^2 y'' \quad , \quad z_1 = s \cos \omega \tag{10}$$

È questa curva in generale un'elica tracciata su un cilindro con le generatrici pure parallele a $0z$? In caso negativo, quando

---

[1]) J. Bertrand, *Sur la courbe dont les deux courbures sont constantes* (Journ. de Mathém., T. XIII, 1848, p. 423).

[2]) Scheffers, *Einführung in die Theorie der Kurven*, III Aufl. (Leipzig, 1923) p. 402.

[3]) Id. p. 406.

[4]) P. H. Suchar, *Sur une propriété appartenent à certaines hélices* (Nouv. Ann. de Math., IV Ser., T. III, 1903, p. 511-14), ove si leggono altre proprietà delle eliche.

lo è? Per rispondere a tali questioni indichiamo con l'indice 1 tutti gli elementi della curva (10) e notiamo che, essendo

$$\gamma_1 = \frac{dz_1}{ds_1} = \frac{z_1'}{\sqrt{x_1'^2 + y_1'^2 + z_1'^2}} = \frac{\cos\omega}{\sqrt{x_1'^2 + y_1'^2 + \cos^2\gamma}},$$

affinchè γ_1 risulti costante, dev'essere

$$x_1'^2 + y_1'^2 = \text{cost}.$$

Ora dalle (10) si trae

$$(11) \qquad (x_1 - x)^2 + (y_1 - y)^2 = r^2;$$

d'altra parte le (10), possono scriversi

$$x_1 - x = r\xi \;,\; y_1 - y = r\eta \;,\; z_1 - z = 0$$

onde moltiplicandole per α, β, γ e sommando si trova:

$$(12) \qquad (x_1 - x)dx + (y_1 - y)dy = 0;$$

per conseguenza:

$$\frac{x_1 - x}{-dy} = \frac{y_1 - y}{dx} = \frac{r}{\sqrt{dx^2 + dy^2}} = \frac{r}{\operatorname{sen}\omega . ds}$$

onde

$$(13) \qquad x_1 = x - \frac{ry'}{\operatorname{sen}\omega} \;,\; y_1 = y + \frac{rx'}{\operatorname{sen}\omega}$$

epperò:

$$x_1' = x' - \frac{1}{\operatorname{sen}\omega}(r'y' + ry'') \;,\; y_1' = y' + \frac{1}{\operatorname{sen}\omega}(r'x' + rx'')$$

$$x_1'^2 + y_1'^2 = x'^2 + y'^2 - \frac{2r}{\operatorname{sen}\omega}(x'y'' - x''y') +$$

$$\frac{1}{\operatorname{sen}^2\omega}\left\{ r'^2(x'^2 + y'^2) + r^2(x''^2 + y''^2) + 2rr'(x'x'' + y'y'') \right\}$$

$$= \operatorname{sen}^2\omega - \frac{2r}{\operatorname{sen}\omega}(x'y'' - x''y') + \frac{1}{\operatorname{sen}^2\omega}\left\{ r'^2 \operatorname{sen}^2\omega + 1 \right\};$$

ma

$$x'y'' - x''y' = \sqrt{\begin{vmatrix} x' & y' \\ x'' & y'' \end{vmatrix}^2} = \sqrt{\begin{vmatrix} \operatorname{sen}^2\omega & 0 \\ 0 & \frac{1}{r^2} \end{vmatrix}} = \frac{\operatorname{sen}\omega}{r}$$

perciò

$$x_1'^2 + y_1'^2 = \operatorname{sen}^2 \omega - 2 + r'^2 + \frac{1}{\operatorname{sen}^2 \omega}.$$

Dunque, affinchè $x_1'^2 + y_1'^2$ risulti costante, è necessario e sufficiente che sia costante r', epperò $r = as + b$ ovvero per le (5) e (6')

$$\frac{R}{\operatorname{sen}^2 \omega} = \frac{aS}{\operatorname{sen} \omega} + b.$$

La base del cilindro contenente la curva ha pertanto un'equazione intrinseca della forma

$$R = AS + B,$$

epperò [1]) è una spirale logaritmica o, per eccezione ($A = 0$), un cerchio. Si conclude quindi: *Affinchè il luogo geometrico dei centri di curvatura d'un'elica tracciata su di un cilindro sia un'elica appartenente ad un cilindro parallelo al primo, è necessario e sufficiente che questo abbia per base una spirale logaritmica o, in particolare, un circolo* [2]). Così, mentre viene confermata una proprietà già dimostrata dell'ordinaria elica cilindrica, viene segnalata, come notevole, quella situata sul cilindro eretto sopra una spirale logaritmica: è una curva che incontreremo fra breve da un altro punto di vista e che allora avremo occasione di studiare.

§ 3. *Eliche cilindriche algebriche; altre eliche cilindriche speciali.*

Sia $f(x, y) = 0$ l'equazione della sezione retta di un cilindro contenente un'elica algebrica [3]) e s il suo arco; come si è visto la curva può rappresentarsi mediante equazioni della forma:

$$f(x, y) = 0 \quad , \quad z = ks. \tag{14}$$

---

1) G. Loria, *Spez. alg. und transs. ebene Kurven*, II Aufl., T. II, p. 65.

2) A. Tissot, *Sur les hélices* (Nouv. Ann. de Mathém., T. XI, 1852, p. 454-57).

3) P. Stäckel, *Algebraisch rectificierbare Raumcurven* (Math. Annalen, T. XLIII, 1893, p. 178); G. C. Tedesco, *Su le eliche cilindriche algebriche* (Atti dell'Acc. Gioenia, Serie V, T. VIII, 1915); appartiene a questa cate-

Ora, affinchè questa curva sia algebrica è necessario e sufficiente che s sia una funzione algebrica di x, y cioè che la curva $f(x, y)=0$ sia rettificabile; ciò succede, come è noto [1]), sempre e soltanto quando essa sia l'evoluta di una curva algebrica.

Questo risultato si può meglio precisare osservando che la sviluppabile osculatrice d'un'elica algebrica è una superficie algebrica; algebriche sono quindi anche le sezioni prodotte in essa da piani perpendicolari all'asse della curva, cioè, come vedemmo (p. 141), le sue evolventi filari: dunque *le eliche algebriche sono evolute gobbe di curve piane algebriche* e le evolute piane di queste sono le proiezioni ortogonali delle eliche sui piani delle stesse curve piane.

Applichiamo ad esempio questo risultato nell'ipotesi che la base del cilindro sia l'evoluta della parabola

$$y^2=2(x+1)$$

cioè la parabola semicubica

$$27y^2=8x^3 ;$$

osserviamo perciò che questa equazione equivale al sistema

$$x=3t^2 \quad , \quad y=2\sqrt{2}\,t^3 ;$$

si ha quindi

$$ds=6t.dt\sqrt{1+2t^2} ;$$

posto dunque $1+2t^2=u^2$ si può scrivere

$$ds=3u^2du$$

onde

$$s=u^3+\text{cost}$$

cioè

$$s=(1+2t^2)^{\frac{3}{2}}+\text{cost}=\left(1+\frac{2x}{3}\right)^{\frac{3}{2}}+\text{cost} .$$

---

goria la cubica che incontrammo nel Cap. V (vol. I, p. 190); v. anche la III Parte della importante memoria di E. Salkowski, *Zur Transformation der Raumkurven* (Math. Annalen, T. LXVI, 1909, p. 517-57).

1) G. Humbert, *Sur les courbes algébriques planes rectificables* (Journ. de Math. p. appl., IV Ser., T. IV, 1888, p. 138-51).

Presa per origine degli archi il punto (0, 0) si conclude

$$s=\left(1+\frac{2x}{3}\right)^{\frac{3}{2}}-1$$

o anche

$$s=\frac{(3x^2+9y^2)^{\frac{3}{2}}}{8x^3}-1 .$$

Si giunge così all'elica rappresentata dalle equazioni:

$$(15)\quad y^2=\frac{8}{27}x^3 \ , \ z=k\left\{\frac{(4x^2+9y^2)^{\frac{3}{2}}}{8x^3}-1\right\};$$

siccome queste si possono sostituire con queste altre

$$x=\frac{3}{2}\frac{(1+u^2)^2}{(1-u^2)^2} \ , \ y=\frac{8u^3}{(1-u^2)^3} \ , \ z=\left(\frac{1+u^2}{1-u^2}\right)^3-1 ,$$

così la curva ottenuta è di sesto ordine.

Innumerevoli altre eliche algebriche si ottengono assumendo come sezione retta del relativo cilindro l'epicicloide generata dal movimento di un punto di una circonferenza di raggio r rotolante sopra altra di raggio $\frac{r}{n}$, chè tale curva è notoriamente rettificabile.

Algebriche sono anche le eliche aventi per base l'evoluta d'un'ellisse (in particolare un asteroide regolare); le loro coordinate si possono esprimere mediante funzioni ellittiche di un parametro [1]).

Un'altra categoria notevole di eliche comprende quelle godenti la proprietà che le loro normali principali incontrano una retta fissa [2]). Esse appartengono ai cilindri le cui sezioni rette hanno equazioni intrinseche del seguente tipo:

$$s=\frac{m}{2}\int\frac{d\varrho}{\sqrt{a^2-(\sqrt{\varrho}+m)^2}},$$

---

1) Silvia L. Creanza, *Sur une hélice et la surface des ses tangentes* (Ann. Scient. de l'Univ. de Jassy, T. XII, 1923, p. 15-32).

2) G. Pirondini, *Rettifica di un teorema e dimostrazione di alcuni teoremi geometrici* (Giorn. di Matem. T. XXIII, 1885, p. 222-29); E. Cesàro, *A propo-*

a e m essendo costanti; è appena necessario rilevare che la quadratura qui indicata si può eseguire elementarmente.

Di altre, che s' incontrano nella teoria della deformazione delle superficie rigate, basti qui accennare l'esistenza [1]).

§ 4. *L'elica cilindro-conica classica.*

Dato un cono circolare retto, cerchiamo la curva che ne incontra le generatrici sotto angoli costanti. Se il cono ha per asse $0z$, per altezza l e per apertura $2b$ la sua equazione è evidentemente

$$\frac{\sqrt{x^2+y^2}}{\operatorname{tg} b}+z-l=0;$$

perciò, se una curva tracciata su di esso si proietta nella linea di equazione polare $\varrho=f(\omega)$, la sua rappresentazione parametrica sarà:

$$x=f(\omega)\cos\omega\;,\quad y=f(\omega)\operatorname{sen}\omega\;,\quad z=l-\frac{f(\omega)}{\operatorname{tg} b}. \tag{1}$$

Determiniamo ora la funzione $f(\omega)$ con la condizione che la tangente in punto arbitrario della relativa curva faccia l'angolo costante a con la corrispondente generatrice del dato cono; otterremo la seguente equazione di condizione:

$$\frac{f'}{\sqrt{f'^2+f^2\operatorname{sen}^2 b}}=\cos a$$

ossia

$$\frac{f'}{f}=\frac{\operatorname{sen} b}{\operatorname{tg} a};$$

perciò

$$f(\omega)=c\,e^{\frac{\operatorname{sen} b}{\operatorname{tg} a}\omega}, \tag{2}$$

---

sito di un teorema sulle eliche (Id. T. XXIV, 1886, p. 46-48); E. Piccioli, *Sur les hélices cylindriques dont les normales principales rencontrent une droite fixe* (Nouv. Ann. de Mathém., IV Ser., T. II, 1902, p. 177-181); E. Duporq, *Remarques sur la note précédente* (Ivi p. 181-84).

[1]) Cfr. O. Weber, *Binormalflächen mit eine zur Striktionslinie äquidistanten Asymptotenlinie* etc. (Diss. Halle a. S. 1914).

c essendo la costante introdotta dall' integrazione; volendo che la curva cominci nel punto $(l\,\mathrm{tg}\,b, 0, 0)$ si deve scegliere

(3) $$c = l\,\mathrm{tg}\,\beta\,.$$

La proiezione ortogonale della curva in questione sul piano xy ha per equazione polare

$$\varrho = c\,e^{\frac{\mathrm{sen}\,b}{\mathrm{tg}\,a}\omega},$$

ond'è *una spirale logaritmica,* la quale taglia i raggi vettori sotto l'angolo costante μ determinato dalla formola

$$\mathrm{tg}\,\mu = \frac{\mathrm{tg}\,a}{\mathrm{sen}\,b}\,.$$

Viceversa è facile vedere che *se una linea di un cono retto si proietta ortogonalmente sulla base secondo una spirale logaritmica avente per polo il centro della base stessa, essa incontra sotto angoli costanti le generatrici del dato cono* [1]).

Se con R si chiama il raggio della base del dato cono si avrà:

$$\frac{R}{\mathrm{sen}\,\beta} = \frac{l}{\cos\beta} = \sqrt{R^2 + l^2}$$

epperò la (3) dà $c = R$ e la (2)

(2') $$f(\omega) = Re^{\frac{R}{\sqrt{R^2 + l^2}}\frac{\omega}{\mathrm{tg}\,a}}$$

e quindi

(2'') $$\frac{f'(\omega)}{f(\omega)} = \frac{R}{\sqrt{R^2 + l^2}}\,\frac{1}{\mathrm{tg}\,a}\,.$$

La curva in questione può dunque rappresentarsi come segue:

(4) $$x = f(\omega).\cos\omega\,,\quad y = f(\omega).\mathrm{sen}\,\omega\,,\quad z = l - \frac{l}{R}f(\omega)\,,$$

$f(\omega)$ avendo il valore (2').

---

1) Risulta da ciò che il vertice del dato cono è un punto asintotico della curva che consideriamo.

Dalle (4) derivando si deduce:

$$x' = f' \cos\omega - f \operatorname{sen}\omega \;,\; y' = f' \operatorname{sen}\omega + f\cos\omega \;,\; z' = -\frac{l}{R} f'(\omega)$$

$$s'^2 = f'^2 + f^2 + \frac{l^2}{R^2} f'^2 = f^2 + \frac{l^2 + R^2}{R^2} f'^2 ;$$

servendosi delle (2) si può scrivere:

$$(5) \qquad s' = \frac{\sqrt{R^2 + l^2}}{R \cos a} f' ,$$

onde

$$(6) \qquad s = \frac{\sqrt{R^2 + l^2}}{R \cos a} f(\omega) \text{ [1]},$$

o più esplicitamente

$$(6') \qquad s = \frac{l}{\cos a \cos b} e^{\frac{\operatorname{sen} b}{\operatorname{tg} v}\omega}$$

---

1) Cfr. Turquan, *Rectification de la courbe qui coupe les géneratrices d'un cone qualunque sous un angle constant* (Nouv. Ann. de Math. T. IV, 1845, p. 659-60).

La (6) può scriversi

$$s = \frac{f(\omega)}{\operatorname{sen} b \cos a} .$$

Si noti poi che la distanza d del vertice V del cono da un punto qualunque P della curva è dato da

$$d = \frac{f(\omega)}{\operatorname{sen} b} ;$$

se, quindi, si considera l'arco della curva in questione compreso fra due punti P_1 e P_2 si vede essere

$$\frac{s_2 - s_1}{d_2 - d_1} = \frac{1}{\cos a} ,$$

ossia

$$s_2 - s_1 = \frac{d_2 - d_1}{\cos a} ,$$

onde l'arco P_1P_2 è eguale all'ipotenusa di un triangolo rettangolo avente per cateto P_1P_2 e per angolo compreso a: cfr. un articolo del Dieu (Nouv. Ann. de Mathém., T. XII, 1853, p. 373-390) nel quale è risolta la questione proposta come *Composition d'analyse* per il « Concours d'aggregation aux Lycées, Année 1845 ».

Osserviamo anche

$$\frac{dz}{ds}=\frac{dz}{d\omega}:\frac{ds}{d\omega}=\frac{z'}{\omega'}=-\frac{l\cos a}{\sqrt{R^2+l^2}}=-\cos a\cos b$$

e concluderemo

$$(7) \qquad \gamma=-\cos a\cos b\,;$$

ciò prova che la curva in questione può anche considerarsi come un'elica tracciata sul cilindro con le generatrici parallele a $0z$ e la cui sezione retta è la spirale logaritmica di cui dianzi parlammo; donde la ragione del nome di *elica cilindro-conica* con cui viene designata [1]).

Tenendo conto del valore trovato per s, trasportando l'origine delle coordinate nel vertice del dato cono, invertendo il senso positivo su $0z$ e finalmente ponendo per brevità di scrittura

$$(8) \qquad p=\cot g\, a.\operatorname{sen} b \quad , \quad q=\cos a.\operatorname{sen} b$$

si giunge a scrivere le equazioni dell'elica cilindro-conica sotto la forma

$$(8) \qquad x=qs\cos\omega \quad , \quad x=qs\operatorname{sen}\omega \quad , \quad z=s\cos a\cos b\,,$$

s avendo il valore (6'); ce ne serviremo per stabilirne alcune proprietà importanti.

A tale scopo deduciamone:

$$x'=q\left(\cos\omega-\frac{1}{p}\operatorname{sen}\omega\right)\,,$$

$$y'=q\left(\operatorname{sen}\omega+\frac{1}{p}\cos\omega\right)\,,\quad z'=\cos a\cos b$$

e notiamo che in conseguenza l'equazione generale della tangente è:

$$\frac{X-qs\cos\omega}{q\left(\cos\omega-\frac{1}{p}\operatorname{sen}\omega\right)}=\frac{Y-qs\operatorname{sen}\omega}{q\left(\operatorname{sen}\omega+\frac{1}{p}\cos\omega\right)}=\frac{z-s\cos a\cos b}{\cos a\cos b}\,,$$

---

1) Questa curva venne da noi già incontrata nella chiusa del § 2 del presente Capitolo (p. 143).

le coordinate della traccia sul piano xy di tale retta sono

$$x_1 = \frac{qs}{p} \operatorname{sen} \omega \quad , \quad y_1 = -\frac{qs}{p} \cos \omega ;$$

perciò

$$\sqrt{x_1^2 + y_1^2} = \frac{q}{p} s = l \frac{\cos^2 a}{\operatorname{sen} a \cos b} e^{\frac{\operatorname{sen} b}{\operatorname{tg} a} \omega} ;$$

questa equazione dimostra che *il luogo geometrico delle tracce delle tangenti all'elica cilindro-conica sul piano condotto dal vertice del cono perpendicolarmente all'asse è una spirale logaritmica identica a quella in cui quella curva si proietta ortogonalmente sullo stesso piano ed avente lo stesso polo.*

Differenziando nuovamente si trova:

$$x'' = -\frac{q}{ps}\left(\operatorname{sen} \omega + \frac{1}{p} \cos \omega\right),$$

$$y'' = \frac{q}{ps}\left(\cos \omega - \frac{1}{p} \operatorname{sen} \omega\right) \quad , \quad z'' = 0 .$$

Perciò il raggio di curvatura dell'elica cilindro-conica è dato dalla formola:

(10) $$r = \frac{ps}{\sqrt{1 - \cos^2 a \cos^2 b}} \text{ [1]} ;$$

[1] Detta i l' inclinazione costante delle tangenti all'elica sulle generatrici del corrispondente cilindro si può scrivere

$$r = \frac{f(\omega)}{\operatorname{sen} a . \operatorname{sen} i} .$$

Ma il raggio di curvatura R, del cono dato nel punto considerato è dato da

$$R_1 = \frac{f(\omega)}{\cos b} ;$$

perciò

$$r = \frac{R_1 \cos b}{\operatorname{sen} a . \operatorname{sen} i} ,$$

espressione diversa da altra enunciata da T. Olivier.

mentre le coordinate del centro di curvatura hanno le seguenti espressioni:

$$\left\{\begin{aligned} &x_1 = ps \cos\omega \left\{ \operatorname{sen} a - \frac{1}{p(1 \cos^2 a \cos^2 b)} \right\} - \frac{ps}{1 - \cos^2 a \cos^2 b} \operatorname{sen}\omega \\ &y_1 = ps \cos\omega \frac{1}{1 - \cos^2 a \cos^2 b} + \operatorname{sen}\omega \left\{ \operatorname{sen} a - \frac{1}{p(1 - \cos^2 a \cos^2 b)} \right\} \\ &z' = s \cos a \cos b \,. \end{aligned}\right.$$

Ora se poniamo, come è sempre lecito:

$$\operatorname{sen} a - \frac{1}{p(1 - \cos^2 a \cos^2 b)} = l \cos\theta \;, \quad \frac{1}{1 - \cos^2 a \cos^2 b} = l \operatorname{sen}\theta$$

si può scrivere più semplicemente

$$\left\{\begin{aligned} &x_1 = pls(\cos\omega \cos\theta - \operatorname{sen}\omega \operatorname{sen}\theta) \\ &y_1 = pls(\cos\omega \operatorname{sen}\theta + \operatorname{sen}\omega \cos\theta) \\ &z_1 = s \cos a \cos b \,; \end{aligned}\right.$$

e se si esegue la trasformazione di coordinate determinata dalle formole:

$$X_1 = x_1 \cos\theta + y_1 \operatorname{sen}\theta \;, \quad Y_1 = -x_1 \operatorname{sen}\theta + y_1 \cos\theta \;, \quad Z_1 = z_1$$

le stesse divengono:

$$X_1 = pls \cos\omega \;, \quad Y_1 = pls \operatorname{sen}\omega \;, \quad Z_1 = s \cos a . \cos b \,,$$

e queste, paragonate alle (9), portano a concludere che: *l'evoluta d'un'elica cilindro-conica è una curva identica alla curva data* [1]).

A questo esempio di riproduzione della curva che stiamo studiando se ne possono aggiungere altri, i quali ne rivelano una certa analogia con la spirale logaritmica [2]). Per stabilire queste

---

1) A. Tissot, *Sur les hélices* (Nouv. Ann. de Mathém., T. XI, 1852, p. 454-57). Il teorema stabilito è in accordo col risultato esposto in fine del § 2 del presente Capitolo (p. 143).

2) Cfr. G. Loria, *Spez. alg. und transsc. ebene Kurven,* II Aufl., T. II (Leipzig, 1911) p. 67.

nuove prerogative dell'elica cilindro-conica riprendiamo le equazioni (4), cioè

$$x=f\cos\omega\ ,\ y=f\,\mathrm{sen}\,\omega\ ,\ z=l-\mathrm{cotg}\,b.f(\omega)$$

e ricordiamo che

$$f(\omega)=Re^{\frac{\mathrm{sen}\,b}{\mathrm{tg}\,a}\omega}$$

Differenziando si trova:

$$\frac{dx}{d\omega}=f(\omega)\left(\frac{\mathrm{sen}\,b.\cos\omega}{\mathrm{tg}\,a}-\mathrm{sen}\,\omega\right),$$

$$\frac{dy}{d\omega}=f(\omega)\left(\frac{\mathrm{sen}\,b.\,\mathrm{sen}\,\omega}{\mathrm{tg}\,a}+\cos\omega\right),$$

$$\frac{dz}{d\omega}=-\frac{\cos b}{\mathrm{tg}\,a}f(\omega)\ ,\ \frac{ds}{d\omega}=\frac{f(\omega)}{\mathrm{sen}\,a};$$

donde le seguenti espressioni per i coseni di direzione della tangente:

(11) $$\alpha=\cos a\,(\mathrm{sen}\,b\cos\omega-\mathrm{tg}\,a.\mathrm{sen}\,\omega)\ ,$$

$$\beta=\cos a\,(\mathrm{sen}\,b\,\mathrm{sen}\,\omega+\mathrm{tg}\,a.\cos\omega)\ ,\ \gamma=-\cos a.\cos b\,.$$

Il cilindro proiettante la curva sul piano xy ha per equazione

$$x^2+y^2-R^2e^{2\frac{\mathrm{sen}\,b}{\mathrm{tg}\,a}\,\mathrm{arc\,tg}\,\frac{y}{x}}=0\,;$$

scriviamo l'equazione del suo piano tangente e deduciamone quelle della normale; ora questa non differisce dalla normale principale all'elica cilindro-conica dal momento che questa è geodetica di quel cilindro [1]) ciò prova che i coseni di direzione della normale principale sono espressi come segue:

(12) $$\xi=\frac{\mathrm{tg}\,a.\cos\omega+\mathrm{sen}\,b.\mathrm{sen}\,\omega}{\sqrt{\mathrm{tg}^2 a+\mathrm{sen}^2 b}},$$

$$\eta=\frac{\mathrm{tg}\,a.\mathrm{sen}\,\omega-\mathrm{sen}\,b.\cos\omega}{\sqrt{\mathrm{tg}^2 a+\mathrm{sen}^2 b}}\ ,\ \zeta=0$$

---

[1]) Il piano rettificante in un punto di una curva qualunque è perpendicolare alla normale principale; onde, per l'elica cilindro-conica, coincide col piano tangente al cilindro proiettante la curva sul piano xy; dunque *tale cilindro rappresenta la sviluppabile rettificante di detta curva.*

o, se meglio piace,

(12′)

$$\xi=\frac{\alpha}{\cos a\sqrt{\operatorname{tg}^2 a+\operatorname{sen}^2 b}}\,,\quad \eta=-\frac{\beta}{\cos a\sqrt{\operatorname{tg}^2 a+\operatorname{sen}^2 b}}\,,\quad \zeta=0\,.$$

Servendosi di questi risultati si arriva alle seguenti espressioni per i coseni di direzione della binormale:

(13)
$$\lambda=\frac{\cos a.\cos b(\operatorname{sen} b\cos\omega-\operatorname{tg} a\operatorname{sen}\omega)}{\sqrt{\operatorname{tg}^2 a+\operatorname{sen}^2 b}}$$

$$\mu=\frac{\cos a.\cos b(\operatorname{sen} b.\operatorname{sen}\omega+\operatorname{tg} a.\cos\omega}{\sqrt{\operatorname{tg}^2 a+\operatorname{sen}^2 b}}\,,\quad \nu=\cos a\sqrt{\operatorname{tg}^2 a+\operatorname{sen}^2 b}.$$

Le equazioni della tangente in un punto qualunque dell'elica sono

$$\frac{x-f(\omega)\operatorname{sen}\omega}{\operatorname{sen} b\cos\omega-\operatorname{tg} a.\operatorname{sen}\omega}=\frac{y-f(\omega)\cos\omega}{\operatorname{sen} b\operatorname{sen}\omega+\operatorname{tg} a\cos\omega}=$$

$$=\frac{z-l+f(\omega)\operatorname{cotg} b}{-\cos b}\,;$$

perciò il piano condotto dal vertice del dato cono perpendicolarmente alla tangente ha per equazione:

$$x(\operatorname{sen} b.\cos\omega-\operatorname{tg} a.\operatorname{sen}\omega)+$$

$$+\,y(\operatorname{sen} b\operatorname{sen} a+\operatorname{tg} a.\cos\omega)+(l-z)\cos b=0$$

epperò incontra la tangente nel punto di coordinate:

(14)
$$\begin{cases} x=\dfrac{\operatorname{sen}^2 a}{\operatorname{sen} b}f(\omega)(\cos\omega\operatorname{sen} b+\operatorname{sen}\omega.\operatorname{cotg} a)\\[2ex] y=\dfrac{\operatorname{sen}^2 a}{\operatorname{sen} b}f(\omega)(\operatorname{sen}\omega.\operatorname{sen} b-\cos\omega.\operatorname{cotg} a)\\[2ex] z=l-\dfrac{\operatorname{sen}^2 a}{\operatorname{tg} b}f(\omega)\,. \end{cases}$$

Queste equazioni rappresentano (v. Vol. I, p. 33), al variare di ω la podaria del vertice del cono rispetto alle tangenti dell'elica [1]). Per determinarne la natura eseguiamo la trasformazione di coordinate determinata dalle formole

$$x_1 = \frac{\operatorname{cotg} a}{\sqrt{\operatorname{cotg}^2 a + \operatorname{sen}^2 b}}\, x + \frac{\operatorname{sen} b}{\sqrt{\operatorname{cotg}^2 a + \operatorname{sen}^2 b}}\, y,$$

$$y_1 = \frac{\operatorname{sen} b}{\sqrt{\operatorname{cotg}^2 a + \operatorname{sen}^2 b}} - \frac{\operatorname{cotg} a}{\sqrt{\operatorname{cotg}^2 a + \operatorname{sen}^2 b}}\, y,$$

$$z_1 = z;$$

potremo allora sostituire le (14) con le formole:

$$(14') \quad \begin{cases} x_1 = \dfrac{\operatorname{sen}^2 a \sqrt{\operatorname{cotg}^2 a + \operatorname{sen}^2 b}}{\operatorname{sen} b} f(\omega) \cos \omega \\[2ex] y_1 = \dfrac{\operatorname{sen}^2 a \sqrt{\operatorname{cotg}^2 a + \operatorname{sen}^2 b}}{\operatorname{sen} b} f(\omega) \operatorname{sen} \omega \\[2ex] z_1 = l - \dfrac{\operatorname{sen}^2 a}{\operatorname{tg} b} f(\omega). \end{cases}$$

Paragonando queste alle altre formole che rappresentano la data curva si ha il mezzo per concludere che *la podaria del vertice di un cono rispetto alle tangenti di un'elica cilindro-conica appartenente allo stesso è una curva della stessa specie della data.*

Lasciamo al lettore di determinare tutti gli elementi caratteristici della nuova curva.

In modo analogo si dimostra che *sono eliche cilindro-coniche anche le podarie del vertice del dato cono rispetto alle normali principali, alle binormali ed ai piani normali della curva.*

Invece *la podaria dello stesso punto rispetto ai piani rettificanti è una spirale logaritmica*; infatti l'inviluppo dei piani rettificanti è il cilindro proiettante ortogonalmente l'elica; perciò

---

[1]) La distanza del vertice del cono dal punto di coordinate (14) si trova facilmente essere espressa come segue: $\dfrac{\operatorname{sen} a}{\operatorname{sen} b} f(\omega)$. Siccome questo non è una quantità costante, così le tangenti dell'elica *non* sono tutte tangenti ad una sfera avente per centro il vertice del cono, come asserì l'Olivier (*Développements de géom. descriptive,* Paris, 1843, p. 30), il quale attribuì all'elica del cilindro circolare una proprietà che vedremo appartenere alle geodetiche di tutti i coni (v. il § 1 della Sez. E del presente Capitolo).

l'anzidetta podaria non differisce da quella del vertice rispetto alla sezione retta di quel cilindro condotta per il vertice stesso; e siccome tale sezione retta è una spirale logaritmica, così, grazie ad una nota proprietà di questa curva, si conclude secondo l'enunciato precedente.

L'equazione generale dell'osculatore è:

$$\left.\begin{aligned}&(x-f(\omega)\cos\omega)\cos b\,(\operatorname{sen} b\cos\omega-\operatorname{tg} a\operatorname{sen}\omega)+\\&(y-f(\omega)\operatorname{sen}\omega)\cos b\,(\operatorname{sen} b\operatorname{sen}\omega+\operatorname{tg} a\cos\omega)+\\&+(z-l+f(\omega)\operatorname{cotg} l)(\operatorname{tg}^2 a+\operatorname{sen}^2 b)=0\,;\end{aligned}\right\}\qquad(15)$$

in conseguenza la sua distanza dal vertice del cono è proporzionale a $f(\omega)$; perciò non è costante nè si annulla mai; onde i piani osculatori dell'elica cilindro-conica non sono tutti tangenti ad una sfera concentrica al dato cono e tra essi nessuno passa per il vertice [1]).

Lo spazio di cui disponiamo non consentendoci di intrattenerci più a lungo sopra la curva in questione (la quale potrebbe dar materia a molti altri sviluppi [2])) chiuderemo il presente paragrafo mostrando come essa risolva il seguente problema proposto a p. 166 del T. XVII delle *Annales de Mathématiques* [3]): Trovare in un cono circolare retto una curva tale che una delle sue evolventi filari sia situata nel piano condotto dal vertice parallelamente alla base.

La curva cercata avrà una rappresentazione analitica del seguente tipo:

$$x=f(\omega)\cos\omega\;,\;\; y=f(\omega)\operatorname{sen}\omega\;,\;\; z=l-\frac{l}{R}f(\omega)$$

$f(\omega)$ essendo una funzione da determinare; ricordiamo poi che tutte le evolventi filari di essa hanno equazioni della forma:

$$x_1=x+\alpha(k-s)\;,\;\; y_1=y+\beta(k-s)\;,\;\; z_1=z+\gamma(k-s)\,.$$

---

1) Da una formola stabilita nella nota a pag. 154 risulta che per il vertice del cono non passa neppure alcuna tangente dell'elica in esame.

2) Per alcune altre proprietà si ricorra alla memoria di G. Pirondini, *Sur quelques lignes lieés à l'élice cylindrique* (J. f. r. u. a. Mathem., T. CXXI, 1900, p. 245-264).

3) Cfr. E. Jubé, *Sur le développement d'une spirale conique* (Nouv. Ann. de Mathém., T. IV, 1845, p. 454-56).

Per le condizioni del problema dovrà esistere un valore della costante k tale che sia $z=l$, cioè

$$l=l-\frac{l}{R}f(\omega)+\gamma(k-s)$$

e questa è l'equazione del problema. Ora si ha:

$$\frac{dx}{d\omega}=f'\cos\omega-f\operatorname{sen}\omega\ ,\quad \frac{dy}{d\omega}=f'\operatorname{sen}\omega+f\cos\omega\ ,\quad \frac{dz}{d\omega}=-\frac{l}{R}f'$$

$$\frac{ds}{d\omega}=\sqrt{\frac{l^2+R^2}{R^2}f'^2+f^2}\ ,\quad \gamma=-\frac{l}{R}f':\sqrt{\frac{l^2+R^2}{R^2}f'^2+f^2}\,.$$

Perciò quell'equazione di condizione, dopo qualche semplice trasformazione, diviene

$$f=\frac{(s-k)f'}{\frac{ds}{d\omega}}$$

ossia

$$\frac{df}{f}=\frac{ds}{s-k}\,.$$

Se ne trae

$$f=c(s-k)$$

c essendo una costante arbitraria. Ora questa dà

$$f'^2=c^2\left(\frac{ds}{d\omega}\right)^2=c^2\left(\frac{l^2+R^2}{R^2}f'^2+f^2\right)\,.$$

epperò

$$\frac{f'}{f}=\frac{cR}{\sqrt{R^2-c^2(l^2+R^2)}}\,.$$

Indicando con m il secondo membro e con n un'altra costante introdotta dall'integrazione, si trova facilmente

$$f(\omega)=ne^{m\omega}\,.$$

La proiezione della curva cercata sulla base del dato cono è pertanto una spirale logaritmica; la curva stessa è in conseguenza un'elica cilindro-conica, come erasi annunciato.

§ 5. *Digressione sopra una curva con un punto asintotico.*

La genesi dell'elica cilindrica e dell'elica cilindro-conica ha condotto [1]) a considerare *il luogo Γ delle posizioni assunte da un punto* P, *mobile nello spazio con la condizione che le sue distanze da una retta fissa e da un piano fisso ad essa perpendicolare siano inversamente proporzionali all'ampiezza della rotazione eseguita dal punto mobile attorno all'asse fisso.* Per trovare una conveniente rappresentazione analitica di tale curva assumiamo la retta fissa come asse delle z, come piano xy il piano fisso e come piano xz quello passante per la posizione del mobile. Dette a, b due date costanti, M e N le proiezioni del punto dato sull'asse Oz e sul piano xOy, finalmente ω l'angolo NOx, si avrà:

$$ON.\omega=a \ , \ PN.\omega=b$$
$$x=ON.\cos\omega \ , \ y=ON.\operatorname{sen}\omega \ , \ z=PN ,$$

onde come equazioni della curva si possano assumere le seguenti:

(1) $$x=\frac{a}{\omega}\cos\omega \ , \ y=\frac{a}{\omega}\operatorname{sen}\omega \ , \ z=\frac{b}{\omega} .$$

Siccome da queste si trae:

(2) $$x^2+y^2=\frac{a^2}{b^2}z^2 ,$$

così *la curva Γ appartiene ad un cono circolare di vertice* O *e asse* Oz. E poichè dalle stesse si trae

$$\sqrt{x^2+y^2}=\frac{a}{\omega} \ , \ \frac{y}{x}=\operatorname{tg}\omega$$

risulta che l'equazione polare della proiezione ortogonale di Γ sul piano xy è

(3) $$\varrho\omega=a ,$$

onde la proiezione stessa è una spirale iperbolica.

---

1) F. Schiffner, *Ueber eine Raumcurve mit einem asymptotischen Punkt, und deren Tangentenfläche* (Arch. f. Math. u. Phys., T. LXVII, 1882, p. 207-14).

Differenziando le (1) si trova

$$\frac{dx}{d\omega} = -\frac{a}{\omega}\,\mathrm{sen}\,\omega - \frac{a\cos\omega}{\omega^2},$$

$$\frac{dy}{d\omega} = \frac{a}{\omega}\cos\omega - \frac{a\,\mathrm{sen}\,\omega}{\omega^2}, \quad \frac{dz}{d\omega} = -\frac{b}{\omega^2}$$

e quindi

$$(4) \qquad \frac{ds}{d\omega} = \frac{\sqrt{(a^2+b^2)+a^2\omega^2}}{\omega^2};$$

perciò, applicando note formole d'integrazione [1]), si ottiene

$$(5) \quad s = -\frac{\sqrt{(a^2+b^2)+a^2\omega^2}}{\omega} + a\log\left\{a\omega + \sqrt{(a^2+b^2)+a^2\omega^2}\right\} + \mathrm{cost}.$$

S'immagini di svolgere su di un piano il cono rotondo al quale appartiene la curva Γ e di riferire la curva trasformata ad un sistema di coordinate polari ϱ, θ col polo in O; sarà evidentemente $\varrho = OP$ ossia, per le (1),

$$(6) \qquad \varrho = \frac{\sqrt{a^2+b^2}}{\omega}.$$

D'altronde gli archi elementari essendo invarianti di sviluppo si avrà:

$$d\varrho^2 + \varrho^2 d\theta^2 = \left(\frac{ds}{d\omega}\right)^2 d\omega^2$$

onde per le (4), (6)

$$(7) \qquad \theta = \frac{a\omega}{\sqrt{a^2+b^2}} + c,$$

c essendo una costante arbitraria. Ora eliminando ω fra le (6), (7) si trova

$$(8) \qquad \varrho(\theta - c) = a;$$

ciò prova che *la curva Γ si sviluppa in una spirale iperbolica identica alla proiezione ortogonale di quella curva.*

---

1) Schlömilch, *Uebungsbuch zum Studium der höheren Analysis*, II Tl., (Leipzig, 1875) p. 22-23.

La tangente in un punto arbitrario della curva Γ può rappresentarsi mediante il sistema

$$\begin{Vmatrix} x & y & z & 1 \\ a\cos\omega & a\,\mathrm{sen}\,\omega & b & \omega \\ -a\,\mathrm{sen}\,\omega & a\cos\omega & 0 & 1 \end{Vmatrix} = 0$$

ovvero con le due equazioni:

$$(9)\qquad \begin{cases} x = \dfrac{az}{b}(\cos\omega + \omega\,\mathrm{sen}\,\omega) - a\,\mathrm{sen}\,\omega \\ y = \dfrac{az}{b}(\mathrm{sen}\,\omega - \omega\cos\omega) + a\cos\omega\,; \end{cases}$$

facendo ivi $z=0$ si trova

$$x = -a\,\mathrm{sen}\,\omega \;,\; y = a\cos\omega\,,$$

relazioni che dimostrano *essere una circonferenza di centro* O *e raggio* a *il luogo geometrico delle tracce delle tangenti della curva* Γ *sul piano* xy.

L'equazione generale dell'osculatore è

$$\begin{vmatrix} x & y & z & 1 \\ a\cos\omega & a\,\mathrm{sen}\,\omega & b & \omega \\ -a\,\mathrm{sen}\,\omega & a\cos\omega & 0 & 1 \\ -a\cos\omega & -a\,\mathrm{sen}\,\omega & 0 & 0 \end{vmatrix} = 0$$

cioè

$$(10)\quad \frac{x}{a}(\omega\cos\omega - \mathrm{sen}\,\omega) + \frac{y}{a}(\omega\,\mathrm{sen}\,\omega + \cos\omega) + \frac{z\omega}{b} - 1 = 0\,.$$

Facendo tendere ω a ∞ le (1) mostrano che x, y, z tendono a 0; perciò l'*origine è un punto asintotico della curva* Γ; le stesse equazioni provano che

$$\lim_{\omega=0} x = \infty \;,\; \lim_{\omega=0} y = a \;,\; \lim_{\omega=0} z = \infty$$

onde si ha un punto all'infinito della curva; dalle (9) emerge che il corrispondente asintoto è la retta

$$\frac{x}{a} = \frac{z}{b}, \quad y = a \tag{11}$$

mentre dalla (10) si desume che

$$y = a$$

è il corrispondente piano asintotico. *La curva Γ è esente da piani stazionari.*

Applicando note formole si ottengono le seguenti espressioni per i raggi di curvatura e torsione:

$$r = \frac{[(a^2 + b^2) + a^2\omega^2]^{\frac{3}{2}}}{a\omega^3(a^2\omega^2 + 4b^2)} \tag{12}$$

$$\varrho = \frac{\omega^2(a^2\omega^2 + 4b^2)}{b}. \tag{13}$$

Eliminando ω si ottiene un'equazione algebrica fra r e ϱ; dunque *una delle equazioni intrinseche della curva in questione è algebrica.*

§ 6. *Altre eliche cilindro-coniche. Eliche biconiche.*

Oltre la curva di cui si è parlato nel § 4, esistono curve che siano traiettorie oblique delle generatrici sia di un cono che di un cilindro? Tale questione, enunciata da A. Enneper sino dal 1866 venne da lui completamente risoluta nel 1882 [1]), mediante il seguente

Teorema. *Se Γ è una curva situata sulla superficie generata dalla rotazione di una ellisse o di una iperbole attorno al proprio asse focale e le cui tangenti formano angolo costante con l'asse della superficie, essa taglierà sotto angolo costante anche le generatrici del cono che la proietta da uno dei fuochi della curva*

---

1) *Zur Theorie der Kurven doppelter Krümmung* (Math. Ann., T. XIX, p. 72-83).

generatrice; la sua proiezione ortogonale su un piano perpendicolare all'asse è un'epicicloide [1]).

Per verificare l'esattezza di questa proposizione [2]) si consideri l'epicicloide rappresentata analiticamente come segue:

$$x + iy = (R + r - re^{i\psi})e^{i\varphi}$$

nell' ipotesi

(2) $$R\varphi = r\psi .$$

Chiamiamone σ l'arco; essendo

$$\frac{dx \pm idy}{\pm id\varphi} = (R + r) \left\{ e^{\pm i\varphi} - e^{\pm i \frac{R+r}{r}\varphi} \right\}$$

si ha

$$\left(\frac{d\sigma}{d\varphi}\right)^2 = 2(R + r)^2 \left\{ 1 - \cos\frac{R\varphi}{r} \right\}$$

ossia

(3) $$\frac{d\sigma}{d\varphi} = \frac{2r(R + r)}{R} \operatorname{sen}\frac{\psi}{2} .$$

Supponiamo poi che quell'epicicloide sia base di un cilindro le cui generatrici siano tagliate dalla curva Γ sotto l'angolo costante ω; sarà quindi

(4) $$\frac{dz}{d\sigma} = \operatorname{cotg}\omega = k$$

epperò

$$dz = \frac{2r(R + r)}{R} k \operatorname{sen}\frac{\psi}{2} .$$

Integrando, scegliendo convenientemente la costante d' integrazione e ponendo per brevità

(5) $$S = \frac{2r(R + r)k}{R}$$

---

1) Un teorema analogo sussiste per la superficie generata da una parabola; la proiezione ortogonale è allora un'evolvente di circolo.

2) Il seguente metodo di esposizione fu proposto da M. Lerch in un articolo *Su alcune curve gobbe* (Caropis pro pestovani mathem. fys., T. XLIV, 1914, p. 1-15), di cui l'autore stesso mi favorì una versione francese.

si conclude

$$z = -2S\cos\frac{\psi}{2}\,. \tag{6}$$

La curva Γ è rappresentata dalle equazioni (1), (6).

Ora le (1) dànno

$$x^2 + y^2 = (R+r)^2 + r^2 - 2(R+r)r\cos\psi\,;$$

onde eliminando ψ con l'aiuto della (6) si ottiene:

$$\frac{x^2+y^2}{a^2} + \frac{z^2}{b^2} = 1 \tag{7}$$

avendo posto per brevità:

$$\left\{\begin{aligned} a &= R + 2r \\ b &= \frac{2k}{R}\sqrt{r(R+r)}\,. \end{aligned}\right. \tag{8}$$

Ciò prova che l'elica considerata appartiene all'ellissoide di rotazione rappresentato dall'equazione (7).

Proiettiamo ora la curva da un punto arbitrario dell'asse Oz, p. es. dal punto $F(0\,,0\,,l)$. I coseni degli angoli formati con gli assi coordinati della retta FM, passante per un punto qualunque M di detta curva sono espressi come segue:

$$\frac{x}{\sqrt{\Phi}}\;,\quad \frac{y}{\sqrt{\Phi}}\;,\quad \frac{z-l}{\sqrt{\Phi}}$$

avendo posto per brevità

$$\Phi = x^2 + y^2 + (z-l)^2\,. \tag{9}$$

D'altronde gli angoli $\alpha\,,\beta\,,\gamma$ della tangente dell'elica considerata con gli assi sono espressi da

$$\frac{dx}{d\sigma}\operatorname{sen}\omega\;,\quad \frac{dy}{d\sigma}\operatorname{sen}\omega\;,\quad \cos\omega\,.$$

Detto, quindi, θ l'angolo di questa tangente con la retta FM si ha:

$$\cos\theta = \frac{\left(x\dfrac{dx}{d\sigma} + y\dfrac{dy}{d\sigma}\right)\operatorname{sen}\omega + (z-l)\cos\omega}{\sqrt{\Phi}}\,,$$

ossia

$$\frac{\cos\theta}{\operatorname{sen}\omega}=\frac{\frac{1}{2}\frac{d(x^2+y^2)}{d\sigma}+k(z-l)}{\sqrt{\Phi}}.$$

Ma

$$\frac{1}{2}\frac{d(x^2+y^2)}{d\sigma}=\frac{1}{2}\frac{d(x^2+y^2)}{d\psi}\frac{d\psi}{d\sigma}=R\cos\frac{\psi}{2}$$

dunque:

$$\frac{\cos\theta}{\operatorname{sen}\omega}=\frac{\cos\frac{\psi}{2}\left[R-\frac{4r(R+r)}{R}k^2\right]-kl}{\sqrt{\Phi}},$$

ossia

$$\frac{\cos\theta}{\operatorname{sen}\omega}=\frac{P\cos\frac{\psi}{2}-kl}{\sqrt{\Phi}} \tag{10}$$

avendo posto

$$P=R-\frac{4r(R+r)}{R}k^2. \tag{11}$$

Ma, ricordando il valore trovato di x^2+y^2, si ottiene

$$\Phi=A\cos^2\frac{\psi}{2}+2B\cos\frac{\psi}{2}+C \tag{12}$$

ove

$$\left\{\begin{aligned} A&=16k^2\frac{r^2(R+r)^2}{R^2}-4r(R+r),\\ B&=\frac{4r(R+r)kl}{R},\\ C&=(R+2r)^2+l^2 \end{aligned}\right. \tag{13}$$

Φ è dunque una funzione quadratica di $\cos\frac{\psi}{2}$; essa diviene un quadrato perfetto se l si sceglie in modo che risulti

$$B^2-AC=0, \tag{14}$$

cioè

$$l^2=(R+2r)^2\left\{\frac{4k^2r(R+r)}{R^2}-1\right\} \tag{15}$$

siccome questa si può scrivere

$$l^2=b^2-a^2$$

così il punto F è uno dei fuochi dell'ellisse considerata.

Essendo ora $C=B^2:A$ la (11) dà

$$\sqrt{\Phi}=\frac{A\cos\frac{\psi}{2}+B}{\sqrt{A}}$$

e la (10) diviene:

$$\frac{\cos\theta}{\operatorname{sen}\omega}=\frac{P\cos\frac{\psi}{2}-kl}{A\cos\frac{\psi}{2}+B}\sqrt{A}.$$

Ma

$$PB+Akl=0$$

onde questa relazione si semplifica e diviene

$$\frac{\cos\theta}{\operatorname{sen}\omega}=-\frac{kl\sqrt{A}}{B}$$

o (per essere $k=\operatorname{cotg}\omega$)

$$(15)\qquad \frac{\cos\theta}{\cos\omega}=-\frac{l\sqrt{A}}{B}.$$

Questa relazione prova che anche θ è costante, onde la curva considerata è un'elica anche rispetto a ciascuno dei due coni che la proiettano dai due fuochi della conica generatrice: è dunque un'*elica biconica*.

Questo fatto suggerì la questione generale se esistono curve che siano eliche di due coni. Per risolverla [1]) si assume come origine il vertice di uno dei due coni e per asse della z la retta che unisce i due vertici. Detta l la distanza fra questi, siccome dopo gli svolgimenti dei coni su un piano l'ipotetica elica si

---

[1]) G. Pirondini, *Sur les trajectoires isogonales des génératrices d'une surface développable* (Journ. f. r. n. a. Mathem., T. CXVIII, 1897, p. 61-73).

trasforma in due spirali logaritmiche, così sussisteranno le seguenti relazioni:

$$\sqrt{x^2 + y^2 + z^2} = s \cos i \tag{16}$$

$$\sqrt{x^2 + y^2 + (z - l)^2} = s \cos j - m \tag{17}$$

s essendo l'arco della curva, i e j le inclinazioni di essa sulle generatrici dei due coni e m una costante. Eliminando fra le (16), (17) il trinomio $x^2 + y^2 + z^2$ e ponendo per brevità

$$a = \frac{\cos^2 i - \cos^2 j}{2k}, \quad b = \frac{m \cos i}{2k}, \quad c = \frac{m^2 - k^2}{2k}$$

si ottiene:

$$z = as^2 + 2bs - c. \tag{18}$$

Eliminando poi z fra le (16), (18) e ponendo $u = \sqrt{x^2 + y^2}$, si trova

$$u = \sqrt{s^2 \cos^2 i - (as^2 + 2bs - c)^2}$$

e questa, combinata alla (18), porge la soluzione del problema. Da queste formole si può dedurre che:

1) Se si svolge su un piano il cilindro che proietta la trovata elica biconica parallelamente alla congiungente i vertici, la curva si muta in una cicloide.

2) Se si fa ruotare la stessa elica attorno alla congiungente i vertici dei due coni si ottiene una superficie di quart'ordine, fatto importante perchè dimostra che la curva, benchè trascendente, appartiene ad una superficie algebrica [1])

---

[1]) Notiamo che alla categoria delle eliche cilindro-coniche appartiene anche l'intersezione del cono ellittico

$$z^2 = \frac{4}{3} \mu^2 x^2 + \mu^2 y^2$$

col cilindro parabolico

$$z = 2\mu \sqrt{ax} + \mu y,$$

curva che trovasi studiata nella memoria di Huth, *Kurven konstanter Steigung auf gegebenen Flächen* (Progr. Realschule zur Stollberg i. E. 1893).

§ 7. *Digressione sulla spirale conica.*

Fra le eliche venne erroneamente annoverata una curva la cui genesi presenta una spiccata analogia con quella dell'ordinaria elica cilindrica. È il luogo geometrico delle posizioni occupate da un punto che percorre uniformemente una generatrice di un cono retto partendo dal suo vertice, mentre tale generatrice ruota uniformemente attorno all'asse; la diremo *spirale conica*. Essa s'incontra in un lavoro di B. Pascal [1]) e poi in altri scritti che videro la luce nel corso del secolo XVIII [2]).

Indipendentemente da questi (a quanto sembra) fu concepita da un professore dell'Università di Varsavia, H. Garbinski, il quale occupandosi della costruzione della tangente [3]), ne diede una rappresentazione grafica (metodo di Monge) e notò che si proietta ortogonalmente sulla base del cono secondo una spirale d'Archimede e che sta su un'elicoide-conoide coassiale al dato cono. Così egli richiamò l'attenzione dei geometri sopra una curva notevole [4]) e di data antichissima, perchè, come rilevò M. Chasles [5]), era nota ai geometri greci, i quali, prima del Garbinski, notarono che per essa passa un'elicoide-conoide.

La definizione surriferita della spirale conica mostra subito che la sua proiezione ortogonale è una spirale d'Archimede; sia questa rappresentata dall'equazione polare

$$\varrho = a\omega\,;$$

1) *Oeuvres de B. Pascal*, T. V (La Haye, 1779) p. 422.

2) Cfr. una lettera di T. Ceva a G. Grandi, da questo pubblicata in appendice dal noto opuscolo *Geom. demonstratio theorematum Hugenianorum* (Flor. 1701) e il terzo dei *Trattenimenti matematici* di G. B. Suardi (Brescia, 1764).

3) *Méthode graphique pour les tangents à la spirale conique* (Ann. de Math. T. XVI, 1826, p. 167-172).

4) Cfr. Annales de Mathém. T. XVI, p. 327 e XVII, p. 159, 166, 349).

5) *Aperçu historique etc.* II éd. (Paris, 1875) p. 32; ivi a pagg. 297 e segg. importanti sviluppi dottrinali.

siano poi r il raggio della base e l l'altezza del cono; questo potrà allora rappresentarsi come segue:

$$\frac{\varrho}{r}+\frac{z}{l}=1;$$

emerge da ciò che la curva in questione ammette la seguente rappresentazione parametrica:

$$(1) \qquad x=a\omega\cos\omega \;,\; y=a\omega\operatorname{sen}\omega \;,\; z=l-\frac{al\omega}{r}.$$

Supponendo che il punto mobile arrivi sul piano xy dopo avere compiuto un intero avvolgimento attorno al cono, a $\omega=2\pi$ deve corrispondere $z=0$ il che esige sia

$$(2) \qquad a=\frac{r}{2\pi}.$$

Posto similmente

$$(3) \qquad m=\frac{l}{2\pi}$$

scriveremo le (1) come segue:

$$(1') \qquad x=a\omega\cos\omega \;,\; y=a\omega\operatorname{sen}\omega \;,\; z=2\pi m-m\omega.$$

Da queste si trae:

$$\frac{y}{x}=\operatorname{tg}\omega \quad , \quad \omega=2\pi-\frac{z}{m},$$

onde

$$(4) \qquad \frac{y}{x}+\operatorname{tg}\frac{z}{m}=0,$$

equazione che rappresenta l'elicoide-conoide contenente la curva. Le stesse (1') dànno:

$$\frac{dx}{d\omega}=a(\cos\omega-\omega\operatorname{sen}\omega) \;,\; \frac{dy}{d\omega}=a(\operatorname{sen}\omega+\omega\cos\omega) \;,\; \frac{dz}{d\omega}=-m;$$

perciò l'equazione della tangente si scrive

$$(5)\qquad \frac{x-a\omega\cos\omega}{\cos\dot\omega-\omega\,\mathrm{sen}\,\dot\omega}=\frac{y-a\omega\,\mathrm{sen}\,\omega}{\mathrm{sen}\,\omega+\dot\omega\cos\omega}=\frac{z-(2\pi m-m\omega)}{\frac{-m}{a}},$$

epperò

(6)

$$\alpha=\frac{\cos\omega-\omega\,\mathrm{sen}\,\omega}{\sqrt{1+\omega^2+\frac{m^2}{a^2}}}\ ,\ \beta=\frac{\mathrm{sen}\,\omega+\dot\omega\cos\omega}{\sqrt{1+\omega^2+\frac{m^2}{a^2}}}\ ,\ \gamma=-\frac{m}{a\sqrt{1+\omega^2+\frac{m^2}{a^2}}},$$

onde γ non è costante; si ha ancora

$$\frac{ds}{d\omega}=\sqrt{(a^2+\omega^2)+a^2\dot\omega^2}\,,$$

$$(7)\qquad s=\frac{\omega\sqrt{(a^2+\omega^2)+a^2\omega^2}}{2}-$$

$$+\frac{a^2+m^2}{2a}\log\frac{a\omega+\sqrt{(a^2+m^2)+a^2\dot\omega^2}}{\sqrt{a^2+m^2}}+\mathrm{cost}\,.$$

Fra la curva di cui ci occupiamo e l'ordinaria elica cilindrica sussiste una relazione espressa dal seguente

TEOREMA. *La podaria, rispetto agli osculatori d'un'elica tracciata su un cilindro di rivoluzione, di un punto qualunque dell'asse è una spirale conica.*

DIMOSTRAZIONE. Dell'elica rappresentata dalle formole

$$x=r\,\mathrm{sen}\,\varphi\ ,\ y=r\cos\varphi\ ,\ z=h\varphi$$

l'osculatore generico ha per equazione

$$x\,\mathrm{sen}\,\varphi-y\cos\varphi+\frac{r}{h}(z-h\varphi)=0\,.$$

Perciò le coordinate del piede della perpendicolare calata su di esso dall'origine sono:

$$(8)\qquad x=\frac{h^2r\varphi}{h^2+r^2}\,\mathrm{sen}\,\varphi\ ,\ y=-\frac{h^2r\varphi}{r^2+h^2}\cos\varphi\ ,\ z=\frac{r^2h\varphi}{r^2+h^2}\,.$$

Siccome da queste equazioni si deduce essere

$$x^2 + y^2 - \frac{h^2}{r^2} z^2 = 0 \tag{9}$$

così la curva rappresentata dalle equazioni (8) appartiene al cono circolare retto avente per equazione la (9). Le stesse (8) dànno

$$x^2 + y^2 = \left(\frac{h^2 r\varphi}{h^2 + r^2}\right)^2 \ , \quad \frac{x}{y} = -\operatorname{tg}\varphi \ ;$$

dette quindi ϱ, ω le coordinate polari del punto (x, y) avremo

$$\varrho = \frac{h^2 r\varphi}{h^2 + r^2} \ , \quad \operatorname{cotg}\omega = -\operatorname{tg}\varphi$$

ossia

$$\omega = \varphi - \frac{\pi}{2} \ ;$$

è dunque

$$\varrho = \frac{h^2 r}{h^2 + r^2}\left(\frac{\pi}{2} + \omega\right) ;$$

la proiezione ortogonale della curva (8) sul piano xy è pertanto una spirale d'Archimede; donde il teorema.

Ad una curva analoga si giunge cercando il luogo dei punti simmetrici di un punto dell'asse dell'elica data rispetto agli osculatori della stessa.

§ 8. *L'elica catenoidica.*

E. Catalan propose [1]) nel 1878 lo studio della curva avente la seguente rappresentazione parametrica:

$$x = e^t \ , \quad y = e^{-t} \ , \quad z = t\sqrt{2} \ , \tag{1}$$

asserendo che essa è un'elica relativa ad un cilindro avente per base una catenaria e che la sua proiezione su un certo piano è un'iperbole equilatera.

---

1) Nouvelle Corresp. mathém. T. I, p. 67, Question 28. Il problema non venne risoluto; ma chi lo propose lo illustrò in qualche punto (stesso periodico, T. V, p. 202).

Quest'ultima asserzione si verifica subito perchè dalle (1) si trae $xy=1$, onde il piano anzidetto non è che il piano xy. Eseguendo ora la trasformazione di coordinate determinata dalle formole

$$x_1=\frac{x+y}{\sqrt{2}}\ ,\ y_1=\frac{x-y}{\sqrt{2}}\ ,\ z_1=z\ ,$$

le (1) divengono

$$(2)\qquad x_1=\frac{e^t+e^{-t}}{\sqrt{2}}\ ,\ y_1=\frac{e^t-e^{-t}}{\sqrt{2}}\ ,\ z_1=t\sqrt{2}\ ;$$

e siccome da queste si trae

$$x_1=\frac{e^{\frac{z_1}{\sqrt{2}}}+e^{-\frac{z_1}{\sqrt{2}}}}{2}\ ,$$

così la proiezione ortogonale della curva di Catalan fatta sul piano x_1z_1 è realmente una catenaria.

Introducendo le funzioni iperboliche le (1) si scrivono:

$$(1')\qquad x=\cosh t+\operatorname{senh} t\ ,\ y=\cosh t-\operatorname{senh} t\ ,\ z=t\sqrt{2}\ ;$$

se ne trae:

$$x'=\operatorname{senh} t+\cosh t\ ,\ y'=\operatorname{senh} t-\cosh t\ ,\ z'=\sqrt{2}\ ,$$

chiamando al solito s l'arco dell'elica in esame si trova

$$s'^2=2(\operatorname{senh}^2 t+\cosh^2 t)+2=(e^t+e^{-t})^2=4\cosh^2 t$$

$$s'=2\cosh t\ ,\ s=2\operatorname{senh} t+\text{cost}.$$

La curva è quindi rettificabile. Si ha poi con le consuete notazioni:

$$\alpha=\frac{1}{2}(1+\operatorname{tgh} t)\ ,\ \beta=\frac{1}{2}(1-\operatorname{tgh} t)\ ,\ \gamma=\frac{1}{\sqrt{2}\cosh t}$$

epperò

$$\alpha.\frac{1}{\sqrt{2}}+\beta.\frac{1}{\sqrt{2}}+\gamma.0=\frac{1}{\sqrt{2}},$$

cioè la curva in questione taglia sotto angolo costante le generatrici del cilindro proiettante ortogonalmente la curva sul piano x_1z_1; dunque è un'elica.

Notiamo finalmente che dalle (1) si deduce l'equazione

$$(3) \qquad x^2 + y^2 = 2 \cosh \left(z\sqrt{2} \right),$$

che rappresenta una superficie di rotazione contenente l'anzidetta elica [1]).

§ 9. *Eliche cilindriche appartenenti a superficie di rotazione; in particolare l'elica sferica.*

Siccome tutte le eliche cilindriche verificano l'equazione intrinseca $\frac{\varrho}{r} = \text{cost}$, così si può cercare quelle fra di esse che soddisfano un'altra condizione, p. es. quella di appartenere ad un'assegnata superficie [2]). Supponiamo ad es. [3]) che questa sia una superficie di rotazione attorno ad un asse parallelo alle generatrici del cilindro sul quale trovasi la curva. Sussisteranno allora, se s è l'arco dell'elica e S quello della sua proiezione sul piano xy), le formole

$$S = s \operatorname{sen} \omega \quad , \quad z = s \cos \omega$$

donde

$$z = S \operatorname{cotg} \omega ;$$

d'altra parte, posto $u = \sqrt{x^2 + y^2}$, la superficie di rotazione avrà un'equazione della forma

$$f(u \ , \ z) = 0 ;$$

---

1) Una naturale generalizzazione porta a considerare la curva

$$x = e^t \ , \ y = e^{-t} \ , \ z = at$$

a essendo una costante arbitraria. Essa fu considerata da S. Günther in vista delle applicazioni che essa offre delle funzioni iperboliche: v. l'opera *Die Lehre von der gewöhnlichen und verallg. Hyperbelfunctionen* (Halle a., S. 1881) p. 260.

2) Rispetto al piano della sezione retta del cilindro contenente l'elica tali curve sono linee di costante pendio, epperò sono dotate di considerevole importanza anche dal punto di vista pratico.

3) W. Blaschke, *Bemerkungen über allgemeine Schraubenlinien* (Monatheft f. Math. u. Phys., T. XIX, 1908, p. 188-204).

ora questa, in virtù della precedente diviene

$$f(u\ ,\ S\operatorname{cotg}\omega)=0$$

che è della forma

$$u=\varphi(S)\,.$$

Ciò prova che la base del cilindro su cui deve giacere l'elica gode della proprietà espressa da quest' ultima equazione, essa cioè è determinata mediante la relazione che intercede fra il raggio vettore di un suo punto qualunque e l'arco contato da una origine fissa. Dico che in conseguenza si può trovare l'equazione intrinseca di detta base, in altre parole che essa è determinata a meno di movimenti del piano. Per dimostrare ciò [1]) usiamo le notazioni solite nella teoria delle curve piane, cioè indichiamo con s l'arco di una linea riferita a coordinate polari $\omega\,,\varrho$ e supponiamo data l'equazione $\varrho=\varrho(s)$.

In conseguenza la linea stessa avrà la seguente rappresentazione parametrica

$$x=\varrho\cos\omega\ ,\ y=\varrho\operatorname{sen}\omega\,.$$

Ora qualunque sia il parametro si ha:

$$\begin{cases} x'=\varrho'\cos\omega-\varrho\operatorname{sen}\omega\,.\,\omega' \\ y'=\varrho'\operatorname{sen}\omega+\varrho\cos\omega\,.\,\omega' \end{cases}$$

$$\begin{cases} x''=(\varrho''-\varrho\omega'^2)\cos\omega-(2\varrho'\omega'+\varrho\omega'')\operatorname{sen}\omega \\ y''=(\varrho''-\varrho\omega'^2)\operatorname{sen}\omega+(2\varrho'\omega'+\varrho\omega'')\cos\omega \end{cases}$$

quindi

$$x'^2+y'^2=\varrho'^2+\varrho^2\omega'^2$$

$$\begin{vmatrix} x' & y' \\ x'' & y'' \end{vmatrix}=\begin{vmatrix} \varrho' & \varrho\omega' \\ \varrho''-\varrho\omega'^2 & 2\varrho'\omega'+\varrho\omega'' \end{vmatrix}\begin{vmatrix} \cos\omega & -\operatorname{sen}\omega \\ \operatorname{sen}\omega & \cos\omega \end{vmatrix}=$$

$$=2\varrho'^2\omega'+\varrho\varrho'\omega''-\varrho\varrho''\omega'+\varrho^2\omega'^2$$

epperò il raggio di curvatura è dato da:

$$r=\frac{(\varrho'^2+\varrho^2\omega'^2)^{\frac{3}{2}}}{(2\varrho'^2-\varrho\varrho'')\omega'+\varrho^2\omega'^3+\varrho\varrho'\omega''}$$

---

[1]) Nella memoria citata nella nota precedente si perviene alla stessa conclusione applicando alcune formole del Cesàro.

Se ora s' introduce l' ipotesi che il parametro sia l'arco della data linea si avrà identicamente

$$\varrho'^2 + \varrho^2\omega'^2 = 1$$

epperò:

$$\omega' = \frac{\sqrt{1-\varrho'^2}}{\varrho} \quad , \quad \omega'' = -\varrho' \frac{1 + \varrho\varrho'' - \varrho'^2}{\varrho^2\sqrt{1-\varrho'^2}} ;$$

in conseguenza la precedente diviene, dopo qualche facile riduzione,

$$(1) \qquad r = \frac{\varrho\sqrt{1-\varrho'^2}}{1-\varrho'^2-\varrho\varrho''} .$$

Ricordando che ϱ è una nota funzione di s si vede che altrettanto può ripetersi, grazie a questa formola, di r; la formola stessa è pertanto la cercata equazione intrinseca della curva in questione.

Supponiamo ad es. che si vogliano trovare le curve situate sull'ellissoide rotondo

$$\frac{x^2+y^2}{a^2} + \frac{z^2}{b^2} = 1$$

e facenti un angolo costante con l'asse $0z$. Ritornando alle notazioni usate in principio del presente paragrafo avremo:

$$kS - b\sqrt{1-\frac{u^2}{a^2}} = 0$$

avendo scritto per brevità $k = \operatorname{cotg}\omega$, ossia, se $c = \frac{a^2k^2}{b^2}$,

$$u^2 + cS^2 = a^2 ,$$

cioè

$$u = \sqrt{a^2 - cS^2}$$

Si hanno così tutti gli elementi per applicare la formola (1) (nella quale si legga u invece di r e le derivate siano prese rispetto a S); essendo

$$u' = -\frac{cS}{u} \quad , \quad u'' = -\frac{ca^2}{u^3}$$

si trova

$$r=\frac{\sqrt{u^2-c^2S^2}}{c}$$

ossia, sostituendo a u il superiore valore,

$$cS^2+(c+1)r^2=\frac{a^2}{c+1}. \tag{2}$$

Ora *quest'equazione intrinseca caratterizza una curva ciclica* [1], *di cui sarà facile al lettore determinare tutti gli elementi essenziali*; dunque un'elica situata sopra una quàdrica di rotazione si proietta ortogonalmente su un piano perpendicolare all'asse secondo un'epicicloide od un'ipocicloide ordinaria [2].

Tale conclusione è naturalmente applicabile alla sfera, nel qual caso $b=a$ epperò $c=k^2$ [3]. Ma in tal caso si può giungere al precedente risultato applicando la relazione

$$\frac{r}{\varrho}+(r'\varrho)'=0,$$

caratteristica delle curve sferiche. Essendo infatti $\varrho=r\operatorname{tg}\omega$ quest'equazione diviene

$$\operatorname{cotg}\omega+\operatorname{tg}\omega\frac{d(rr')}{ds}=0,$$

---

1) G. Loria, *Spez. alg. transsc. ebene Kurven*, 2ª ed., T. II (Leipzig, 1911) p. 104.

2) Nella citata memoria del Blaschke lo stesso schema di calcolo è applicato anche alla superficie $\sqrt{x^2+y^2}=a\cosh\frac{r}{b}$. Altra superficie di cui vennero considerate le eliche è quella generata attorno a $0z$ dalla curva $x=a\operatorname{sen}\left(\frac{z}{a}\operatorname{tg}i\right)$, avendo G. Pirondini dimostrato che le eliche d'inclinazione i che vi si trovano sono ordinarie (v. la memoria *Sulla teoria delle superficie di rivoluzione*, Annali di matem. II Ser., T. XVIII, 1890, p. 175).

3) A questa categoria di linee appartiene la curva di sesto ordine oggetto dello *Studio di un'elica sferica ed algebrica* di A. Buffone (Giorn. di Matem., T. XXXIV, 1896, p. 152-76); essa appartiene ad un cilindro avente per sezione retta un'epicicloide bicuspide.

onde integrando

$$rr' = \frac{l}{2} - \frac{s}{\operatorname{tg}^2 \omega}$$

l essendo una costante; ossia

$$\frac{d(r^2)}{ds} = l - \frac{2s}{\operatorname{tg}^2 \omega},$$

onde

$$r^2 = ls - \frac{s^2}{\operatorname{tg}^2 \omega} + m.$$

Applicando ora le (4) (6′) del § 2 (p. 138), la precedente si può scrivere:

$$\frac{R^2}{\operatorname{sen}^2 \omega} = \frac{lS}{\operatorname{sen} \omega} - \frac{S^2}{\cos^2 \omega} + m;$$

essendo questa l'equazione intrinseca della sezione retta del cilindro contenente l'elica, questa sezione è una curva ciclica.

Nelle stesse ipotesi è agevole ottenere direttamente l'equazione ordinaria della sezione retta del cilindro contenente la curva, ragionando come segue [1]). La sfera data abbia per centro 0 e raggio 1, e sia riferita alle ordinarie coordinate geografiche ϱ, ω; il suo elemento lineare sarà dato da:

$$ds^2 = d\varrho^2 + \operatorname{sen}^2 \varrho . d\omega^2 .$$

Sia poi:

$$\frac{dz}{ds} = \operatorname{sen} i;$$

sarà

$$\frac{ds^2 - dz^2}{dz^2} = \operatorname{cotg}^2 i;$$

ma per essere

$$z = \cos \varrho$$

si ha

$$dz = -\operatorname{sen} \varrho . d\varrho$$

1) H. J. Jonas, *Kurven von konstantes Steilheit auf der Kugelfläche* (Arch. f. Math. u. Phys., T. VIII, 1905, p. 281-84).

epperò:

$$d\varrho^2 . \mathrm{cotg}^2 \varrho + d\omega^2 = \mathrm{cotg}^2 i . d\varrho^2$$

dunque

$$\omega = \int \sqrt{\mathrm{cotg}^2 i - \mathrm{cotg}^2 \varrho}\, d\varrho .$$

Per eseguire questa quadratura poniamo

$$\mathrm{cotg}\, \varrho = \mathrm{cotg}\, i . \cos \varphi ;$$

verrà successivamente:

$$\varrho = \mathrm{arc\,cotg}\, (\mathrm{cotg}\, i . \cos \varphi)$$

$$d\varrho = \frac{\mathrm{cotg}\, i . \mathrm{sen}\, \varphi}{1 + \mathrm{cot}^2 i . \cos^2 \varphi} d\varphi$$

$$\sqrt{\mathrm{cotg}^2 i - \mathrm{cotg}^2 \varrho} = \mathrm{cotg}\, i . \mathrm{sen}\, \varphi$$

$$\omega = \int \frac{\mathrm{cotg}^2 i . \mathrm{sen}^2 \varphi}{1 + \mathrm{cotg}^2 i . \cos^2 \varphi} d\varphi = \int \frac{d\varphi : \cos^2 \varphi}{1 + \mathrm{sen}^2 \alpha . \mathrm{tg}^2 \varphi} d\varphi - \int d\varphi$$

epperò

$$\omega = \frac{\mathrm{arc\,tg}\, (\mathrm{sen}\, i . \mathrm{tg}\, \varphi)}{\mathrm{sen}\, i} - \varphi + \mathrm{cost} \tag{3}$$

e questa è l'equazione dell'elica sferica in coordinate geografiche.

Servendosi delle formole che stabilimmo nel Capitolo X come applicazione della teoria generale delle superficie si possono trovare le equazioni intrinseche dell'elica sferica [1]). Infatti, una di queste è la $\varrho : r = \mathrm{cost}$, che scriveremo

$$r + \varrho\, \mathrm{tg}\, H = 0 . \tag{4}$$

Inoltre se $d\sigma$ è l'angolo formato da due osculatori consecutivi della curva e R il raggio della data sfera si ha

$$r = R\, \mathrm{sen}\, \sigma ,$$

onde la precedente diviene

$$\varrho = - R\, \mathrm{tg}\, H\, \mathrm{sen}\, \sigma ;$$

---

[1]) Schell-Salkowski, *Allgemeine Theorie des Kurven doppelter Krümmung*, III Aufl. (Leipzig, 1914) p. 113.

ma

$$\varrho=\frac{ds}{d\sigma}$$

quindi, integrando,

$$s=R\,\mathrm{tg}\,H.\cos\sigma\,,$$

ossia

$$s^2=R^2\,\mathrm{tg}^2\,H\,(1-\mathrm{sen}^2\,\sigma)\,;$$

e poichè $\mathrm{sen}\,\sigma=\frac{r}{R}$

$$r^2+s^2\,\mathrm{cotg}^2\,H=R^2\,, \tag{5}$$

equazione che, insieme alla (4) costituisce la rappresentazione intrinseca dell'elica sferica.

Per le quàdriche a centro la ricerca delle eliche si può, seguendo E. Salkowski [1]), ridurre alla ricerca delle linee di lunghezza nulla di una analoga superficie, ragionando come segue:

Essendo

$$\frac{dz}{ds}=\cos\gamma$$

posto per brevità $k=\mathrm{tg}\,\gamma$ si ha pure

$$dx^2+dy^2-k^2dz^2=0\,,$$

mentre $x\,,y\,,z$ devono soddisfare l'equazione

$$\frac{x^2}{a}+\frac{y^2}{b}+\frac{z^2}{c}=1\,.$$

Si faccia ora la trasformazione

$$x_1=x\quad,\quad y_1=y\quad,\quad z_1=ikz\,;$$

le equazioni precedenti diverranno

$$dx_1^2+dy_1^2+dz_1^2=0\quad,\quad\frac{x_1^2}{a}+\frac{y_1^2}{b}-\frac{z_1^2}{k^2c}=1$$

le quali stabiliscono appunto l'annunciata trasformazione del problema in discorso.

---

1) Cfr. Frieda Nugel, *Die Schraubelinien* (Diss. Halle a. S. 1912) p. 63.

B) LOSSODROMICHE.

§ 1. *Lossodromiche sopra una superficie qualunque.*

Per estendere il concetto di lossodromica della sfera (vedi Cap. X, *B*), § 3; p. 74) ad una superficie qualunque [1]) supporremo noto su questa un sistema di ∞' linee e considereremo una curva che le incontra tutte sotto angolo costante. Per determinare tale curva supporremo che sia fissato sulla superficie un sistema di coordinate curvilinee u, v, che l'elemento lineare si presenti sotto la forma classica

$$ds^2 = Edu^2 + 2Fdu.dv + Gdv^2$$

e che il sistema di linee considerato sia $v=$cost.

Siccome l'angolo α sotto cui queste sono incontrate da una curva arbitraria è determinato dalla formola

$$\operatorname{tg}\alpha = \frac{\sqrt{EG-F^2}dv}{Edu+Fdv},$$

così è chiaro che, posto $\operatorname{tg}\alpha = m$, l'equazione differenziale delle lossodromiche è

$$mE.du = (\sqrt{EG-F^2} - mF)dv. \tag{1}$$

Similmente l'equazione differenziale delle lossodromiche relative alle linee $u=$cost è

$$nG.dv = (\sqrt{EG-F^2} - nF)du, \tag{2}$$

n essendo una nuova costante.

In particolare, se le coordinate sono ortogonali, le (1) (2) assumono i seguenti aspetti fra loro equivalenti:

$$m\sqrt{\frac{E}{G}} = \frac{dv}{du}, \tag{1'}$$

$$n\sqrt{\frac{G}{E}} = \frac{dv}{du}; \tag{2'}$$

---

[1]) C. Dina, *Sopra una curva particolare giacente sopra una superficie generale* (Giorn. di Matem., T. XIX, 1881, p. 298-310).

se, di più, le linee coordinate costituiscono un sistema isotermo ortogonale, essendo $E=G$, l'integrazione è subito eseguita e dà per risultati

$$v-mu=\text{cost} \quad , \quad u-nv=\text{cost}.$$

Esempi. I. Nel caso della sfera di centro 0 e raggio 1 si ha

$$E=1 \quad , \quad F=0 \quad , \quad G=\operatorname{sen}^2 v;$$

per ciò la (1') diviene

$$\frac{m}{\operatorname{sen} v}=\frac{du}{dv}$$

ossia

$$du=m\frac{dv}{\operatorname{sen} v}$$

e integrando

$$u+c=m\log \operatorname{tg}\frac{v}{2}$$

come si è già trovato nel Cap. X (v. p. 74).

II. Se la superficie è un cono circolare retto, lo si rappresenti con le equazioni:

$$x=ku\cos v \quad , \quad y=ku\operatorname{sen} v \quad , \quad z=u \tag{3}$$

e si avrà:

$$E=1+k^2 \quad , \quad F=0 \quad , \quad G=k^2u^2;$$

la (1') diviene:

$$m\frac{\sqrt{1+k^2}}{ku}=\frac{dv}{du};$$

integrandola, previa separazione delle variabili, si trova

$$u=ce^{\frac{kv}{m\sqrt{1+k^2}}};$$

sostituendo quest'espressione nelle (3) si ricade nella nota rappresentazione analitica dell'elica cilindro-conica [1]).

---

[1]) L'analogo problema per un cono qualsivoglia fu proposto da Strebor (W. Roberts) (Nouv. Ann. de Math., T. XI, 1852, p. 368) e risolto da L. Painvin (Id., T. XIII, 1856, p. 306-14).

§ 2. *Lossodromiche delle superficie di rotazione* [1], *in particolare del toro.*

Se le equazioni

$$x=\varphi(u) \quad , \quad z=\psi(u)$$

rappresentano il meridiano, situato nel piano xz, di una superficie di rotazione avente per asse $0z$, la superficie stessa può rappresentarsi mediante le equazioni

$$x=\varphi(u).\cos v \quad , \quad y=\varphi(u).\operatorname{sen} v \quad , \quad z=\psi(u) \tag{1}$$

onde:

$$E=\varphi'^2(u)+\psi'^2(u) \quad , \quad F=0 \quad , \quad G=\psi^2(u)$$

e le relative lossodromiche [2] sono determinate dall'equazione differenziale seguente:

$$\frac{m\sqrt{\varphi'^2(u)+\psi'^2(u)}}{\varphi(u)}=\frac{dv}{du}$$

la quale s'integra immediatamente e dà

$$v=m\int\frac{\sqrt{\varphi'^2(u)+\psi'^2(u)}}{\varphi(u)}du. \tag{2}$$

Dunque: *le lossodromiche di tutte le superficie di rotazione si determinano mediante quadrature.* La loro rettificazione si esegue servendosi della formola

$$s=\int\frac{\sqrt{(\varphi^2+m^2\psi^2)(\varphi'^2+\psi'^2)}}{\varphi}du. \tag{3}$$

---

[1] Gergonne, *De la loxodrome sur une surface de révolution et, en particulier, sur un sphéroïde elliptique* (Ann. de Math., T. VIII, p. 125). V. anche J. R. Boymann, *Entwickung der Gleichung der Loxodrome auf dem durch Drehung der Parabel um ihre austere Axe entstehende Rotationsparaboloid* (Arch. f. Math. u. Phys., T. XIII, 1849, p. 375-77).

[2] Fra esse sono da annoverarsi evidentemente i meridiani ed i paralleli.

Supponiamo in particolare che si tratti del toro [1]) generato dalla circonferenza

$$(x-a)^2+z^2=R^2,$$

è un toro aperto, chiuso o rientrante, secondochè $a \gtreqless R$, ma sempre rappresentabile mediante le equazioni:

$$(4)\quad x=(a-R\cos u).\cos v\ ,\ y=(a-R\cos u).\operatorname{sen} v\ ,\ z=R\operatorname{sen} u\,;$$

perciò

$$E=R^2\quad,\quad F=0\quad,\quad G=(a-R\cos u)^2$$

e per determinarne le lossodromiche si deve integrare l'equazione differenziale

$$\operatorname{tg}\alpha.\frac{dv}{du}=\frac{R}{a-R\cos u};$$

posto per brevità

$$m=\operatorname{cotg}\alpha$$

si ottiene subito

$$v=m\int\frac{Rdu}{a-R\cos u}.$$

Questa quadratura è sempre eseguibile, ma dà risultati diversi secondochè $a \lesseqgtr R$ [2]).

Nel primo caso si trova:

$$(5)\qquad v=\frac{mR}{\sqrt{R^2-a^2}}\log\frac{\sqrt{R^2-a^2}-(R+a)\operatorname{tg}\frac{u}{2}}{\sqrt{R^2-a^2}+(R+a)\operatorname{tg}\frac{u}{2}}+\text{cost};$$

è facile vedere che la curva corrispondente è sempre trascendente. Se, invece, $a=R$ si trova

$$(6)\qquad v=\text{cost}-m\operatorname{cotg}\frac{u}{2}$$

---

1) A. Putcha, *Loxodrome und kürgeste Linien auf dem Kreisring* (Monathefte f. Math. u. Phys., T. I, 1890, p. 443-50): M. de Franchis, *Sulla rappresentazione grafica delle lossodromiche di un toro* (Messina, 1905).

2) O. Schlömilch, *Uebungsbuch zum Studium der höheren Analysis*, II Tl., II Aufl. (Leipzig, 1874) p. 37.

e tutte le lossodromiche sono nuovamente trascendenti [1]). Ma se il toro è aperto l'integrazione dà:

$$(7) \qquad v = \frac{2mR}{\sqrt{a^2 - R^2}} \operatorname{arc\,tg}\left(\sqrt{\frac{a+R}{a-R}} \operatorname{tg}\frac{u}{2}\right) + \text{cost}.$$

Scegliendo, come è lecito, la costante d'integrazione eguale a 0 questa può scriversi

$$(7') \qquad \operatorname{tg}\frac{u}{2} = \sqrt{\frac{a-R}{a+R}} \operatorname{tg}\left(\frac{\sqrt{a^2-R^2}}{2R} \operatorname{tg}\alpha . v\right).$$

Mostreremo che fra le curve così rappresentate se ne trovano infinite di algebriche; esse si ottengono supponendo l'angolo α scelto in modo che $\frac{\sqrt{a^2-R^2}}{R} \operatorname{tg}\alpha$ risulti razionale. Detti infatti p, q due numeri interi positivi fra loro primi si supponga

$$(8) \qquad \operatorname{tg}\alpha = \frac{pR}{q\sqrt{a^2-R^2}};$$

la (7') diverrà:

$$\operatorname{tg}\frac{u}{2} = \sqrt{\frac{a-R}{a+R}} \operatorname{tg}\frac{pv}{2q}.$$

Fatto poi $\frac{v}{2q} = w$ potremo scrivere quest'ultima e le (4) come segue:

$$(9) \qquad \operatorname{tg}\frac{u}{2} = \sqrt{\frac{a-R}{a+R}} \operatorname{tg}(pw)$$

(4')

$$x = (a - R\cos u)\cos(2qw), \quad y = (a - R\cos u)\operatorname{sen}(2qw), \quad z = R\operatorname{sen} u$$

Ora la (9) sviluppata diviene

$$\operatorname{tg}\frac{u}{2} = \sqrt{\frac{a-R}{a+R}} \, \frac{\operatorname{tg} w - \binom{p}{3}\operatorname{tg}^3 w + \dots}{1 - \binom{p}{2}\operatorname{tg}^2 w + \dots}$$

---

[1]) Esse si proiettano sul piano xy nelle curve di equazione polare

$$\varrho(m^2 + \omega^2) = 2am^2.$$

onde $\operatorname{tg}\frac{u}{2}$ è esprimibile in funzione razionale di $\operatorname{tg} w$ e lo stesso accade per $\operatorname{sen} u$ e $\cos u$; d'altra parte ciò si verifica anche riguardo a $\operatorname{sen}(2qw)$ e $\cos(2qw)$. Perciò i secondi membri delle (4') risultano funzioni razionali di $\operatorname{tg} w$ il cui grado si determina agevolmente. Donde si conclude che: *sul toro aperto esistono infinite lossodromiche algebriche razionali di ordini espressi dalla formola* $2q(p+1)$, p *e* q *essendo numeri interi fra loro primi.*

Il caso più semplice corrisponde all'ipotesi $p=q=1$; allora

$$\operatorname{tg}\frac{v}{2}=\sqrt{\frac{a-R}{a+R}}\operatorname{tg}\frac{u}{2},$$

epperò

$$\operatorname{sen} v=\frac{\sqrt{a^2-R^2}\operatorname{sen} u}{a-R\cos u}$$

e

$$x=\sqrt{a^2-R^2}\operatorname{sen} u;$$

ma

$$z=R\operatorname{sen} u$$

onde

$$z\sqrt{a^2-R^2}-Rx=0.$$

La lossodromica in tal caso sta in un piano e precisamente in un piano bitangente al toro; ciò prova che sono lossodromiche di un toro aperto, non soltanto i suoi meridiani ed i suoi paralleli, ma anche le sezioni circolari che quella superficie possiede in virtù di un noto teorema di Yvon Villarceau [1]).

§ 3. *Lossodromiche sulle ciclidi di Dupin* [2])

Una ciclide di Dupin si può definire come traiettoria ortogonale del sistema costituito dalle ∞^2 rette che incontrano contemporaneamente due coniche ognuna delle quali è luogo

1) Comptes-rendus, T. XXVII, 1848, p. 246.

2) E. Bompiani, *Rappresentazione grafica delle ciclidi di Dupin e delle loro lossodromiche* (Mem. del R. Ist. Lombardo, Ser. III, Vol. XII, 1915, p. 205-42).

geometrico dei vertici dei coni di rotazione proiettanti l'altra. Tali coniche, se dotate di centro, possono rappresentarsi mediante le equazioni:

$$(1)\qquad \begin{cases} x=a\cos u\ ,\ y=b\,\mathrm{sen}\, u\ ,\ z=0 \quad (a>b>0) \\ x=\sqrt{a^2-b^2}\cosh v\ ,\ y=0\ ,\ z=b\,\mathrm{senh}\, v. \end{cases}$$

Perciò una retta dell'anzidetta congruenza ha per equazioni

$$(2)\qquad \begin{cases} x=a\cos u+t(a\cos u-\sqrt{a^2-b^2}\cosh v) \\ y=b\,(1+t)\,\mathrm{sen}\, u \\ z=-b\,\mathrm{senh}\, v.t \end{cases}$$

e si ottiene una ciclide supponendo che t abbia un valore della seguente forma:

$$(3)\qquad t=\frac{c-\sqrt{a^2-b^2}\cos u}{\sqrt{a^2-b^2}\cos u-a\cosh v}.$$

c è una costante arbitraria; attribuendo ad essa infiniti valori si ottengono altrettante ciclidi di quart'ordine, che si distribuiscono nei seguenti tipi:

I. $c>a$; *ciclide a gomitolo*, con due punti doppi reali e distinti, nel piano xz.

II. $c=a$; i due punti doppi del caso precedente coincidono.

III. $a>c>\sqrt{a^2-b^2}$; *ciclide anulare*, senza punti doppi reali.

IV. $c=\sqrt{a^2-b^2}$; i due punti doppi del caso seguente coincidono.

V. $c<\sqrt{a^2-b^2}$; *ciclide a corno*, con due punti doppi reali e distinti, nel piano xy.

VI. $c=0$; ciclide con tre piani di simmetria.

Se le coniche focali sono parabole, possono rappresentarsi mediante le equazioni:

$$(4)\qquad \begin{cases} y^2=2x\ ,\ z=0 \\ z^2=-2x+1\ ,\ y=0 \end{cases}$$

mentre le formole

$$(5)\qquad \begin{cases} x=\dfrac{u^2}{2}(1+t)-\dfrac{1-v^2}{2}t \\ y=u(1+t) \\ z=-vt \end{cases}$$

rappresentano una qualunque delle ∞^2 rette che le incontrano; supponendo

$$(6)\qquad t=\frac{c-u}{u^2+v^2+1}$$

esse individuano ∞^1 ciclidi di terzo ordine, le quali possono offrire le seguenti varietà:

I. $c>0$; ciclide con due punti conici reali nel piano xy.
II. $c=0$; i due punti doppi del caso precedente coincidono.
III. $c<0$; ciclide senza punti doppi reali.

Per determinare le lossodromiche di una ciclide di quarto ordine notiamo che dalle (2), (3) si trae

$$E=(1+t^2)b^2\ ,\ F=0\ ,\ G=t^2b^2.$$

Se ne deduce che dette curve sono le linee integrali della seguente equazione differenziale

$$\frac{dv}{c-a\cosh v}=m\frac{du}{c-\sqrt{a^2-b^2}\cos u};$$

l'integrazione di questa si riduce subito a quadrature eseguibili; ma i risultati assumono forme diverse a seconda del valore della costante c. I risultati stessi si presentano sotto le sei seguenti forme (ove k è una costante arbitraria):

I. $c>a$,

$$\frac{1}{\sqrt{c^2-a^2}}\,\text{arc tgh}\left(\sqrt{\frac{c+a}{c-a}}\,\text{tgh}\,\frac{v}{2}\right)=$$

$$=\frac{m}{\sqrt{c^2-a^2+b^2}}\,\text{arc tg}\left(\sqrt{\frac{c+\sqrt{a^2-b^2}}{c-\sqrt{a^2-b^2}}}\,\text{tg}\,\frac{u}{2}\right)+k.$$

II. $c=a$,

$$\text{cotgh}\,\frac{v}{2}=\frac{ma}{b}\,\text{arctg}\left(\frac{a+\sqrt{a^2-b^2}}{b}\,\text{tg}\,\frac{u}{2}\right)+k.$$

III. $a > c > \sqrt{a^2-b^2}, \frac{1}{\sqrt{a^2-c^2}} \operatorname{arc\,tg}\left(\sqrt{\frac{a-c}{a-c}} \operatorname{tgh} \frac{v}{2}\right) =$

$$= -\frac{m}{\sqrt{c^2-a^2+b^2}} \operatorname{arc\,tg}\left(\sqrt{\frac{c+\sqrt{a^2-b^2}}{c-\sqrt{a^2-b^2}}} \operatorname{tg} \frac{u}{2}\right) + k.$$

IV. $c = \sqrt{a^2-b^2}, \quad \operatorname{arc\,tg}\left(\frac{a+\sqrt{a^2-b^2}}{b} \operatorname{tgh} \frac{u}{2}\right) =$

$$= \frac{mb}{\sqrt{a^2-b^2}} \operatorname{cotg} \frac{u}{2} + k.$$

V. $c < \sqrt{a^2-b^2}, \quad \frac{1}{\sqrt{a^2-c^2}} \operatorname{arc\,tg}\left(\sqrt{\frac{a+c}{a-c}} \operatorname{tgh} \frac{v}{2}\right) =$

$$= \frac{m}{\sqrt{a^2-b^2-c^2}} \log \left| \frac{-\sqrt{a^2-b^2}+c\cos u+\sqrt{a^2-b^2-c^2}\operatorname{sen} u}{c-\sqrt{a^2-b^2}\cos u} \right| + k.$$

VI. $c = 0 \qquad \operatorname{arc\,tg}\left(\operatorname{tgh} \frac{v}{2}\right) =$

$$= \frac{ma}{\sqrt{a^2-b^2}} \log \left| \frac{1-\operatorname{sen} u}{\cos u} \right| + k.$$

In modo analogo si procede per determinare le lossodromiche delle ciclidi di terz'ordine; cioè dalle (5), (6) si deduce essere:

$$E=(1+t)^2 \ , \ F=0 \ , \ G=t^2;$$

le dette curve sono, dunque, le linee integrali dell'equazione differenziale seguente:

$$\frac{dv}{c+1+v^2} = m \frac{du}{c-u^2};$$

questa s'integra agevolmente e dà i seguenti risultati:

I. $c > 0 \qquad \frac{1}{\sqrt{c+1}} \operatorname{arctg} \frac{v}{\sqrt{c+1}} = \frac{m}{\sqrt{c}} \log \left| \frac{\sqrt{c}+u}{\sqrt{c}-u} \right| + k;$

II. $c = 0 \qquad \operatorname{arctg} v = \frac{m}{u} + k$

III. $c<0, |c|<1, \frac{1}{\sqrt{c+1}} \operatorname{arctg} \frac{v}{\sqrt{c+1}} = -\frac{m}{\sqrt{-c}} \operatorname{arctg} \frac{u}{\sqrt{-c}} + k$

IV. $c=-\frac{1}{2} \qquad \operatorname{arctg}(v\sqrt{2}) = -m \operatorname{arctg}(u\sqrt{2}) + k.$

Fra le ciclidi di quart'ordine, le sole anulari contengono lossodromiche algebriche; mentre fra quelle di terz'ordine godono di eguale proprietà soltanto quelle dei primi due tipi.

§ 4. *Le lossodromiche generali e le equazioni di Monge* [1]).

Le eliche si possono, come vedemmo (p. 136), definire come le curve che incontrano sotto angolo costante un fascio di piani paralleli (cioè quelli normali alle generatrici del corrispondente cilindro); sostitituendo a tal fascio un fascio proprio di piani si ottengono delle nuove curve fra cui si trovano le lossodromiche e che si presentano come le analoghe nello spazio delle spirali logaritmiche [2]). Per trovare la rappresentazione analitica di queste *lossodromiche generali* assumiamo come asse della z l'asse del dato fascio di piani; detto ε l'angolo costante che le tangenti della curva formano con i piani considerati sussisterà la relazione

$$\frac{x dy - y dx}{\sqrt{x^2+y^2}\sqrt{dx^2+dy^2+dz^2}} = \operatorname{sen} \varepsilon \tag{1}$$

e questa è l'equazione ai differenziali totali [3]) dalla cui integrazione dipende la determinazione di dette curve. Per eseguire siffatta integrazione si ponga

$$x = u \cos\theta \ , \ y = u \operatorname{sen}\theta \tag{2}$$

e si trasformerà la precedente nell'equazione

$$u d\theta = \operatorname{sen}\varepsilon \sqrt{du^2 + u^2 d\theta^2 + dz^2}\,; \tag{3}$$

---

1) G. Scheffers, *Encykl. des mathem. Wissensch.*, T. III[3], Leipzig, 1903, p. 244-49.

2) Si ricordi, infatti, che queste sono le traiettorie oblique di un ordinario fascio di raggi.

3) Essa appartiene alla classe delle cosidette « equazioni di Monge ».

assunta ora ad arbitrio la relazione

(9) $$z=f(u),$$

la (3) si muta in un'equazione differenziale ordinaria fra u e θ, integrabile per quadrature; eseguita l'integrazione si ottiene:

(5) $$\theta=\operatorname{tg}\varepsilon\int\sqrt{1+f'^2(u)}\,\frac{du}{u}.$$

Tenendo conto di questa relazione, le formole (2), (4) porgono la rappresentazione analitica di tutte le lossodromiche generali.

Questo risultato riceve un notevole complemento dall'osservazione [1]) che è possibile evitare la quadratura indicata nella (5). Si consideri, infatti, l'equazione (di Monge) che caratterizza le linee di lunghezza nulla:

(6) $$d\xi^2+d\eta^2+d\zeta^2=0$$

e si noti, in primo luogo, che essa risulta soddisfatta ponendo

(7) $$\begin{cases}\xi=T'\cos t-T''\operatorname{sen}t\\ \eta=T'\operatorname{sen}t+T''\cos t\\ \zeta=i(T+T''),\end{cases}$$

T essendo una funzione arbitraria di t; ed in secondo luogo che, facendo

$$\xi=\varrho\cos\omega\quad,\quad\eta=\varrho\operatorname{sen}\omega$$

essa assume la forma seguente:

(6') $$d\varrho^2+\varrho^2d\omega^2+d\zeta^2=0.$$

Ora, scrivendo l'equazione (3) caratteristica delle lossodromiche, sotto la forma equivalente

(3') $$du^2-\operatorname{ctg}^2\varepsilon.u^2.d\theta^2+dz^2=0,$$

si vede che si passa dalla (3') alla (6') facendo la seguente trasformazione:

$$u=\varrho\quad,\quad\theta=i\operatorname{ctg}\varepsilon.\omega\quad,\quad z=\zeta.$$

---

1) G. Scheffers, *Ueber Loxodromen* (Leipziger Ber. 1902, p. 363-370); E. Salkowski, *Schraubenlinien und Loxodromen* (Sitzungs ber. des Berliner math. Ges., 27 Mai 1908).

Da ciò si desume che le lossodromiche generali sono suscettibili della seguente rappresentazione analitica:

$$(6)\qquad x=u\cos\theta\ ,\ y=u\,\mathrm{sen}\,\theta\ ,\ z=U'-U''$$

ove

$$(10)\qquad u=\sqrt{U'^2-U''^2}\ ,\ \theta=\mathrm{tg}\,\varepsilon\left(\log\sqrt{\frac{U'+U''}{U'-U''}}-u\right)$$

e U è una funzione arbitraria di un parametro [1]).

C) Linee di curvatura.

§ 1. *Superficie di 2° ordine.*

Nel Cap. VI, *C*) § 5 (vol. I, p. 244-47), si sono determinate le linee di curvatura dell'ellissoide mediante integrazione della relativa equazione differenziale di I ordine. Qui vogliamo aggiungere che allo stesso risultato si perviene applicando il teorema di Dupin, grazie al quale il dato ellissoide

$$(1)\qquad \frac{x^2}{a^2}+\frac{y^2}{b^2}+\frac{z^2}{c^2}-1=0\ ,\ a>b>c$$

è tagliato nelle sue linee di curvatura dalle quadriche omofocali

$$(2)\qquad \frac{x^2}{a^2+\lambda}+\frac{y^2}{b^2+\lambda}+\frac{z^2}{c^2+\lambda}-1=0\,.$$

Infatti, l'intersezione delle due superficie (1), (2) si proietta sul piano xy secondo la conica

$$(3)\qquad x^2\frac{a^2-c^2}{a^2(a^2+\lambda)}+y^2\frac{b^2-c^2}{b^2(b^2+\lambda)}-1=0$$

---

1) Per le lossodromiche sopra altre superficie v. Boymann, *Entwickelung der Gleichung der Loxodrome auf der Flächen zweiter Ordnung* (Arch. f. Math. u. Phys., T. VII, 1846, p. 337).

ossia

$$\frac{x^2}{m^2}+\frac{y^2}{n^2}-1=0 \tag{3'}$$

avendo posto

$$m^2=\frac{a^2(a^2+\lambda)}{a^2-c^2}\,,\quad n^2=\frac{b^2(b^2+\lambda)}{b^2-c^2}\,;$$

ora eliminando λ fra queste eguaglianze si ricava

$$\frac{a^2(b^2-c^2)}{b^2(a^2-c^2)}n^2+\frac{a^2(a^2-b^2)}{a^2-c^2}=n^2 \tag{4}$$

che è appunto la relazione trovata nel c. l.

Se invece si tratta di una superficie priva di centro, p. es. del paraboloide

$$\frac{x^2}{a^2}+\frac{y^2}{b^2}-2z=0 \tag{5}$$

le sue linee di curvatura si ottengono segandolo con le ∞' quàdriche ad esso omofocali

$$\frac{x^2}{a^2+\lambda}+\frac{y^2}{b^2+\lambda}-(2z-\lambda)=0\,; \tag{6}$$

dette linee sono pertanto *quartiche di I specie ognuna delle quali è base di un fascio di paraboloidi* (cfr. vol. I, p. 238).

Un'altra osservazione merita di essere fatta [1]). Le coordinate di un punto dell'ellissoide (1) si possono esprimere come segue in funzione di due parametri α,β:

$$\begin{cases} x^2=\dfrac{a^4(\alpha+\beta)^2}{\xi^2}\,, \\[2ex] y^2=-\dfrac{b^4(\alpha-\beta)^2}{\xi^2}\,, \\[2ex] z^2=\dfrac{c^4(\alpha\beta-1)^2}{\xi^2}\,; \end{cases}$$

essendo

$$\xi^2=a^2(\alpha+\beta)^2-b^2(\alpha-\beta)^2+c^2(\alpha\beta-1)^2\,;$$

---

1) P. Adam, *Sur l'équation d'Euler et sur les lignes de courbure de l'ellipsoïde* (Bull. Soc. math. de France, T. XXII, 1894, p. 205-208).

posto poi

$$\frac{a^2(b^2-c^2)+b^2(a^2-c^2)}{c^2(a^2-b^2)}=m^2$$

risulta $m^2>1$ e le linee di curvatura dell'ellissoide sono le curve integrali della seguente equazione differenziale:

$$\frac{d\alpha}{\sqrt{\alpha^4-2m^2\alpha^2+1}}=\frac{d\beta}{\sqrt{\beta^4-2m^2\beta^2+1}};$$

ora, se si pone

$$k=m^2-\sqrt{m^2-1}$$

$$\alpha=x\sqrt{k}\quad,\quad\beta=y\sqrt{k}$$

quest'equazione diviene

$$\frac{dx}{\sqrt{(1-x^2)(1-k^2x^2)}}=\frac{dy}{\sqrt{(1-y^2)(1-k^2y^2)}}$$

cioè l'ordinaria equazione differenziale ellittica; emerge da ciò che l'integrale di tale equazione può scriversi sotto la forma (3), intendendo che λ sia la costante introdotta dall'integrazione.

§ 2. *Superficie d'elasticità* [1]).

Geometricamente questa superficie è definita come la podaria del centro dell'ellissoide

(1) $$\frac{x^2}{a^2}+\frac{y^2}{b^2}+\frac{z^2}{c^2}=1.$$

Se, quindi, $x_1\,y_1\,z_1$ sono le coordinate del punto della superficie d'elasticità che corrisponde al punto di coordinate x, y, z dell'ellissoide, sussisteranno le relazioni

(2) $$\frac{xx_1}{a^2}+\frac{yy_1}{b^2}+\frac{zz_1}{c^2}-1=0$$

(3) $$\frac{a^2x_1}{x}+\frac{b^2y_1}{y}=\frac{c^2z_1}{z};$$

---

1) L. Fuchs, § 7 delle Diss. *De superficierum lineis curvaturae* (Berlin, 1858; *Gesammelte mathem. Werke*, I Bd., Berlin, 1904, p. 21-29).

eliminando x, y, z fra le (1), (2), (3) si otterrà l'equazione della superficie d'elasticità. Ora dalle (3) si trae

$$x=\frac{a^2x_1z}{c^2z_1}, \quad y=\frac{b^2y_1z}{c^2z_1},$$

perciò la (2) dà

$$(4) \qquad x=\frac{a^2x_1}{x_1^2+y_1^2+z_1^2}, \quad y=\frac{b^2y_1}{x_1^2+y_1^2+z_1^2}, \quad z=\frac{c^2z_1}{x_1^2+y_1^2+z_1^2}$$

onde, sostituendo nella (1),

$$(5) \qquad (x_1^2+y_1^2+z_1^2)^2=a^2x_1^2+b^2y_1^2+c^2z_1^2$$

che è l'equazione cercata.

Posto per brevità

$$v=x_1^2+y_1^2+z_1^2$$

potremo scrivere invece della (5)

$$(5') \qquad v^2-(a^2x_1^2+b^2y_1^2+c^2z_1^2)=0;$$

se poi al solito si pone

$$p=\frac{\partial z}{\partial x}, \quad q=\frac{\partial z}{\partial y}$$

e similmente

$$p_1=\frac{\partial z_1}{\partial x_1}, \quad q_1=\frac{\partial z_1}{\partial y_1}$$

dalla (1) si trarrà

$$p=-\frac{c^2x}{a^2z}, \quad q=-\frac{c^2y}{b^2z}$$

e quindi

$$p_1=\frac{a^2-2v}{c^2-2v}p, \quad q_1=\frac{b^2-2v}{c^2-2v}q.$$

Sostituendo questi valori nell'equazione differenziale

$$\frac{dx_1+p_1dz_1}{dp_1}=\frac{dy_1+q_1dz_1}{dq_1}$$

delle linee di curvatura della superficie d'elasticità, si trova, dopo alcune trasformazioni algebriche,

$$\frac{xy}{b^2}y'^2 + \tag{6}$$

$$\left(-\frac{a^2-c^2}{c^2-b^2}\cdot\frac{b^2}{a^2}\cdot\frac{x^2}{a^2}-\frac{y^2}{b^2}+\frac{c^2}{a^2}\cdot\frac{a^2-b^2}{c^2-b^2}\right)y'+\frac{b^2}{a^2}\cdot\frac{a^2-c^2}{c^2-b^2}\frac{xy}{a^2}=0.$$

Le curve integrali di questa equazione differenziale rappresentano le proiezioni sul piano xy delle curve dell'ellissoide che corrispondono alle cercate linee di curvatura; ora quell'equazione ha la stessa forma di quella determinatrice delle linee di curvatura dell'ellissoide, la quale è, come sappiamo (vol. I, p. 245),

$$\frac{a^2(b^2-c^2)}{b^2(a^2-c^2)}xy\,y'^2+\left(x^2-\frac{a^2(b^2-c^2)}{b^2(a^2-c^2)}y^2-\frac{a^2(a^2-b^2)}{a^2-c^2}\right)y'-xy=0;$$

applicando ad essa il metodo di integrazione di Monge si trova che le sue curve integrali sono le ∞' coniche

$$\frac{x^2}{m^2}+\frac{y^2}{n^2}=1 \tag{7}$$

ove m e n sono legate dalla relazione (vol. I, p. 247)

$$\frac{(a^2-c^2)m^2}{a^2(a^2-b^2)}-\frac{(b^2-c^2)n^2}{b^2(a^2-b^2)}=1. \tag{8}$$

Sostituendo nella (6) i valori (4) si trova l'equazione

$$\frac{a^4x_1^2}{m^2}+\frac{b^4y_1^2}{n^2}=(x_1^2+y_1^2+z_1^2)^2 \tag{9}$$

la quale, supposta soddisfatta la (8), rappresenta assieme alla (5) le cercate linee di curvatura. Notando che dalle (5) (9) si trae quest'altra equazione

$$a^2x_1^2+b^2y_1^2+c^2z_1^2=\frac{a^4x_1^2}{m^2}+\frac{b^4y_1^2}{n^2}, \tag{10}$$

si conclude che le linee di curvatura della superficie d'elasticità sono le intersezioni di questa con gli infiniti coni quàdrici rappresentati dall'equazione (10), *epperò sono linee algebriche di ottavo ordine*; posto

$$x_1^2=kX \ , \ y_1^2=kX \ , \ z_1^2=kZ$$

si vede che esse sono le conseguenti trasformate delle ∞' coniche rappresentate dalle equazioni

$$\begin{cases} k(X+Y+Z)^2=a^2X+b^2Y+c^2Z \, , \\ a^2X+b^2Y+c^2Z=\dfrac{a^4}{m^2}X+\dfrac{b^4}{n^2}Y \end{cases}$$

sempre nell'ipotesi che fra m e n passi la relazione (8).

§ 3. *Superficie di equazione* $x^m y^n z^p=c$ [1]).

Se X, Y, Z sono i coseni di direzione della normale nel punto x, y, z ad una data superficie, la normale stessa può rappresentarsi mediante le equazioni

$$(1) \qquad \xi=x-\lambda X \ , \ \eta=y-\lambda Y \ , \ \zeta=z-\lambda Z \, .$$

Affinchè queste formole rappresentino una linea di curvatura λ dev'essere scelto in modo che si abbia

$$(2) \qquad \frac{d(x-\lambda X)}{X}=\frac{d(y-\lambda Y)}{Y}=\frac{d(z-\lambda Z)}{Z} \, ,$$

ossia

$$\frac{dx-\lambda . dX}{X}=\frac{dy-\lambda . dX}{Y}=\frac{dz-\lambda . dZ}{Z} \, ,$$

donde la condizione

$$(3) \qquad \begin{vmatrix} dx & dX & X \\ dy & dY & Y \\ dz & dZ & Z \end{vmatrix}=0$$

---

1) Darboux, *Leçons sur la théorie générale des surfaces*, T. I (Paris, 1887) p. 193-99.

che appunto caratterizza le linee di curvatura. Ora se si considera la superficie di equazione

$$x^m y^n z^p = c \tag{4}$$

ove m, n, p, c sono costanti date, si avrà

$$m\frac{dx}{x} + n\frac{dy}{y} + p\frac{dz}{z} = 0 \tag{5}$$

e le (1) diverranno:

$$\xi = x - \frac{m\lambda}{x} \ , \ \eta = y - \frac{n\lambda}{y} \ , \ \zeta = z - \frac{p\lambda}{z}$$

mentre dalle (2) si trae:

$$\frac{dx\left(\lambda + \frac{x^2}{m}\right)}{x} = \frac{dy\left(\lambda + \frac{y^2}{n}\right)}{y} = \frac{dz\left(\lambda + \frac{z^2}{p}\right)}{z} \tag{6}$$

Sostituendo nella (5) si ottiene

$$\frac{m}{\lambda + \frac{x^2}{m}} + \frac{n}{\lambda + \frac{y^2}{n}} + \frac{p}{\lambda + \frac{z^2}{p}} = 0 \tag{7}$$

equazione quadratica in λ la quale serve a determinare le due linee di curvatura della superficie che passano per il punto di coordinate (x, y, z).

Ora, invece di far corrispondere ad ogni radice di questa equazione la linea di curvatura la cui direzione è definita dalle (6) giova considerare la linea della superficie ad essa perpendicolare; detti dx, dy, dz gli incrementi relativi a questa nuova direzione si avrà l'equazione

$$\frac{x.dx}{\lambda + \frac{x^2}{m}} + \frac{y.dy}{\lambda + \frac{y^2}{n}} + \frac{z.dz}{\lambda + \frac{z^2}{p}} = 0 \tag{8}$$

che, combinata alla (5) servirà a determinare i rapporti $dx : dy : dz$; quindi, per ottenere le equazioni differenziali delle due famiglie di linee di curvatura basterà sostituire nella (8) le due radici della (7). Ma se al doppio della (8) aggiungiamo la (7) moltiplicata per $d\lambda$ si ottiene

$$d\left\{ m \log\left(\lambda + \frac{x^2}{m}\right) + n \log\left(\lambda + \frac{y^2}{n}\right) + p \log\left(\lambda + \frac{z^2}{p}\right) \right\} = 0$$

onde integrando

$$\left(\lambda + \frac{x^2}{m}\right)^m \left(\lambda + \frac{y^2}{n}\right)^n \left(\lambda + \frac{z^2}{p}\right)^p = u \tag{9}$$

ove u è un parametro e a λ debbonsi sostituire le due radici della (7).

Da tutto ciò emerge che *le linee di curvatura della superficie* $x^m y^n z^p = c$ *saranno algebriche ogni qualvolta* m, n, p *saranno numeri razionali.*

Se p. es.

$$m = n = 1 \;,\; p = -1$$

si avrà la superficie di second'ordine

$$xy = cz$$

e la (9) darà

$$\sqrt{u} = \sqrt{y^2 + z^2} \pm \sqrt{x^2 + z^2},$$

equazioni che, per ogni valore di u, rappresentano il luogo dei punti tali che la somma delle loro distanze dagli assi delle x e delle y è costante.

Se invece

$$m = n = p = 1$$

si vede che, per ottenere le linee di curvatura della superficie

$$xyz = c$$

bisogna tagliarla con le superficie seguenti:

$$3\sqrt{3}\,u - (x^2 + \omega y^2 + \omega^2 z^2)^{\frac{3}{2}} \pm (x^2 + \omega^2 y^2 + \omega z^2)^{\frac{3}{2}},$$

ove ω è una radice cubica immaginaria dell'unità.

§ 4. *Superficie delle onde* [1]).

La superficie delle onde relativa all'ellissoide di semiassi a, b, c può rappresentarsi o mediante l'equazione

$$(1) \qquad (x^2+y^2+z^2)(a^2x^2+b^2y^2+c^2z^2) - \\ -a^2(b^2+c^2)x^2 - b^2(c^2+a^2)y^2 - c^2(a^2+b^2)z^2 + a^2b^2c^2 = 0$$

o parametricamente con le altre:

$$(2) \qquad \begin{cases} (c^2-a^2)(a^2-b^2)x^2 = \dfrac{(u-a^2)(v-a^2)}{v(u-v)^2}[b^2c^2-(b^2+c^2)u+uv] \\[2ex] (a^2-b^2)(b^2-c^2)y^2 = \dfrac{(u-b^2)(v-b^2)}{v(u-v)^2}[c^2a^2-(c^2+a^2)u+uv] \\[2ex] (b^2-c^2)(c^2-a^2)z^2 = \dfrac{(u-c^2)(v-c^2)}{v(u-v)^2}[a^2b^2-(a^2+b^2)u+uv] \end{cases}$$

Ora da queste si deduce che per determinare le linee di curvatura della superficie delle onde, devesi integrare la seguente equazione differenziale:

$$du^2 - du.dv \left\{ \frac{u-a^2}{v-a^2} + \frac{u-b^2}{v-b^2} + \frac{u-c^2}{v-c^2} - \frac{u}{v} \right\} + \\ + dv^2 \frac{(u-a^2)(u-b^2)(u-c^2)}{(v-a^2)(v-b^2)(v-c^2)} = 0 .$$

---

1) Geometricamente le linee di curvatura di questa superficie vennero investigate da P. Zech (*Die Krummungs-Linien der Wellenflächen zweiaxiger Krystalle,* Journ. f. r. u. a. Math., T. LVIII, 1857, p. 72-76), analiticamente da E. Combescure (*Sur les lignes de courbure de la surface des ondes,* Ann. di Matem., T. II, 1859, p. 278-85). A quest' ultimo lavoro fecero aggiunte F. Brioschi (*Opere matematiche,* T. II, Milano, 1902, p. 21-23) e A. Cayley (*The collected mathem. Papers,* T. XIII, p. 238-52).

§ 5. *Elicoide a piano direttore.*

Questa superficie può rappresentarsi mediante le equazioni

(1) $$x = u\cos v \ , \ y = u \operatorname{sen} v \ , \ z = hv$$

onde le sue linee di curvatura si ottengono integrando l'equazione

(2) $$(u^2 + h^2)dv^2 - du^2 = 0 .$$

Ora da questa si trae

$$v = \int \frac{du}{\sqrt{u^2 + h^2}}$$

cioè

$$u = h \operatorname{senh} (v + c)$$

c essendo la costante d'integrazione.

Le linee di curvatura dell'elicoide-conoide sono dunque le curve trascendenti rappresentate dalle equazioni seguenti:

(3) $$x = h \operatorname{senh} (v + c) . \cos v \ , \ y = h \operatorname{senh} (v + c) . \operatorname{sen} v \ , \ z = hv$$

D) Linee asintotiche.

§ 1. *Conoide di Plücker.*

Se si considera la superficie rigata rappresentata dalle equazioni

(1) $$x = \xi(t) + u\varphi(t) \ , \ y = \eta(t) + u\chi(t) \ , \ z = \zeta(t) + u\psi(t)$$

e si applica l'equazione (XXV) del Cap. I (vol. I, p. 22), si vede che l'equazione differenziale delle sue linee asintotiche si spezza in $dt = 0$ (che dà le generatrici) e nell'altra:

(2) $$dt \begin{vmatrix} \xi''(t) + u\varphi''(t) \ , & \xi'(t) + u\varphi'(t) \ , & \varphi(t) \\ \eta''(t) + u\chi''(t) \ , & \eta'(t) + u\chi'(t) \ , & \chi(t) \\ \zeta''(t) + u\psi''(t) \ , & \zeta'(t) + u\psi'(t) \ , & \psi(t) \end{vmatrix} +$$

$$+ 2 \begin{vmatrix} \varphi'(t) \ , & \xi'(t) \ , & \varphi(t) \\ \chi'(t) \ , & \eta'(t) \ , & \chi(t) \\ \psi'(t) \ , & \zeta'(t) \ , & \psi(t) \end{vmatrix} du = 0 ;$$

siccome questa ha la forma

$$\frac{du}{dt} + A + Bu + Cu^2 = 0$$

(ove A, B, C sono funzioni di t), così è un'equazione di Riccati.

Applichiamola alla ricerca delle asintotiche della superficie

$$(x^2 + y^2)z = mxy; \tag{3}$$

è la nota conoide di Plücker, rigata di terzo grado avente $0z$ per retta doppia; nel punto $(0, 0, l)$ la superficie ammette come tangenti i piani rappresentati complessivamente dalla equazione

$$l(x^2 + y^2) - mxy = 0$$

i quali coincidono se

$$l = \pm \frac{m}{2};$$

i due punti

$$\left(0, 0, \mp \frac{m}{2}\right)$$

sono punti cuspidali della superficie e limitano un segmento avente per centro l'origine delle coordinate; per ciascuno passa una generatrice torsale della superficie; queste sono rappresentate dalle equazioni:

$$x \mp y = 0 \quad , \quad z \mp \frac{m}{2} = 0 .$$

Per servirci della (2) sostituiamo alla (3) le equazioni:

$$x = u \quad , \quad y = tu \quad , \quad z = \frac{mt}{1 + t^2}; \tag{3'}$$

vedremo che le cercate asintotiche si ottengono come curve integrali dell'equazione differenziale:

$$-u \left(\frac{mt}{1 + t^2}\right)'' dt + 2 \left(\frac{mt}{1 + t^2}\right)' du = 0 .$$

Per integrarla scriviamola sotto la seguente forma

$$\frac{2du}{u}=\frac{\left(\frac{mt}{1+t^2}\right)''}{\left(\frac{mt}{1+t^2}\right)'}$$

ed otterremo

$$\frac{u^2}{c}=\left(\frac{mt}{1+t^2}\right)'=m\frac{1-t^2}{(1+t^2)^2},$$

c essendo la costante d'integrazione, ossia

$$(4)\qquad u=k\frac{\sqrt{1-t^2}}{1+t}\quad \text{ove}\quad k^2=cm.$$

Sostituendo questo valore nelle (3′) si giungerà all'equazione generale delle asintotiche. Per ottenere formole razionali poniamo

$$\sqrt{1-t^2}=1-t\tau,$$

τ essendo una nuova variabile, ed otterremo:

$$(5)\quad t=\frac{2\tau}{1+\tau^2},\ \sqrt{1-t^2}=\frac{1-\tau^2}{1+\tau^2},\ u=k\frac{1+6\tau^2+\tau^4}{1-\tau^4},\ k\frac{1-\tau^4}{1+6\tau^2+\tau^4}.$$

Introducendo nelle (3′) i valori trovati per t, u in funzione di τ si trova:

$$(6)\quad x=k\frac{1-\tau^4}{1+6\tau^2+\tau^4},\ y=k\frac{2\tau(1-\tau^2)}{1+6\tau^2+\tau^4},\ z=m\frac{2\tau(1+\tau^2)}{1+6\tau^2+\tau^4};$$

e queste equazioni provano che *le asintotiche di una conoide di Plücker sono quartiche razionali non aventi alcun punto reale all'infinito.*

Le intersezioni della curva col piano generico

$$\alpha x+\beta y+\gamma z+1=0$$

corrispondono alle radici $\tau_1, \tau_2, \tau_3, \tau_4$ dell'equazione

$$k\alpha(1-\tau^4)+2k\beta(\tau-\tau^3)+2m\gamma(\tau+\tau^3)+(1+6\tau^2+\tau^4)=0;$$

detta quindi s_r la somma dei prodotti delle τ, r a r, si avrà

$$s_2=\frac{6}{1-ka}\,,\quad s_4=\frac{1+ka}{1-ka}$$

donde, eliminando a,

$$3s_4-s_2+1=0\,. \tag{7}$$

Questa è la condizione di coplanarità dei punti della curva che corrispondono ai valori $\tau_1, \ldots, \tau_4$ del parametro.

Supposto

$$\tau_1=\tau_2=\tau_3=\tau_4=\tau$$

la (7) diviene

$$(\tau^2-1)^2=0\,;$$

ciò prova che i piani stazionari coincidono a coppie nei punti cuspidali della conoide; quindi le quartiche trovate appartengono alla classe considerata nel § 2 del Cap. VII, *B*) (vol. I, p. 297).

Un piano passante per la prima generatrice torsale ha un'equazione della forma:

$$(x-y)+\varrho\left(z-\frac{m}{2}\right)=0\,;$$

le sue intersezioni con la curva (6) sono determinate dall'equazione:

$$(\tau-1)^3[k(\tau+1)+\frac{m}{2}\varrho(\tau-1)]=0\,;$$

per conseguenza tre cadono nel primo punto cuspidale, il che prova che quella generatrice torsale è tangente inflessionale dell'asintotica. La quarta intersezione corrisponde ad un valore del parametro tale che

$$\frac{2k}{m\varrho}=\frac{1-\tau}{1+\tau}\,. \tag{8}$$

Ragionando similmente sulla seconda generatrice torsale si ottiene l'equazione

$$\frac{2k}{m\sigma}=\frac{1+\tau}{1-\tau}\,. \tag{9}$$

Ora, eliminando τ fra le (8) (9) si trova

$$4k^2=m^2\varrho\sigma\,; \tag{10}$$

perciò *i piani proiettanti i punti di un'asintotica dalle generatrici torsali della conoide formano due fasci proiettivi*; essi generano una quàdrica la cui equazione è

$$\frac{x^2-y^2}{k^2}-\frac{4z^2}{m^2}+1=0\,;$$

facendo variare la costante k si ottengono ∞^1 iperboloidi i quali segano la data superficie, oltrechè nelle sue generatrici torsali, nelle sue linee asintotiche [1]).

§ 2. *Una categoria di conoidi* [2]).

Le equazioni:

$$x=u\cos v\ ,\ y=u\,\mathrm{sen}\,v\ ,\ z=g\cos nv \tag{1}$$

rappresentano, qualunque sia il numero n (che si può supporre positivo), una superficie conoide retta avente l'asse delle z per direttrice rettilinea ed il piano xy per piano direttore; infatti dalle (1) seguono le equazioni

$$\frac{y}{x}=\mathrm{tg}\,v\ ,\ z=g\cos nv$$

le quali rappresentano una retta che incontra $0z$ ed è parallela al piano xy. Se $n=2$ dalle (1) si trae facilmente l'equazione

$$\frac{z}{g}=\frac{x^2-y^2}{x^2+y^2},$$

---

1) Riguardo alle questioni di geometria descrittiva relative a queste linee, veggasi l'ultimo paragrafo della nota di O.Danzer, *Einfache Konstruktionen für metrisch spezielle Raumkurven vierter Ordnung zweiter Art* (Wiener Sitzungsber., T. CXXII, Abt. II*a*, 1913, p. 1107-11-34).

2) E. Geszner, *Ueber die Asymptotenkurven einer Schaar Konoidflächen und die des Cylindroids im Besonderen* (Diss. Münster, 1906).

che appartiene ad un cilindroide. L'eliminazione di n e v può eseguirsi ogni qualvolta n è un numero razionale $\frac{p}{q}$, ove p, q sono numeri primi relativi; si vede così che *la superficie è dell'ordine* p + q *se* p *è pari*, 2(p + q) *se è dispari.*

Dalle (1) si ottengono le seguenti espressioni per le quantità fondamentali di I e II ordine:

$$E=1 \ , \ F=0 \ , \ G=u^2+n^2g^2 \operatorname{sen}^2 nv \ , \ D=\sqrt{u^2+n^2g^2 \operatorname{sen}^2 nv}$$

$$L=0 \ , \ DM=ug \operatorname{sen} nv \ , \ DN=-u^2ng \cos nv \, ;$$

perciò la determinazione delle asintotiche dipende dall'integrazione della seguente equazione differenziale:

$$2 \operatorname{sen} nv \, . du - nu \cos nv \, . dv = 0 \, ;$$

ora, scrittala questa sotto la forma

$$\frac{2du}{u} = \frac{n \cos nv \, . dv}{\operatorname{sen} nv} \, ,$$

essa s'integra subito e dà

$$u^2 = c^2 \operatorname{sen} nv \, ,$$

c essendo una costante arbitraria. Le equazioni generali delle asintotiche sono quindi:

$$x = c\sqrt{\operatorname{sen} nv} \, . \cos v \ , \ z = c\sqrt{\operatorname{sen} nv} \, . \operatorname{sen} v \ , \ z = g \cos nv \, . \tag{2}$$

Siccome x e y oscillano fra $+c$ e $-c$ e z è sempre compreso fra $+g$ e $-g$ così le dette curve non si estendono all'infinito; le loro proiezioni sul piano xy hanno per equazione polare

$$\varrho^2 = c^2 \operatorname{sen} n\omega \, ,$$

curve che, quando $n=2$, sono lemniscate bernoulliane [1]).

1) G. Loria, *Spez. alg. u. transs. Kurven*, II ed., T. I (Leipzig, 1910) p. 214.

Nel caso in cui il numero n sia razionale $\left(=\frac{p}{q}\right)$ posto $\omega=\frac{\theta}{q}$ e quindi $\tau=\operatorname{tg}\frac{\theta}{2}$, per trovare le intersezioni della curva (2) col piano generico

$$Ax+By+Cz+D=0$$

si ottiene un'equazione, il cui grado $2(p+q)$ rappresenta l'ordine di quella curva.

Osservazione [1]). Un caso molto ampio in cui si possono determinare le linee di curvatura di una rigata è quello offerto dalle conoidi la cui equazione risulta dalla eliminazione di z fra le equazioni:

$$\frac{y}{x}=\frac{\chi(t)}{\varphi(t)}\ ,\ z=f(t)$$

ove φ e χ sono polinomi di uno stesso grado m in t mentre $f(t)$ è il quoziente di due polinomi pure dello stesso grado. In tal caso la superficie è suscettibile della seguente rappresentazione parametrica

$$x=u\varphi(t)\ ,\ y=u\chi(t)\ ,\ z=f(t)$$

onde la (2) del § 1 diviene

$$u.dt\begin{vmatrix}\varphi'' & \varphi' & \varphi\\ \chi'' & \chi' & \chi\\ f'' & f' & 0\end{vmatrix}+2f'(\varphi'\chi-\varphi\chi')du=0$$

ossia

$$2\frac{du}{u}+\frac{f''}{f'}dt+\frac{\varphi''\chi-\varphi\chi''}{\varphi'\chi-\varphi\chi'}dt=0\,;$$

ora integrando si ottiene

$$2\log u+\log f'+\log(\varphi'\chi-\varphi\chi')=\log c^2,$$

---

[1]) Cfr. L. Cremona, *Rappresentazione di una classe di superficie gobbe sopra un piano, e determinazione delle loro curve asintotiche* (Ann. di Matem., Ser. II, T. I, 1868 oppure Opere matematiche, T. II, Milano, 1915, p. 409-19).

c essendo una costante arbitraria; ovvero

$$u^2 f'(\varphi'\chi - \varphi\chi') = c^2 .$$

Ciò prova che le linee asintotiche della data superficie sono suscettibili della seguente rappresentazione parametrica:

$$x = \frac{v\varphi(t)}{\sqrt{f'(\varphi'\chi - \varphi\chi')}} \ , \quad y = \frac{c\chi(t)}{\sqrt{f'(\varphi'\chi - \varphi\chi')}} \ , \quad z = f(t)$$

§ 3. *Superficie* xyz=a³.

P. Appell ha osservato [1]) che, dette α , β le radici cubiche immaginarie dell'unità, e u , v due parametri, quella superficie è suscettibile della seguente rappresentazione parametrica,

(1) $$x = a\, e^{\alpha u + \beta v} \ , \quad y = a\, e^{\beta u + \alpha v} \ , \quad z = a\, e^{u + v} .$$

Ora siccome da queste si trae:

$$\frac{\partial x}{\partial u} = \alpha x \ , \quad \frac{\partial y}{\partial u} = \beta y \ , \quad \frac{\partial z}{\partial u} = z$$

$$\frac{\partial x}{\partial v} = \beta x \ , \quad \frac{\partial z}{\partial v} = \alpha y \ , \quad \frac{\partial z}{\partial v} = z$$

$$\frac{\partial^2 x}{\partial v^2} = \alpha^2 x \ , \quad \frac{\partial^2 y}{\partial u^2} = \beta^2 y \ , \quad \frac{\partial^2 z}{\partial u^2} = z$$

$$\frac{\partial^2 x}{\partial u \partial v} = \alpha\beta x , \quad \frac{\partial^2 y}{\partial u \partial v} = \alpha\beta y , \quad \frac{\partial^2 z}{\partial u \partial v} = 0$$

$$\frac{\partial^2 x}{\partial v^2} = \beta^2 x \ , \quad \frac{\partial^2 y}{\partial v^2} = \alpha^2 y \ , \quad \frac{\partial^2 z}{\partial v^2} = 0 \ ,$$

epperò

$$L = 0 \ , \quad M = 3(\beta - \alpha)a^3 \ , \quad N = 0 .$$

---

1) *Sur les lignes asymptotiques de la surface représentée par l'équation* $XYZ = T^3$ (Arch. f. Math. u. Phys. T. LXI, 1877, p. 44-46).

Le linee di curvatura sono quindi le linee integrali dell'equazione

$$du.dv=0,$$

cioè le linee coordinate a cui si è riferita la superficie; esse sono rappresentate dalle equazioni (1) in cui si supponga costante o v o u. Notisi che, essendo α, β quantità immaginarie coniugate per ottenere punti reali della superficie si deve supporre che ai parametri u, v si attribuiscano valori delle forme $p \pm iq$ [1]).

E) GEODETICHE.

§ 1. *Superficie coniche* [2]).

Assunto come origine delle coordinate il vertice della data superficie conica, le coordinate dei punti di questa potranno scriversi sotto la forma

(1) $$x=u\varphi\ ,\ y=u\chi\ ,\ z=u\psi$$

ove φ, χ, ψ sono tre funzioni di una stessa variabile v. Per semplificare i calcoli supporremo che:

1° φ, χ, ψ siano coseni di direzione di una generatrice della superficie, onde sussista l'identità

(2) $$\varphi^2+\chi^2+\psi^2=1,$$

2° la variabile v rappresenti l'arco della curva

(3) $$x=\varphi\ ,\ y=\chi\ ,\ z=\psi$$

---

1) Le superficie $xyz=a^3$ fanno parte di una delle categorie di superficie studiate nell'importante lavoro di G. Darboux, *Détermination des lignes de courbure d'une classe de surfaces et en particulier des surfaces tétraédrales de Lamé* (Comptes Rendus, T. LXXXIV, 1877, p. 382-84), che segnaliamo a chi s'interessa della teoria dei sistemi tripli ortogonali.

2) P. Schauff, *Ueber die geodätischen Linien auf einem Kegel* (Diss. Munster, 1906); E. Salkowski, *Algebraisch rektsfizierbare Raumkurven* (Math. Annalen, T. LXVII, 1909, p. 454-56).

secondo cui il dato cono è tagliato dalla sfera di centro 0 e raggio 1; sussisterà quindi, quest'altra identità:

$$\left(\frac{d\varphi}{dv}\right)^2+\left(\frac{d\chi}{dv}\right)^2+\left(\frac{d\psi}{dv}\right)^2=1. \tag{4}$$

Dalla (2) si deduce, differenziando, questa nuova identità

$$\varphi\frac{d\varphi}{dv}+\chi\frac{d\chi}{dv}+\psi\frac{d\psi}{dv}=0, \tag{5}$$

la quale esprime la perpendicolarità fra la tangente alla curva (3) ed il raggio della data sfera passante per il punto di contatto.

Siccome le (1) danno:

$$\left\{\begin{array}{l}\dfrac{\partial x}{\partial u}=\varphi\ ,\ \dfrac{\partial y}{\partial u}=\chi\ ,\ \dfrac{\partial z}{\partial v}=\psi\\[2ex] \dfrac{\partial x}{\partial v}=u\dfrac{d\varphi}{dv}\ ,\ \dfrac{\partial y}{dv}=u\dfrac{d\chi}{dv}\ ,\ \dfrac{\partial z}{\partial v}=u\dfrac{d\psi}{dv}\end{array}\right. \tag{6}$$

così si ha

$$E=1\ ,\ F=0\ ,\ G=u^2\ ,\ D=u \tag{7}$$

e l'equazione differenziale delle geodetiche assume il seguente aspetto

$$u\frac{d^2v}{du^2}+u^2\left(\frac{dv}{du}\right)^3+2\frac{dv}{du}=0. \tag{8}$$

Essa si abbassa immediatamente al primo ordine ponendo $\frac{dv}{du}=p$; infatti diviene

$$u\frac{dp}{du}+u^2p^3+2p=0;$$

ora questa può scriversi come segue:

$$\frac{d}{du}\left(\frac{1}{p^2u^4}\right)+\frac{1}{du}\left(\frac{1}{u^2}\right)=0,$$

onde integrando

$$\frac{1}{p^2u^4}+\frac{1}{u^2}=\frac{1}{l^2},$$

l essendo la costante d'integrazione. Da questa si trae

$$p = \frac{l}{u\sqrt{u^2 - l^2}},$$

epperò

$$dv = \frac{l du}{u\sqrt{u^2 - l^2}}.$$

Integrando nuovamente e chiamando k una nuova costante si ottiene:

$$v + k = -\text{arc sen}\,\frac{l}{u}$$

cioè

$$u = -\frac{l}{\text{sen}\,(k + v)},$$

o, ponendo

$$k = -\left(\frac{\pi}{2} + m\right),$$

m essendo una nuova costante,

$$u = \frac{l}{\cos\,(m - v)}. \tag{9}$$

Variando le costanti l e m si ottengono le ∞^2 geodetiche del dato cono; la loro rappresentazione parametrica si ottiene sostituendo nelle (1) il valore (9).

Le costanti l, m si possono determinare quando si conoscano due punti (u_0, v_0), (u_1, v_1) pei quali passa una geodetica; infatti quelle costanti debbono evidentemente soddisfare le condizioni seguenti:

$$u_0 = \frac{l}{\cos\,(m - v_0)}, \quad u_1 = \frac{l}{\cos\,(m - v_1)};$$

ora da queste si trae:

$$u_0 \cos\,(m - v_0) = u_1 \cos\,(m - v_1),$$

epperò successivamente:

$$\frac{-\operatorname{sen} m}{u_0 \cos v_0 - u_1 \cos v_1} = \frac{\cos m}{u_0 \operatorname{sen} v_0 - u_1 \operatorname{sen} v_1} =$$

$$= \frac{1}{\sqrt{u_0^2 + u_1^2 - 2u_0 u_1 \cos(v_0 - v_1)}}$$

$$\cos(m - v) = \frac{u_1 \operatorname{sen}(v - v_1) + u_0 \operatorname{sen}(v_0 - v_1)}{\sqrt{u_0^2 + u_1^2 - 2u_0 u_1 \cos(v_0 - v_1)}}$$

$$\cos(m - v_0) = \frac{u_1 \operatorname{sen}(v_0 - v_1)}{\sqrt{u_0^2 + u_1^2 - 2u_0 u_1 \cos(v_0 - v_1)}}$$

$$l = u_0 \cos(m - v_0) = \frac{u_0 u_1 \operatorname{sen}(v_0 - v_1)}{\sqrt{u_0^2 + u_1^2 - 2u_0 u_1 \cos(v_0 - v_1)}};$$

l'equazione cercata è dunque:

$$u = \frac{u_0 u_1 \operatorname{sen}(v_0 - v_1)}{u_1 \operatorname{sen}(v_1 - v) - u_0 \operatorname{sen}(v_0 - v)}. \tag{10}$$

Per rettificare una delle trovate geodetiche differenziamo rispetto a v le equazioni (1), nelle quali invece di u, sia posto il valore (9); otterremo:

$$\frac{dx}{dv} = \frac{du}{dv}\varphi + u\frac{d\varphi}{dv},$$

$$\frac{dy}{dv} = \frac{du}{dv}\chi + u\frac{d\chi}{dv}, \quad \frac{dz}{dv} = \frac{du}{dv}\psi + u\frac{d\psi}{dv}$$

epperò

$$\left(\frac{ds}{dv}\right)^2 = \left(\frac{du}{dv}\right)^2 + u^2$$

e applicando la (9)

$$\frac{ds}{dv} = \frac{l}{\cos^2(m - v)}.$$

Integrando si ottiene:

$$s = \text{cost.} - l \operatorname{tg}(m - v) \tag{11}$$

in particolare

$$(11')\qquad s=-l\,\mathrm{tg}\,(m-v)$$

se s' integra dal punto (vertice della geodetica) $v=m$; se invece si suppone che la curva passi per i punti (u_0, v_0), (u_1, v_1) si trova che l'arco limitato da questi punti è dato dalla formola:

$$(12)\qquad s=\sqrt{u_0^2+u_1^2-2u_0u_1\cos(v_0-v_1)}\,.$$

In virtù delle equazioni (6) i coseni di direzione della normale in un punto qualunque della data superficie sono determinati dalle formole:

$$(13)\qquad X:Y:Z=\left\|\begin{matrix}\varphi & \chi & \psi\\ \dfrac{d\varphi}{dv} & \dfrac{d\chi}{dv} & \dfrac{d\psi}{dv}\end{matrix}\right\|;$$

siccome poi le (6) mostrano essere

$$(14)\qquad \left\{\begin{matrix}\dfrac{\partial^2 x}{\partial u^2}=0\,, & \dfrac{\partial^2 y}{\partial u^2}=0\,, & \dfrac{\partial^2 z}{\partial u^2}=0\\ \dfrac{\partial^2 x}{\partial u\,\partial v}=0\,, & \dfrac{\partial^2 y}{\partial u\,\partial v}=0\,, & \dfrac{\partial^2 z}{\partial u\,\partial v}=0\end{matrix}\right.$$

così si vede essere

$$L=M=0\,.$$

Per trovare la curvatura $\frac{1}{r}$ della geodetica possiamo applicare la formola

$$r=\frac{Edv^2+2Fdudv+Gdv^2}{Ldu^2+2Mdudv+Ndv^2}$$

la quale, nelle attuali ipotesi, diviene

$$(15)\qquad r=\frac{du^2+u^2dv^2}{Ndv^2}\,;$$

invece, per trovarne la torsione $\frac{1}{\varrho}$ serve la formola

$$\frac{1}{\varrho}=-\frac{(EM-FL)du^2+(EN-GL)du\,dv+(FN-GM)dv^2}{D(Edv^2+2Fdudv+Gdv^2)},$$

che, nel caso presente diviene

$$(16) \qquad \frac{1}{\varrho} = \frac{N dv . dv}{u(du^2 + u^2 dv^2)}$$

ora le (15) (16) danno:

$$\frac{r}{\varrho} = \frac{1}{n} \frac{du}{dv}$$

e poi la (9)

$$\frac{r}{\varrho} = -\mathrm{tg}\,(m - v)$$

o, finalmente per la (11)

$$(17) \qquad \frac{r}{\varrho} = \frac{s + p}{l},$$

p essendo una costante arbitraria. Questa formola esprime algebricamente il seguente

Teorema di Enneper. *Per la geodetica di qualunque superficie conica il rapporto della flessione alla torsione è una funzione lineare dell'arco* [1]).

Altre proprietà delle geodetiche del cono si deducono determinando i coseni di direzioni

α, β, γ della tangente
ξ, η, ζ della normale principale
λ, μ, ν della binormale.

Notisi anzitutto che, in forza della proprietà caratteristica delle geodetiche, si ha

$$\xi = X \ , \ \eta = Y \ , \ z = Z$$

cioè per le (13):

$$(18) \quad \xi = \begin{vmatrix} \chi & \psi \\ \frac{d\chi}{dv} & \frac{d\psi}{dv} \end{vmatrix} , \ \eta = \begin{vmatrix} \psi & \varphi \\ \frac{d\psi}{dv} & \frac{d\varphi}{dv} \end{vmatrix} , \ \zeta = \begin{vmatrix} \varphi & \chi \\ \frac{d\varphi}{dv} & \frac{d\chi}{dv} \end{vmatrix} .$$

1) A. Enneper, *Zur Theorie des Curven doppelter Krümmung* (Math. Ann., T. XIX, 1882, p. 72-83) ove sono dimostrati i risultati enunciati per la prima volta in una nota delle Göttinger Nachrichten, 1869.

Poi

$$\alpha = \frac{dx}{ds} = \frac{\frac{\partial x}{\partial u} du + \frac{\partial x}{\partial v} dv}{ds} = \frac{\varphi \frac{du}{dv} + u \frac{d\varphi}{dv}}{\frac{ds}{dv}}$$

$$= -\varphi \operatorname{sen}(m - v) + \frac{d\varphi}{dv} \cos(m - v),$$

onde si può scrivere:

$$(19) \quad \begin{cases} \alpha = -\varphi \operatorname{sen}(m - v) + \frac{d\varphi}{dv} \cos(m - v) \\ \beta = -\chi \operatorname{sen}(m - v) + \frac{d\chi}{dv} \cos(m - v) \\ \gamma = -\psi \operatorname{sen}(m - v) + \frac{d\psi}{dv} \cos(m - v); \end{cases}$$

sussistendo poi la relazione

$$\lambda = \begin{vmatrix} \beta & \gamma \\ \eta & \zeta \end{vmatrix}$$

e le due analoghe, si conclude essere:

$$(20) \quad \begin{cases} \lambda = \varphi \cos(m - v) + \frac{d\varphi}{dv} \operatorname{sen}(m - v) \\ \mu = \chi \cos(m - v) + \frac{d\chi}{dv} \operatorname{sen}(m - v) \\ \nu = \psi \cos(m - v) + \frac{d\psi}{dv} \operatorname{sen}(m - v). \end{cases}$$

Ora l'equazione del piano osculatore è in generale — se X, Y, Z sono le coordinate correnti —

$$(X - x)\lambda + (Y - y)\mu + (Z - z)\nu = 0,$$

ossia, per essere

$$\lambda x + \mu y + \nu z = u \cos(m - v) = l,$$

$$X\lambda + Y\mu + Z\nu - l = 0,$$

la quale esprime quest'altra proprietà, pure avvertita dall'Enneper:

Gli osculatori di una geodetica d'un cono sono equidistanti dal vertice[1]; essi, quindi, toccano una sfera che non muta al variare della costante m.

Similmente l'equazione del normale è

$$(X-x)\alpha+(Y-y)\beta+(Z-z)\gamma=0$$

ossia, per essere

$$\alpha x+\beta y+\gamma z=-u \operatorname{sen}(m-v)=-l \operatorname{tg}(m-v)=s\,,$$

$$X\alpha+Y\beta+Z\gamma-s=0\,;$$

ciò prova che

La distanza fra il normale in un punto di una geodetica di un cono ed il centro di questo è eguale all'arco della curva compreso fra il vertice della geodetica ed il punto d'incidenza.

La tangente in un punto qualunque della curva ha per equazioni

$$\text{(21)}\qquad \frac{X-x}{\alpha}=\frac{Y-y}{\beta}=\frac{Z-z}{\gamma}\,,$$

ossia

$$\text{(21')}\qquad \left\{\begin{array}{l} X=x+\varrho\alpha=u\varphi+\varrho\alpha \\ Y=y+\varrho\beta=u\chi+\varrho\beta \\ Z=z+\varrho\gamma=u\psi+\varrho\gamma \end{array}\right.$$

onde il piano condotto dal centro del cono perpendicolarmente alla tangente ha per equazione

$$\alpha X+\beta Y+\gamma Z=0\,;$$

esso incontra la tangente stessa in un punto le cui coordinate si ottengono dalle (21') supposto ϱ scelto in modo che sia

$$\varrho+u(\alpha\varphi+\beta\chi+\gamma\psi)=0$$

ossia

$$\varrho=l \operatorname{tg}(m-v)\,.$$

---

[1]) Essendo tale distanza espressa da l, resta determinato il significato geometrico di questa costante.

Ora le (21′) danno, tenendo conto di questo valore,

$$X^2+Y^2+Z^2=b^2+\varrho+2\varrho u(\alpha\varphi+\beta\chi+\gamma\psi)=$$
$$=\frac{l^2}{\cos^2(m-v)}+l^2\,\mathrm{tg}^2(m-v)=l^2,$$

dunque *le tangenti di una geodetica di un cono sono equidistanti dal vertice*; esse quindi toccano una sfera la quale non varia mutando la costante m.

Facciamo ora l'ipotesi che il cono considerato sia di rotazione attorno a Oz [1]) e che λ ne sia l'apertura; si potrà allora rappresentarlo mediante le equazioni

$$x=u\,\mathrm{sen}\,\lambda\cos\omega\ ,\ y=u\,\mathrm{sen}\,\lambda\,\mathrm{sen}\,\omega\ ,\ z=\cos\lambda, \tag{22}$$

Per applicare le formole generali bisogna sostituire alla ω la variabile v; osserviamo perciò che, nel caso attuale, si ha

$$\varphi=\mathrm{sen}\,\lambda\,.\cos\omega\ ,\ \chi=\mathrm{sen}\,\lambda\,.\,\mathrm{sen}\,\omega\ ,\ \psi=\cos\lambda$$

perciò la (2) è soddisfatta e la (4), ossia

$$\left(\frac{d\varphi}{d\omega}\right)^2+\left(\frac{d\chi}{d\omega}\right)^2+\left(\frac{d\psi}{d\omega}\right)^2=\left(\frac{dv}{d\omega}\right)^2,$$

diviene

$$\mathrm{sen}^2\lambda=\left(\frac{dv}{d\omega}\right)^2$$

onde si può assumere

$$\omega=\frac{v}{\mathrm{sen}\,\lambda}\,. \tag{23}$$

Da ciò la seguente rappresentazione analitica delle geodetiche:

$$\left\{\begin{aligned} x&=\mathrm{sen}\,\lambda\cos\left(\frac{v}{\mathrm{sen}\,\lambda}\right)\frac{l}{\cos(m-v)}\\ y&=\mathrm{sen}\,\lambda\,\mathrm{sen}\left(\frac{v}{\mathrm{sen}\,\lambda}\right)\frac{l}{\cos(m-v)}\\ y&=\cos\lambda\,\frac{l}{\cos(m-v)}\,. \end{aligned}\right. \tag{24}$$

---

[1]) E. Czuber, *Die geodätische Linie auf der Kreiskegelfläche* (Arch. f. Math. u. Phys., T. LXIX, 1883, p. 125-43). Altre considerazioni sopra sif. fatte geodetiche trovansi esposte in una nota dell'autore inserita nella Revista matemàtica hispano-americana, 1925.

Per semplificarla poniamo

$$\operatorname{sen}\lambda=\mu \quad , \quad l\operatorname{sen}\lambda=a$$

e ritorniamo all'angolo ω mediante le (23); otterremo nel caso di $m=0$.

$$x=a\cos\omega\sec\mu\omega \quad , \quad y=a\operatorname{sen}\omega\sec\mu\omega \quad , \tag{25}$$

$$z=a\frac{\sqrt{1-\mu^2}}{\mu}\sec\mu\omega .$$

Se ne deduce che *la proiezione della curva sul piano* xy ha per equazione polare $\varrho=a\sec\mu\omega$ onde *è una spiga* [1]). Si vede inoltre che *se l'apertura del dato cono ha per seno un numero razionale le sue geodetiche sono curve algebriche* [2]), di cui non è difficile trovare l'ordine. Il raggio di curvatura è dato dalla formola

$$\frac{1}{\varrho}=\frac{\sqrt{1-\mu^2}}{a}\cos^3\mu\omega .$$

§ 2. *Superficie di rotazione.*

Le equazioni della normale ad una superficie e dell'osculatore ad una linea essendo rispettivamente (se ξ, η, ζ sono coordinate correnti)

$$\frac{\xi-x}{X}=\frac{\eta-y}{Y}=\frac{\zeta-z}{Z}$$

$$\begin{vmatrix} \xi-x & \eta-y & \zeta-z \\ dx & dy & dz \\ d^2x & d^2y & d^2z \end{vmatrix}=0$$

affinchè quella linea sia una geodetica deve essere

$$\begin{vmatrix} X & Y & Z \\ dx & dy & dz \\ d^2x & d^2y & d^2z \end{vmatrix}=0$$

1) G. Loria, *Spez. Kurven*, II ed., T. I, p. 366.

2) I detti coni sono gli unici di second'ordine che contengono geodetiche algebriche: v. W. Vogt, *Ueber algebraische geodätische Linien auf Kegel zweiter Ordnung* (Arch. f. Math. u. Phys., III Ser. XIX, 1912, p. 301-306).

ossia

$$dx(Yd^2z - Zd^2y) + dy(Zd^2x - Xd^2z) + dz(Xd^2y - Yd^2x) = 0 .$$

E poichè è pure

$$(1) \qquad Xdx + Ydy + Zdz = 0 .$$

così, detto μ un fattore di proporzionalità si ha:

$$(2) \qquad \begin{cases} \mu dx = d^2x - X(Xd^2x + Yd^2y + Zd^2z) \\ \mu dy = d^2y - Y(Xd^2x + Yd^2y + Zd^2z) \\ \mu dz = d^2z - Z(Xd^2x + Yd^2y + Zd^2z) . \end{cases}$$

Moltiplicando per dx, dy, dz e sommando si trova

$$\mu(dx^2 + dy^2 + dz^2) = (dx.d^2x + dy.d^2y + dz.d^2z) -$$
$$- (Xdx + Ydy + Zdz)(Xd^2x + Yd^2y + Zd^2z)$$

cioè, in virtù della (1),

$$(3) \qquad \mu = \frac{d^2s}{ds^2} .$$

Ma dalle (2) si deduce pure

$$\mu(Ydz - Zdy) = Yd^2z - Zd^2y ;$$

dunque in tutti i punti di una geodetica si ha:

$$(4) \qquad \frac{d^2s}{ds^2} = \frac{Yd^2z - Zd^2y}{Ydz - Zdy} = \frac{Zd^2x - Xd^2z}{Zdx - Xdz} = \frac{Xd^2y - Yd^2x}{Xdy - Ydx}$$

Supponiamo in particolare che la data sia la superficie di rotazione

$$(5) \qquad z - f(u) = 0 \quad \text{ove} \quad u = \sqrt{x^2 + y^2} ;$$

essendo allora

$$X : Y : Z = -\frac{\partial f}{\partial u}\frac{x}{u} : -\frac{\partial f}{\partial u}\frac{y}{u} : 1$$

dalle (4) si trae:

$$\frac{d^2s}{ds^2} = \frac{xd^2y - yd^2x}{xdy - ydx}$$

ossia

$$d \log \frac{x dy - y dx}{ds} = 0 ;$$

integrando si ottiene

$$y \frac{dx}{ds} - x \frac{dy}{ds} = k , \tag{6}$$

k essendo una costante arbitraria. È questo un integrale primo dell'equazione differenziale delle geodetiche di una superficie di rotazione, il quale esprime il seguente

TEOREMA DI CLAIRAUT. *Lungo qualunque geodetica di una superficie di rotazione è costante il prodotto del raggio del parallelo per il seno dell'angolo che la curva fa col meridiano* [1]).

La superficie considerata può anche rappresentarsi mediante le formole

$$x = u \cos v \;, \quad y = u \operatorname{sen} v \;, \quad z = f(u) \tag{7}$$

perciò

$$ds^2 = [1 + f'^2(u)] du^2 + u^2 dv^2 ;$$

essendo poi

$$v = \operatorname{arc\,tg} \frac{y}{x}$$

si ha

$$dv = \frac{x dy - y dx}{x^2 + y^2} ;$$

la (6) diviene in conseguenza:

$$u^4 dv^2 = k^2 \left\{ [1 + f'^2(u)] \, du^2 + u^2 dv^2 \right\}$$

e dà

$$dv = k \frac{\sqrt{1 + f'^2(u)}}{u \sqrt{u^2 - k^2}} du \tag{8}$$

donde emerge che *la determinazione delle linee geodetiche di una superficie di rotazione è un problema che si riduce sempre alle quadrature.*

---

1) Clairaut, *Sur quelques questions de maximis et minimis* (Mémoires de Paris, 1733).

Consideriamo due casi particolari.

1°. Si supponga che la superficie sia il toro generato della circonferenza

$$(x-a)^2+z^2=R^2;$$

essendo in conseguenza

$$f(u)=\sqrt{R^2-(u-a)^2}$$

la (7) diviene

$$dv=kR\frac{du}{u\sqrt{u^2-k^2}\sqrt{R^2-(u-a)^2}}$$

onde la quadratura da eseguirsi dipende da integrali ellittici [1]).

2°. Il meridiano della superficie sia invece la trattrice [2]):

$$z=-\sqrt{c^2-x^2}+c\log\frac{\sqrt{c^2-x^2}+c}{x}.$$

Essendo

(9) $$f(u)=-\sqrt{c^2-u^2}+c\log\frac{\sqrt{c^2-u^2}+c}{u}$$

la (8) diviene:

$$dv=\frac{kcu\,du}{u^2\sqrt{u^2-k^2}}$$

e dà

(10) $$v=\frac{c}{k}\frac{\sqrt{u^2-k^2}}{u}+l$$

l essendo la costante d'integrazione, e questa al variare di k e l rappresenta le ∞^2 geodetiche del trattoide, cioè le curve chiamate da E. Beltrami *pseudocerchi* [3]).

---

1) Lo stesso risultato fu ottenuto altrimenti da A. Puchta, *Loxodromen und kürzeste Linien auf dem Kreisring* (Monatshefte f. Math. u. Phys., T. I, 1890, p. 447-50).

2) G. Loria, *Spez. Kurven*, II ed., T. II, p. 190.

3) *Saggio d'interpretazione della geometria non euclidea* (Giorn. di Matem., T. VI, 1868; oppure *Opere matematiche*, T. I, Milano, 1902, p. 374-405).

Applicando le formole (7) nell'ipotesi (9) si ottiene:

$$\left(\frac{ds}{du}\right)^2=\frac{c^2}{u^2-k^2}$$

onde

$$s=c\int\frac{du}{\sqrt{u^2-k^2}}=c\log\left(u+\sqrt{u^2-k^2}\right)+\text{cost.}; \tag{11}$$

perciò l'arco pseudo-circolare limitato dai punti corrispondenti ai valori u_0, u_1 del parametro è espresso da

$$s=c\log\frac{u_1+\sqrt{u_1^2-k^2}}{u_0+\sqrt{u_0^2-k^2}}. \tag{11'}$$

Alla formola di rettificazione si può dare un altro aspetto. Supponiamo infatti nella (10) $l=0$ e poniamo

$$v=\frac{c}{k}\cos\omega;$$

sarà quindi

$$u=\frac{k}{\operatorname{sen}\omega}$$

$$x=\frac{k\cos\left(\frac{c}{k}\cos\omega\right)}{\operatorname{sen}\omega},\quad y=\frac{k\operatorname{sen}\left(\frac{c}{k}\operatorname{sen}\omega\right)}{\operatorname{sen}\omega}$$

$$\frac{dz}{d\omega}=\frac{\sqrt{c^2\operatorname{sen}^2\omega-k^2}\cos\omega}{\operatorname{sen}^2\omega},\quad \frac{ds}{d\omega}=\frac{c}{\operatorname{sen}\omega},$$

onde finalmente

$$s=c\log\operatorname{tg}\frac{\omega}{2}+\text{cost}.$$

Flessione e torsione di un pseudocerchio hanno espressioni abbastanza semplici che lasciamo al lettore di calcolare [1]).

---

[1]) F. G. Teixeira, *Obras sobre matematicas*, T. VII (Coimbra, 1915, p. 268-73).

§ 3. *Superficie di 2° ordine.*

I coseni di direzione della normale all'ellissoide

$$\frac{x^2}{a^2}+\frac{y^2}{b^2}+\frac{z^2}{c^2}-1=0 \tag{1}$$

sono proporzionali rispettivamente a

$$\frac{x}{a^2}\,,\quad \frac{y}{b^2}\,,\quad \frac{z}{c^2}\,;$$

d'altronde i coseni di direzione della normale principale di una geodetica essendo proporzionali rispettivamente a

$$\frac{d^2x}{ds^2}\,,\quad \frac{d^2y}{ds^2}\,,\quad \frac{d^2z}{ds^2}$$

in ogni punto di una geodetica dell'ellissoide sussistono le relazioni:

$$\frac{a^2}{x}\frac{d^2x}{ds^2}=\frac{b^2}{y}\frac{d^2y}{ds^2}=\frac{c^2}{z}\frac{d^2z}{ds^2}\,; \tag{2}$$

chiameremo μ il valore comune di queste quantità. Ora differenziando due volte la (1) si trova

$$\frac{x}{a^2}\frac{dx}{ds}+\frac{y}{b^2}\frac{dy}{ds}+\frac{z}{c^2}\frac{dz}{ds}=0 \tag{3}$$

$$\left(\frac{x}{a^2}\frac{d^2x}{ds^2}+\frac{y}{b^2}\frac{d^2y}{ds^2}+\frac{z}{c^2}\frac{d^2z}{ds^2}\right)+ \tag{4}$$

$$+\frac{1}{a^2}\left(\frac{dx}{ds}\right)^2+\frac{1}{b^2}\left(\frac{dy}{ds}\right)^2+\frac{1}{c^2}\left(\frac{dz}{ds}\right)^2=0\,,$$

onde, tenendo conto delle (2), si ottiene

$$\mu P+D=0 \tag{5}$$

avendo posto

(6)
$$P=\frac{x^2}{a^4}+\frac{y^2}{b^4}+\frac{z^2}{c^4}\,,\quad D=\frac{1}{a^2}\left(\frac{dx}{ds}\right)^2+\frac{1}{b^2}\left(\frac{dy}{ds}\right)^2+\frac{1}{c^2}\left(\frac{dz}{ds}\right)^2.$$

Differenziando rispetto a s si ottiene:

$$P' = 2\left\{ \frac{x}{a^4}\frac{dx}{ds} + \frac{y}{b^4}\frac{dy}{ds} + \frac{z}{c^4}\frac{dz}{ds} \right\}$$

$$D' = 2\left\{ \frac{1}{a^2}\frac{dx}{ds}\frac{d^2x}{ds^2} + \frac{1}{b^2}\frac{dy}{ds}\frac{d^2y}{ds^2} + \frac{1}{c^2}\frac{dz}{ds}\frac{d^2z}{ds^2} \right\}$$

o, per le (2)

$$D' = 2\mu\left\{ \frac{x}{a^4}\frac{dx}{ds} + \frac{y}{b^4}\frac{dy}{ds} + \frac{z}{c^4}\frac{dz}{ds} \right\} = \mu P'.$$

Eliminando μ fra la (5) e l'equazione $D' = \mu P'$ si trova

$$DP' + D'P = 0$$

onde

(7) $$DP = \text{cost}.$$

È questo un integrale primo dell'equazione delle geodetiche dell'ellissoide. Per interpretarlo geometricamente consideriamo la distanza Δ fra il centro dell'ellissoide ed il piano tangente nel punto (x, y, z), nonchè la lunghezza L del semidiametro di detta superficie che è parallelo alla tangente in quel punto alla considerata geodetica; si trova facilmente

$$\Delta = \frac{1}{\sqrt{P}}, \quad L = \frac{1}{\sqrt{D}}$$

onde la (7) diviene

(8) $$\Delta L = \text{cost}$$

relazione notevole dovuta a Joachimsthal [1]).

L' integrazione completa della equazione differenziale delle geodetiche dell'ellissoide venne ridotta alle quadrature da Jacobi [2]), usando coordinate ellittiche μ, ν, ϱ; l'elegante risultato da lui ottenuto

(9)

$$\int \frac{\sqrt{\varrho^2 - \mu^2}\,d\mu}{\sqrt{\mu^2 - \beta^2}\sqrt{c^2 - \mu^2}\sqrt{\mu^2 - \beta}} = \alpha - \int \frac{\sqrt{\varrho^2 - \nu^2}\,d\nu}{\sqrt{b^2 - \nu^2}\sqrt{c^2 - \nu^2}\sqrt{\beta - \nu^2}}$$

---

1) *G. di Crelle*, T. XXVI, 1843, p. 155-71.

2) Journ. de Mathém., T. VI, 1841; Werke, T. II, p. 57-63.

(ove α è una costante arbitraria) può porsi sotto la forma

$$\beta = \mu^2 \cos i + \nu^2 \operatorname{sen} i \tag{10}$$

supposto che i sia l'angolo sotto cui la geodetica taglia una linea di curvatura e β un'altra costante; mentre — come mostrò Liouville [1]) — la rettificazione dell'anzidetta linea può effettuarsi mediante la formola

$$s = \int \frac{\sqrt{m}\,\mu^2 d\mu}{\sqrt{\mu^2 - \beta}} + \int \frac{\sqrt{n}\,\nu^2 d\nu}{\sqrt{\beta - \nu^2}} \tag{11}$$

ove

$$m = \frac{\varrho^2 - \mu^2}{(\mu^2 - b^2)(c^2 - \mu^2)} \quad , \quad n = \frac{\varrho^2 - \nu^2}{(b^2 - \nu^2)(c^2 - \nu^2)} \, .$$

Ulteriori sviluppi sopra questi notevoli risultati si trovano in numerosi lavori di Liouville stesso [2]), di M. Roberts [3]), di D. Chelini [4]), di M. Chasles [5]) e finalmente di A. Cayley [6]), il quale ultimo si occupò anche della forma delle geodetiche delle quàdriche; a questi lavori rimandiamo il lettore desideroso di ulteriori particolari sull'importante argomento; mentre riguardo alle geodetiche dei paraboloidi segnaliamo alcune memorie più recenti di R. Marcolongo [7]).

§ 4. *Elicoide-conoide* [8]).

La superficie della vite a filetto quadrato può rappresentarsi mediante le formole seguenti:

$$x = u \cos v \quad , \quad y = u \operatorname{sen} v \quad , \quad z = hv \tag{1}$$

si ha quindi

$$E = 1 \quad , \quad F = 0 \quad , \quad G = u^2 + h^2 \tag{2}$$

---

1) Journ. de Math., T. IX, 1844, p. 401-408.

2) Journ. de Math., T. XI, 1846, p. 21-24.

3) Journ. de Math., T. XI, 1846, p. 1-4.

4) Giornale arcadico, T. CVI.

5) Journ. de Math., T. XI, 1846, p. 5 e 105-19.

6) The collected math. Papers, T. VII, p. 34-35 e 493-510.

7) Rend. Acc. Lincei, 1890; Rend. Acc. di Napoli, 1891; Giornale di Teixeira, T. XI, 1904.

8) S. E. Rasor, *The geodesic Lines on the Helicoid* (Ann. of Mathem., II Ser., T. XI, 1910, p. 77-85); Teixeira, Obras, T. VII, p. 259.

e l'equazione differenziale delle geodetiche assume la seguente forma:

$$(3) \qquad 2u\frac{dv}{du}+(u^2+h^2)\frac{d^2v}{du^2}+u(u^2+h^2)\left(\frac{dv}{du}\right)^3=0 .$$

Per integrarla pongasi

$$(4) \qquad \frac{dv}{du}=\frac{1}{\sqrt{q}}$$

q essendo una nuova funzione incognita di u; sarà quindi

$$\frac{dv^2}{du^2}=-\frac{1}{2\sqrt{q^3}}\frac{dq}{du}$$

e la (3) diviene:

$$(5) \qquad \frac{dq}{du}-\frac{4u}{u^2+h^2}q=2u .$$

È questa un'equazione differenziale lineare che integrata dà

$$q=\frac{(u^2+h^2)(u^2+h^2-b^2)}{b^2},$$

b essendo una costante arbitraria. Per conseguenza dalla (4) si trae

$$(6) \qquad v=b\int\frac{du}{\sqrt{(u^2+h^2)(u^2+h^2-b^2)}}+\text{cost}$$

dunque *la determinazione delle geodetiche dell'elicoide-conoide dipende da integrali ellittici.*

Dagli stessi trascendenti dipende la rettificazione delle linee medesime. Infatti dalle (1), (6) si trae

$$\left(\frac{ds}{du}\right)^2=\frac{u^2+h^2}{u^2+h^2-b^2}$$

onde

$$(7) \qquad s=\int\frac{u^2+h^2}{\sqrt{(u^2+h^2)(u^2+h^2-b^2)}}du,$$

formola che dimostra l'asserto.

Invece flessione e torsione si possono esprimere col mezzo di funzioni algebriche. Per dimostrarlo indichiamo con accenti le derivate rispetto a v; ed osserviamo che dalle (1) seguono le relazioni:

$$\begin{cases} x' = u'\cos v - u \operatorname{sen} v \\ y' = u' \operatorname{sen} v + u \cos v \\ z' = h \end{cases} \qquad \begin{cases} x'' = (u''-u)\cos v - 2u' \operatorname{sen} v \\ y'' = (u''-u) \operatorname{sen} v + 2u' \cos v \\ z'' = 0 \end{cases}$$

$$\begin{cases} x''' = (u'''-3u')\cos v - (3u''-u) \operatorname{sen} v \\ y''' = (u'''-3u') \operatorname{sen} v + (3u''-u) \cos v \\ z''' = 0\,. \end{cases}$$

In conseguenza:

$$x'^2 + y'^2 + z'^2 = h^2 + u^2 + u'^2$$

$$\begin{vmatrix} x' & y' & z' \\ x'' & y'' & z'' \\ x''' & y''' & z''' \end{vmatrix} = h \begin{vmatrix} u''-u & 2u' \\ u'''-3u' & 3u''-u \end{vmatrix}$$

$$\left\| \begin{matrix} x' & y' & z' \\ x'' & y'' & z'' \end{matrix} \right\|^2 = \begin{vmatrix} u' & u \\ u''-u & 2u' \end{vmatrix}^2 + h^2[(u''-u)^2 + 4u'^2]\,.$$

Ma la (6) dà:

$$u' = \frac{\sqrt{(u^2+h^2)(u^2+h^2-b^2)}}{b}$$

$$u'' = \frac{u(2u^2+2h^2-b^2)}{b^2}$$

$$u''' = \frac{(6u^2+2h^2-b^2)\sqrt{(u^2+h^2)(u^2+h^2-b^2)}}{b^3}\,;$$

quindi sostituendo,

$$\begin{vmatrix} x' & y' & z' \\ x'' & y'' & z'' \\ x''' & y''' & z''' \end{vmatrix} = -\frac{4h^3(u^2+h^2-b^2)(u^2+h^2-2b^2)}{b^4}$$

$$\left\| \begin{matrix} x' & y' & y' \\ x'' & y'' & z'' \end{matrix} \right\|^2 = \frac{4h^2(u^2+h^2-b^2)\,(u^2+h^2)^2}{b^4}$$

epperò:

$$\frac{1}{r} = \frac{2bh\sqrt{u^2+h^2-b^2}}{(u^2+h^2)^2} \tag{8}$$

$$\frac{1}{\varrho} = h\frac{u^2+h^2-2b^2}{(u^2+h^2)^2}. \tag{9}$$

Sono queste le formole annunziate. La seconda mostra che se $b < \frac{h}{\sqrt{2}}$ i punti in cui $u = \pm\sqrt{2b^2-h^2}$ sono stazionari per la geodetica.

Fra le geodetiche dell'elicoide sono notevoli quelle corrispondenti ai valori $\pm h$ della costante b; per esse la quadratura che entra nella formola (6) è eseguibile elementarmente e dà

$$v = \pm\log\sqrt{\frac{\sqrt{u^2+h^2}+h}{\sqrt{u^2+h^2}-h}}. \tag{10}$$

§ 5. *Superficie di egual pendio.*

Basandosi sul fatto, di cui già facemmo menzione (v. nota a p. 137) che le superficie di egual pendio hanno per spigoli di regresso delle eliche, si può dimostrare che le loro geodetiche sono evolute filari di curve di tali specie [1]). Di esse si conosce la rappresentazione analitica senza alcun segno d'integrazione [2]), dalle quali emerge che sono tutte curve rettificabili algebricamente.

F) Curve di Darboux.

Caso di una quàdrica.

Le curve di Darboux (o più brevemente linee *D*) sono, come vedemmo (vol. I, Cap. I, *B*, § 3; p. 24-26) quelle linee di una superficie che hanno la proprietà seguente: in ogni loro

1) Schell-Salkowski, *Allg. Theorie der Kurven doppelter Krümmung*, III Aufl. (Leipzig und Berlin, 1914) p. 133-35.

2) E. Salkowski, *Algebraisch rektificierbare Raumkurven* (Math. Annalen, T. LXVII, 1909, p. 456-57).

punto la sfera osculatrice è tangente alla data superficie. Esse soddisfano la seguente equazione differenziale

$$(1)\qquad 3\,\frac{d^2s}{ds}=\frac{2\left(d^2x.d\,\frac{\partial F}{\partial x}+\ldots\right)+\left(dx.d^2\,\frac{\partial F}{\partial x}+\ldots\right)}{dx.d\,\frac{\partial F}{\partial x}+\ldots},$$

nell'ipotesi che $F(x,y,z)=0$ rappresenti la superficie data.

Facciamo l'ipotesi che questa sia una quàdrica a centro [1], e precisamente che sia

$$F(x,y,z)=Ax^2+By^2+Cz^2+2A_1x+2B_1y+2C_1z+K.$$

In tal caso:

$$d^2x.d\,\frac{\partial F}{\partial x}+\ldots=dx.d^2\,\frac{\partial F}{\partial x}+\ldots=\frac{1}{2}\,d\left[dx.d\,\frac{\partial F}{\partial x}+\ldots\right]$$

e la (1) diviene

$$2\,\frac{d^2s}{ds}=\frac{d\left(dx.d\,\frac{\partial F}{\partial x}+\ldots\right)}{dx.d\,\frac{\partial F}{\partial x}+\ldots}.$$

Ora questa è suscettibile di una prima integrazione e dà, se D^2 è una costante,

$$(2)\qquad \frac{ds^2}{D^2}=dx.d\,\frac{\partial F}{\partial x}+\ldots$$

Per procedere ulteriormente nell'integrazione giova ricorrere a coordinate ellittiche, supponendo si tratti dell'ellissoide

$$(3)\qquad F(x,y,z)=\frac{1}{2}\left\{\frac{x^2}{A^2-\varrho}+\frac{y^2}{B^2-\varrho}+\frac{z^2}{C^2-\varrho}-1\right\};$$

---

[1] Oltre alle memorie di Darboux e Enneper citate nel Cap. I, B § 3, (Vol. I, p. 24 e 26) si vedano quelle di Hardy (*On Darboux-Lines on surfaces*, Amer. Journ. of Math. T. XX, 1898, p. 283) e Pell (*« D »-Lines on Quadrics*, Trans. of the Amer. math. Soc., Vol. I, 1900, p. 315). Inoltre la pregevole Diss. di J. Grünberg, *Die « D »-Linien der Mittelpunktsflächen zweiten Grades* (Heidelberg, 1920) ove i precedenti lavori sono compendiati ed in parte corretti; ivi alle dette curve sono largamente applicate le funzioni ellittiche di Weierstrass.

infatti applicando le formole classiche relative a quel sistema di coordinate e ponendo

$$(4) \qquad A^2-\varrho=a^2 \ , \ B^2-\varrho=b^2 \ , \ C^2-\varrho=c^2$$

si giunge alla seguente relazione

$$(5) \qquad \frac{\sqrt{D^2-u}\,du}{\sqrt{(a^2-u)(b^2-u)(c^2-u)}}=\frac{\sqrt{D^2-v}\,dv}{\sqrt{(a^2-v)(b^2-v)(c^2-v)}}$$

la quale dice che *la determinazione delle linee* D *d' un'ellissoide dipende dall' integrazione d' un'equazione differenziale ellittica.*

Sia l la lunghezza del semidiametro del dato ellissoide avente α,β,γ per coseni direttori; si trova subito

$$(6) \qquad \frac{1}{l^2}=\frac{\alpha^2}{a^2}+\frac{\beta^2}{b^2}+\frac{\gamma^2}{c^2}\,.$$

Si supponga che α,β,γ siano anche i coseni direttori di una tangente di una linea D dell'anzidetto ellissoide; sarà

$$\alpha=\frac{dx}{ds} \ , \ \beta=\frac{dy}{ds} \ , \ \gamma=\frac{dz}{ds}\,;$$

siccome nel caso attuale

$$dx\,.\,d\,\frac{\partial F}{\partial x}+\ldots=\frac{dx^2}{a^2}+\frac{dy^2}{b^2}+\frac{dz^2}{c^2}$$

la (6) dà

$$\frac{ds^2}{l^2}=dx\,.\,d\,\frac{\partial F}{\partial x}+\ldots$$

cioè per la (2) $l^2=D^2$. Dunque:

I diametri di un ellissoide paralleli alle tangenti di una linea D *di tale superficie sono tutti fra loro eguali*; perciò i loro estremi cadono nella curva in cui l'ellissoide è segato da una sfera concentrica.

Quando per determinare i singoli punti dell'ellissoide

$$\frac{x^2}{a^2}+\frac{y^2}{b^2}+\frac{z^2}{c^2}-1=0\cdot$$

si usano coordinate ellittiche, le quantità fondamentali di primo ordine valgono

$$L=\frac{u(u-v)}{f(u)}\ ,\quad F=0\ ,\quad G=\frac{v(v-u)}{f(v)}\ ,$$

ove

$$f(u)=4(a^2-u)(b^2-u)(c^2-u)\ ,$$

mentre

$$L=-\frac{abc(u-v)}{f(u)\sqrt{uv}}\ ,\quad N=-\frac{abc(v-u)}{f(u)\sqrt{uv}}\ ,$$

onde i raggi principali di curvatura in un punto qualunque valgono rispettivamente:

(7) $$R_1=-\frac{u\sqrt{uv}}{abc}\ ,\quad R_2=-\frac{v\sqrt{uv}}{abc}\ .$$

Il raggio di curvatura della sezione normale determinata dal valore $k=\frac{du}{dv}$ è poi dato da

$$R=\frac{Ek^2+G}{Lk^2+N}\ ;$$

ora sostituendo a E, G, L, N i valori precedenti e supponendo che k sia il valore di $\frac{du}{dv}$ tratto dalle (5) si ottiene

(8) $$R=-\frac{D^2\sqrt{uv}}{abc}$$

ossia per le (7)

(9) $$R=-\frac{D^2}{\sqrt{abc}}\sqrt[4]{R_1R_2}\ .$$

Ciò prova che: *se una sezione normale di un'ellissoide passa per la tangente di una linea* D *dell'ellissoide stesso, il suo raggio di curvatura è proporzionale alla radice quarta del prodotto dei raggi principali di curvatura della superficie nel punto considerato.*

La distanza δ del centro del dato ellissoide dal piano che lo tocca nel punto (u, v) è data dalla formola

$$\delta = \frac{abc}{\sqrt{uv}} \tag{10}$$

onde la (8) può scriversi

$$R\delta = -D^2 ; \tag{8'}$$

ma R non differisce dal raggio della sfera che oscula nel punto considerato la linea D; dunque: *In un punto qualunque di una linea* D *di un ellissoide, il raggio della corrispondente sfera osculatrice è inversamente proporzionale alla distanza del centro della superficie dal piano tangente ad essa in quel punto* [1]).

G) Curve d'allineamento.

Generalizzando un concetto ed un termine usati in Geodesia [2]), chiameremo *curva d'allineamento* di una superficie qualunque il luogo dei punti di questa le cui normali incontrano una retta fissa r; è una curva che evidentemente passa per i punti comuni a r e la superficie. Se i dati sono rappresentati analiticamente mediante le equazioni

$$f(x, y, z) = 0 \tag{1}$$

$$\frac{X - a}{\cos\alpha} = \frac{Y - b}{\cos\beta} = \frac{Z - c}{\cos\gamma}, \tag{2}$$

ove X, Y, Z designano al solito coordinate correnti, la normale alla data superficie nel punto (x, y, z) ha per equazione

$$\frac{X - x}{\frac{\partial f}{\partial x}} = \frac{Y - y}{\frac{\partial f}{\partial y}} = \frac{Z - z}{\frac{\partial f}{\partial z}}. \tag{3}$$

---

1) Per non oltrepassare i limiti che ci siamo imposti, limitiamoci a riferire che, oltre che per le quàdriche, le linee D vennero, dal Darboux stesso, determinate sulla superficie di quart'ordine aventi per linea doppia il cerchio immaginario all'infinito, servendosi di coordinate pentasferiche.

2) P. Pizzetti, *Sulla curva d'allineamento* (Giorn. di Matem. T. XXII, 1883, p. 1-15).

Ora per l' incidenza delle rette (2) (3) è necessario che esistano due numeri ϱ, σ tali che si abbia:

$$a+\varrho\cos\alpha = x+\sigma\frac{\partial f}{\partial x}$$

$$b+\varrho\cos\beta = y+\sigma\frac{\partial f}{\partial y}$$

$$c+\varrho\cos\gamma = z+\sigma\frac{\partial f}{\partial z}$$

donde la condizione:

$$\text{(4)}\qquad \begin{vmatrix} x-a\,, & \dfrac{\partial f}{\partial x}\,, & \cos\alpha \\ y-b\,, & \dfrac{\partial f}{\partial y}\,, & \cos\beta \\ z-c\,, & \dfrac{\partial f}{\partial z}\,, & \cos\gamma \end{vmatrix} = 0\,.$$

La curva d'allineamento è pertanto rappresentata dalle equazioni (1), (4). Emerge da ciò che, *se la superficie data è algebrica dell'ordine* n *le sue curve d'allineamento sono pure algebriche ed in generale dell'ordine* n^2. Se invece la data superficie è panalgebrica [1]), la (4) è algebrica, perciò *le curve d'allineamento sulle superficie panalgebriche stanno sopra superficie algebriche*; p. es. la curva d'allineamento relativa alla retta (2) dell'elicoide

$$z = h\,\text{arc tg}\,\frac{y}{x}$$

appartiene alla superficie cubica di equazione

$$\begin{vmatrix} x-a & -hx & \cos\alpha \\ y-b & hy & \cos\beta \\ z-c & x^2+y^2 & \cos\gamma \end{vmatrix} = 0\,.$$

---

[1]) G. Loria, *Sopra un'estesa categoria di superficie trascendenti* (*le superficie panalgebriche*) (Rend. del R. Ist. Lombardo, II Ser., T. XLIV, p. 643-66).

In un punto doppio della superficie (1) si annullano le derivate

$$\frac{\partial f}{\partial x}\ ,\ \frac{\partial f}{\partial y}\ ,\ \frac{\partial f}{\partial z}$$

epperò la equazione (4) è soddisfatta, dunque *le curve d'allineamento di una superficie ne contengono tutti i punti doppi*; se, quindi, la data possiede una curva doppia d'ordine r, l'ordine delle sue curve d'allineamento scende a n^2-2r.

Se ad es. la superficie è l'ellissoide

$$\frac{x^2}{l^2}+\frac{y^2}{m^2}+\frac{z^2}{n^2}-1=0\ ,\ l^2>m^2>n^2 \tag{5}$$

la (4) diviene:

$$\begin{aligned} l^2(m^2-n^2)\cos\alpha\,.yz + m^2(n^2-l^2)\cos\beta\,.zx +\\ n^2(l^2-m^2)\cos\gamma\,.xy + m^2n^2(b\cos\gamma - c\cos\beta)x +\\ + n^2l^2(c\cos\alpha - a\cos\gamma)y + l^2m^2(a\cos\beta - b\cos\alpha)z=0\,; \end{aligned} \tag{6}$$

donde emerge che *le curve d'allineamento d'un'ellissoide sono quartiche di I specie.*

Essendo poi il discriminante dell'insieme dei termini di secondo grado dell'equazione (6) espresso da

$$2l^2m^2n^2(m^2-n^2)(n^2-l^2)(l^2-m^2)\cos\alpha\,.\cos\beta\,.\cos\gamma$$

si vede che è negativo, onde la quàdrica (6) è in generale un'iperboloide ad una falda; ma se il dato ellissoide è di rotazione (ipotesi che si fa ordinariamente in geodesia) detta quàdrica diviene un paraboloide iperbolico.

H) Curve *T* di Tzitzeica [1]).

Le funzioni $x(t)\,,y(t)\,,z(t)$ che servono a rappresentare le coordinate di un punto qualunque di una curva in funzione di un parametro t possono considerarsi come tre integrali linear-

---

1) Tzitzeica, *Sur certaines courbes gauches* (Ann. de l'Ec. Norm. Sup., III Ser., T. XXVIII, 1911, p. 9-32).

mente indipendenti di un'equazione differenziale lineare di terz'ordine

(1) $$\theta''' + p_1\theta'' + p_2\theta' + p_3\theta = 0,$$

ove le p sono funzioni determinate del parametro t. Giova notare che, mutando questo opportunamente, alla (1) si può far prendere la seguente forma:

(2) $$\theta''' = p\theta' + q\theta.$$

Supponiamo che la curva (che diremo curva T) goda della proprietà espressa dalla formola

(3) $$\varrho d^2 = \mathrm{cost}$$

ϱ essendo il raggio di torsione in un punto qualunque e d la distanza del corrispondente piano osculatore da un punto fisso, che assumeremo come origine delle coordinate. Essendo:

$$\varrho = \frac{\left\|\begin{matrix} x' & y' & z' \\ x'' & y'' & z'' \end{matrix}\right\|^2}{\begin{vmatrix} x' & y' & z' \\ x'' & y'' & z'' \\ x''' & y''' & z''' \end{vmatrix}}, \quad d = \frac{\begin{vmatrix} x & y & z \\ x' & y' & z' \\ x'' & y'' & z'' \end{vmatrix}}{\sqrt{\left\|\begin{matrix} x' & y' & z' \\ x'' & y'' & z'' \end{matrix}\right\|^2}}$$

la (3) può scriversi come segue:

(4) $$\begin{vmatrix} x' & x'' & x''' \\ y' & y'' & y''' \\ z' & z'' & z''' \end{vmatrix} : \begin{vmatrix} x & x' & x'' \\ y & y' & y'' \\ z & z' & z'' \end{vmatrix}^2 = c.$$

Se ora si tiene conto dell'essere x, y, z integrali della (1) si trasforma questa nell'altra:

(5) $$\begin{vmatrix} x & x' & x'' \\ y & y' & y'' \\ z & z' & z'' \end{vmatrix} = -\frac{p_3}{c}.$$

Differenziamola ed otterremo:

$$\begin{vmatrix} x & x' & x''' \\ y & y' & y''' \\ z & z' & z''' \end{vmatrix} = -\frac{p'_3}{c}$$

ossia per la (1)

$$(6) \qquad p_1 \begin{vmatrix} x & x' & x'' \\ y & y' & y'' \\ z & z' & z'' \end{vmatrix} = \frac{p'_3}{c}.$$

Paragonando questa alla (5) si trova:

$$(7) \qquad p_1 p_3 + p_3' = 0.$$

Dunque: *condizione necessaria e sufficiente affinchè la curva corrispondente all'equazione* (1) *sia una curva* T *è che i coefficienti* p_1, p_2, p_3 *soddisfino la condizione* (7). In particolare, se la (1) è già ridotta alla forma (2), la (7) è sostituita dalla $q'=0$, onde q è costante e può assumersi $= 1$.

Essendo per ipotesi x, y, z tre integrali indipendenti dell'equazione (1), le formole

$$(8) \qquad \begin{cases} x_1 = a_1 x + b_1 y + c_1 z \\ y_1 = a_2 x + b_2 y + c_2 z \\ z_1 = a_3 x + b_3 y + c_3 z, \end{cases}$$

se le costanti a, b, c sono tali che risulti il determinante

$$\begin{vmatrix} a_1 & b_1 & c_1 \\ a_2 & b_2 & c_2 \\ a_3 & b_3 & c_3 \end{vmatrix} \neq 0,$$

definiscono tre nuovi integrali della stessa equazione; ora le (8) rappresentano un'omologia (affinità) avente per elementi uniti l'origine ed il piano all'infinito; perciò *ogni tale trasformazione muta una curva* T *in un'altra della stessa specie.*

Esiste un'altra classe di trasformazioni geometriche che mutano una curva T in un'altra. Consideriamo infatti la sfera

$$x^2 + y^2 + z^2 - R^2 = 0.$$

Se x, y, z sono le coordinate di un punto di una curva T corrispondente all'equazione differenziale

$$(2) \qquad \theta''' = p\theta' + q\theta$$

il suo piano polare rispetto a quella sfera ha per equazione

$$xX + yY + zZ - R^2 = 0$$

X, Y, Z essendo al solito coordinate correnti; per trovarne l'inviluppo bisogna combinare questa equazione con le altre seguenti:

$$x' X + y' Y + z' Z = 0$$

$$x'' X + y'' Y + z'' Z = 0 .$$

Se ne ricava la formola

$$X = R^2 \begin{vmatrix} y' & z' \\ y'' & z'' \end{vmatrix} : \begin{vmatrix} x & y & z \\ x & y' & z' \\ x'' & y'' & z'' \end{vmatrix}$$

e le due analoghe, in conseguenza:

$$X' = -R^2 \begin{vmatrix} y & z \\ y' & z' \end{vmatrix} : \begin{vmatrix} x & y & z \\ x' & y' & z' \\ x'' & y'' & z'' \end{vmatrix}$$

$$X'' = -R^2 \begin{vmatrix} y & z \\ y'' & z'' \end{vmatrix} : \begin{vmatrix} x & y & z \\ x' & y' & z' \\ x'' & y'' & z'' \end{vmatrix}$$

$$X''' = -R^2 \left\{ \begin{vmatrix} y & z \\ y' & z' \end{vmatrix} + \begin{vmatrix} y' & z' \\ y'' & z'' \end{vmatrix} \right\} : \begin{vmatrix} x & y & z \\ x' & y' & z' \\ x'' & y'' & z'' \end{vmatrix} ;$$

ora da queste si trae:

$$X''' - pX' - X = 0$$

e due formole analoghe in Y e Z. Onde X, Y, Z sono tre nuovi integrali dell'equazione (8). Dunque: *la polare reciproca di una curva* T *relativa al polo* O, *rispetto ad una sfera avente per centro questo punto è un'altra curva* T.

Le più semplici curve T corrispondono all'ipotesi che nella (8) anche p sia costante; allora, a seconda della natura delle radici della corrispondente equazione caratteristica della (1) si hanno i quattro seguenti tipi di curve:

$$\left\{ \begin{array}{l} x = Ae^{at} \\ y = Be^{bt} \\ z = Ce^{ct} \end{array} \right. \quad \left\{ \begin{array}{l} x = Ae^{at} \\ y = Be^{bt} \cos kt \\ z = Ce^{ct} \operatorname{sen} kt \end{array} \right. \quad \left\{ \begin{array}{l} x = Ae^{at} \\ y = Be^{bt} \\ z = Ce^{bt} \end{array} \right. \quad \left\{ \begin{array}{l} x = Ae^{at} \\ y = Bte^{at} \\ z = Ct^2e^{at} ; \end{array} \right.$$

le curve del primo potendo rappresentarsi con le equazioni

$$\left(\frac{x}{A}\right)^{\frac{1}{a}}=\left(\frac{y}{B}\right)^{\frac{1}{b}}=\left(\frac{z}{C}\right)^{\frac{1}{c}}$$

sono di Lamé (v. p. 1), mentre quelle dell'ultimo appartengono al cono quàdrico avente per equazione

$$B^2xz=ACy^2 .$$

J) Curve di una superficie sviluppabile trasformantisi in assegnate linee piane

§ 1. *Cilindro circolare retto.*

Sia dato il cilindro rappresentato dall'equazione

(1) $$x^2+y^2=a^2$$

o dalle due

(1') $$x=a\cos\varphi \quad , \quad y=a\,\mathrm{sen}\,\varphi ;$$

svolgendolo su un piano nel modo insegnato dalla Geometria descrittiva, al punto $P(x, y, z)$ corrisponde un punto M le cui coordinate cartesiane (u, v) si possono esprimere come segue:

(2) $$u=a\varphi \quad , \quad v=z .$$

Perciò, quando il punto M descrive la curva di equazione

(3) $$v=f(u) ,$$

il punto P avrà per luogo geometrico la curva

(4) $$x=a\cos\varphi \quad , \quad y=a\,\mathrm{sen}\,\varphi \quad , \quad z=f(a\varphi) .$$

Se, p. es., il punto M percorre la retta

$$v=mu+n ,$$

il luogo geometrico del punto P sarà rappresentato dalle equazioni

(5) $$x=a\cos\varphi \quad , \quad y=a\,\mathrm{sen}\,\varphi \quad , \quad z=ma\varphi+n ,$$

ond'è un'ordinaria elica cilindrica.

Se invece il luogo di M è la circonferenza

$$(u-\alpha^2)+(v-\beta)^2=r^2$$

verrà

$$(a\varphi-\alpha)^2+(z-\beta)^2=r^2;$$

ora questa può surrogarsi con le due seguenti:

$$a\varphi-\alpha=r\cos\omega \quad , \quad z-\beta=r\operatorname{sen}\omega;$$

perciò

$$\varphi=\frac{\alpha+r\cos\omega}{a} \quad , \quad z=\beta+r\operatorname{sen}\omega;$$

onde la curva prima dello sviluppo è rappresentata come segue:

$$(6) \quad x=a\cos\frac{\alpha+r\cos\omega}{a} \quad , \quad y=a\operatorname{sen}\frac{\alpha+r\cos\omega}{a} \quad , \quad z=\beta+r\operatorname{sen}\omega$$

Per semplificare queste formole, eseguiamo la trasformazione di coordinate rappresentate dalle seguenti formole:

$$x_1=x\cos\frac{\alpha}{a}+y\operatorname{sen}\frac{\alpha}{a} \quad , \quad y_1=-x\operatorname{sen}\frac{\alpha}{a}+y\cos\frac{\alpha}{a} \quad , \quad z_1=z-\beta$$

ed otterremo

$$(6') \quad x_1=a\cos\left(\frac{r\cos\omega}{a}\right) \quad , \quad y_1=a\operatorname{sen}\left(\frac{r\cos\omega}{a}\right) \quad , \quad z_1=r\operatorname{sen}\omega,$$

le quali equazioni sono abbastanza semplici per consentire lo studio delle curve in questione, che lasciamo al lettore.

Le formole generali esposte abilitano anche a « determinare le curve piane che, avvolte su un cilindro circolare retto, divengono di curvatura costante R »[1]). Infatti per le condizioni del problema dev'essere

$$(7) \qquad \left\|\begin{matrix} dx & dy & dz \\ d^2x & d^2y & d^2z \end{matrix}\right\|^2=\frac{ds^6}{R^2}.$$

---

1) Tale ricerca fu proposta in Francia nel 1851 al Concours d'agrégation aux Lycées; per la soluzione v. un articolo del Dieu in Nouv. Ann. de Math., T. XI, 1852, p. 33-44.

Ora, per le formole (1') (2), si ha:

$$\begin{cases} dx = -a \operatorname{sen} \varphi . d\varphi = -\operatorname{sen} \varphi . du \\ dy = \quad a \cos \varphi . d\varphi = \quad \cos \varphi . du \end{cases}$$

$$\begin{cases} d^2x = -a \cos \varphi . d\varphi^2 = -\dfrac{\cos \varphi}{a} du^2 \\ d^2y = -a \operatorname{sen} \varphi . d\varphi^2 = -\dfrac{\operatorname{sen} \varphi}{a} du^2 ; \end{cases}$$

onde la (7) diviene

$$\begin{vmatrix} du^2 + dv^2 & dv . d^2v \\ dv . d^2v & \dfrac{du^4}{a^2} + (d^2v)^2 \end{vmatrix} = \frac{(du^2 + dv^2)^3}{R^2}$$

o finalmente

$$(du^2 + dv^2) \frac{du^4}{a^2} + du^2 (d^2v)^2 = \frac{(du^2 + dv^2)^3}{R^2} .$$

Questa è l'equazione differenziale delle curve cercate. Per integrarla poniamo

$$\frac{dv}{du} = v'$$

e potremo scriverla

$$(8) \qquad \left(\frac{dv'}{du} \right)^2 = (1 + v'^2) \left[\frac{(1 + v'^2)^2}{R^2} - \frac{1}{a^2} \right] .$$

Supposto anzitutto che sia

$$(9) \qquad \frac{1 + v'^2}{R} - \frac{1}{a^2} = 0 ,$$

sarà

$$v' = \sqrt{\frac{R}{a^2} - 1} \quad , \quad v = \sqrt{\frac{R}{a^2} - 1}\, u + \text{cost}$$

$$\frac{dv'}{du} = 0 ,$$

onde l'equazione differenziale (8) è soddisfatta; la curva cercata si sviluppa in una retta, è dunque un'elica del cilindro circolare retto. Se invece la (9) non è soddisfatta, si ponga

$$v' = \operatorname{tg} \psi$$

e la (8) diverrà:

$$\left(\frac{d\psi}{du}\right)^2 = \frac{a^2 - R^2 \cos^4 \psi}{a^2 R^2 \cos^2 \psi}$$

onde, separando le variabili ed integrando

$$(10) \qquad u = R \int \frac{\cos \psi \, d\psi}{\sqrt{1 - \frac{R^2}{a^2} \cos^4 \psi}};$$

e siccome

$$dv = \operatorname{tg} \psi . du$$

così

$$(11) \qquad v = R \int \frac{\operatorname{sen} \psi \, d\psi}{\sqrt{1 - \frac{R^2}{a^2} \cos^4 \psi}}.$$

Le (10) (11) costituiscono una rappresentazione parametrica delle curve richieste; le quadrature indicate dipendono da integrali ellittici. L'arco ed il raggio di curvatura di dette curve essendo dati dalle formole

$$s = R \int \frac{d\psi}{\sqrt{1 - \frac{R^2}{a^2} \cos^4 \psi}}, \quad r = \frac{a}{\sqrt{1 - \frac{R^2}{a^2} \cos^4 \psi}},$$

delle curve stesse si ha la rappresentazione intrinseca. L'enunciato problema resta in tal modo risolto.

§ 2. *Cono circolare retto.*

Detta α l'apertura di un cono avente per base il cerchio di raggio r e per altezza h si ha

$$\operatorname{sen} \alpha = \frac{a}{\sqrt{a^2 + h^2}}$$

e la superficie può rappresentarsi mediante l'equazione

$$\frac{\sqrt{x^2+y^2}}{a}+\frac{z}{h}=1;$$

chiamando, quindi, (ϱ, ω) le coordinate polari del punto (x, y) si avrà

$$z=h\left(1-\frac{\varrho}{a}\right). \tag{1}$$

Sviluppando ora la superficie conica su un piano e designando con ϱ_1, ω_1 le coordinate polari del punto nel quale si muta il punto ϱ, ω della superficie, tenendo presenti i noti particolari di quella operazione di sviluppo [1]) si ottengono agevolmente le formole:

$$\omega_1=\omega \operatorname{sen} \alpha \quad , \quad \varrho_1=\frac{\varrho}{\operatorname{sen} \alpha}. \tag{2}$$

Nota, quindi, l'equazione

$$f(\varrho_1 , \omega_1)=0 \tag{3}$$

della curva in cui si sviluppa una data linea del cono sarà

$$f\left(\frac{\varrho}{\operatorname{sen} \alpha} , \omega \operatorname{sen} \alpha\right)=0 \tag{4}$$

l'equazione polare della proiezione della curva obbiettiva sul piano della base del cono, epperò la curva stessa sarà determinata.

Se ad es. la (3) è una spirale logaritmica

$$\varrho_1=l \operatorname{sen} \alpha e^{m\omega_1}$$

la proiezione è rappresentata dall'equazione

$$\varrho=l \operatorname{sen} \alpha\, e^{m \operatorname{sen} \alpha . \omega}$$

onde è pure una spirale logaritmica e la curva obbiettiva è un'elica cilindro-conica (cfr. p. 149).

---

1) V. ad es. G. Loria, *Poliedri, curve e superficie secondo i metodi della geometria descrittiva* (Milano, 1912) p. 194.

Se invece la (3) è la retta

$$\varrho_1 \cos(\omega_1 - \lambda) = p\,,$$

la proiezione ha per equazione

$$\varrho = \frac{p \operatorname{sen} \alpha}{\cos(\omega \operatorname{sen} \alpha - \lambda)}\,,$$

onde è una spiga, come potevasi prevedere dal momento che la curva obbiettiva è una geodetica del dato cono (cfr. p. 215).

Se come curva (3) si assume la conica

$$\varrho_1 = \frac{p}{1 + e \cos \omega_1}$$

come proiezione si ottiene la curva di equazione

$$\varrho = \frac{p \operatorname{sen} \alpha}{1 + e \cos(\omega \operatorname{sen} \alpha)}\,,$$

cioè una curva a parecchi centri [1]: in tal modo si giunge ad una costruzione geometrica, di detta curva, che crediamo la prima del genere.

Se, finalmente, come curva (3) si assume il cerchio

$$\varrho_1^2 + k^2 - 2k\varrho_1 \cos \omega_1 = R^2,$$

si arriva alla curva di equazione

$$\frac{\varrho^2}{\operatorname{sen}^2 \alpha} + k^2 - 2k \frac{\varrho}{\operatorname{sen} \alpha} \cos(\omega \operatorname{sen} \alpha) = R^2\,,$$

che è della forma

$$\varrho^2 + l^2 - 2\varrho l \cos(n\omega) = m^2\,.$$

Questa linea si chiama *folioide* [2]; la corrispondente curva gobba ha importanza per le sue applicazioni botaniche [3]).

---

1) G. Loria, *Spez. Kurven*, T. I della II ed., p. 423.

2) Per uno studio accurato di essa rimandiamo il lettore all'articolo di P. van Geer, *De folioide* (Nieuv Arch. voor Wiskunde, II Ser. T. XII, 1918, p. 135-51).

3) G. van Jterson jun., *Mathematische und mikroskopisch-anatomische Studien über Blattstellungen* (Jena, 1907).

Detto poi r il raggio di flessione si ha

$$\frac{1}{r}=\sqrt{\left(\frac{d\alpha}{ds}\right)^2+\left(\frac{d\beta}{ds}\right)^2+\left(\frac{d\gamma}{ds}\right)^2}$$

ossia

$$d\tau=du\sqrt{\left(\frac{d\alpha}{du}\right)^2+\left(\frac{d\beta}{du}\right)^2+\left(\frac{d\gamma}{du}\right)^2}$$

onde per la (4)

$$d\tau=\frac{2\sqrt{\omega'(u)du}}{1+u\omega(u)}\,. \tag{5}$$

Da questa, integrando, si trova τ in funzione di u; onde, viceversa, u sarà noto in funzione di τ e le (4) daranno i coseni di direzione della tangente sotto la forma $\overline{\alpha}(\tau)\,,\overline{\beta}(\tau)\,,\overline{\gamma}(\tau)$. Fatto ciò, dalle (1), (2) si dedurrà:

$$x=\int\overline{\alpha}(\tau)f(\tau)d\tau\;\;,\;\;y=\int\overline{\beta}(\tau)f(\tau)d\tau\;\;,\;\;z=\int\overline{\gamma}(\tau)f(\tau)d\tau\,, \tag{8}$$

formole che, data l'arbitrarietà della funzione ω, danno la soluzione generale del problema.

Fra le curve così ottenute consideriamo in particolare quelle che appartengono alla categoria delle lossodromiche generali secondo Scheffers (v. p. 187); essendo linee integrali dell'equazione di Monge

$$dx^2+dy^2-\frac{1}{m^2}dz^2=0\,,$$

esse soddisfano all'equazione

$$\alpha^2+\beta^2-\frac{1}{m^2}\gamma^2=0\,,$$

che, combinata alla (3) dà:

$$\alpha=\frac{\operatorname{sen} u}{\sqrt{1+m^2}}\;,\;\beta=\frac{\cos u}{\sqrt{1+m^2}}\;,\;\gamma=\frac{m}{\sqrt{1+m^2}}\,;$$

ora da queste si trae:

$$\frac{d\alpha}{du}=\frac{\cos u}{\sqrt{1+m^2}}\ ,\quad \frac{d\beta}{du}=-\frac{\operatorname{sen} u}{\sqrt{1+m^2}}\ ,\quad \frac{d\gamma}{du}=0$$

perciò

$$d\tau=\frac{du}{\sqrt{1+m^2}}\ ,\quad \tau=\frac{u}{\sqrt{1+m^2}}$$

avendo scelta convenientemente la costante d'integrazione. Essendo

$$u=\sqrt{1+m^2}\,\tau$$

si ha

$$\alpha=\frac{\operatorname{sen}(\sqrt{1+m^2}\tau)}{\sqrt{1+m^2}}\ ,\quad \beta=\frac{\cos(\sqrt{1+m^2}\tau)}{\sqrt{1+m^2}}\ ,\quad \gamma=\frac{m}{\sqrt{1+m^2}}$$

e quindi dalle (6) si traggono queste altre:

$$(7)\qquad \begin{cases} x=\dfrac{1}{\sqrt{1+m^2}}\displaystyle\int \operatorname{sen}(\sqrt{1+m^2}\tau)f(\tau)d\tau \\ y=\dfrac{1}{\sqrt{1+m^2}}\displaystyle\int \cos(\sqrt{1+m^2}\tau)f(\tau)d\tau \\ z=\dfrac{m}{\sqrt{1+m^2}}\displaystyle\int f(\tau)d\tau\,. \end{cases}$$

Di queste formole ci serviremo per determinare le curve gobbe che si trasformano in coniche e che, secondo L. Bianchi, si chiamano *coniche storte* [1]), distinguendo i tre casi che può presentare la trasformata Λ:

I. Λ sia l'ellisse

$$x=a\cos t\ ,\quad y=b\operatorname{sen} t;$$

---

[1]) E. Salkowski, *Ueber eine bemerkenswerte Klasse von Raumkurven* (Jahresber. des Deutsch. Math. Ver. T. XX, 1911, p. 255-58); H. Kössler, *Ueber windschiefe Kegelschnitte* (Diss. Halle, 1911); F. Kurth, *Herleitung windschiefer Kegelschnitte durch die Bianchische Transformation Bk.* (Diss. Halle, 1913).

in tal caso si ha successivamente:

$$x' = -a \operatorname{sen} t \quad , \quad y' = b \cos t \quad , \quad \frac{ds}{dt} = \sqrt{a^2 \operatorname{sen}^2 t + b^2 \cos^2 t}$$

$$x'' = -a \cos t \quad , \quad y'' = -b \operatorname{sen} t$$

$$r = \frac{ds}{d\tau} = \frac{(a^2 \operatorname{sen}^2 t + b^2 \cos^2 t)^{\frac{3}{2}}}{ab} = \frac{a^2 \operatorname{sen}^2 t + b^2 \cos^2 t}{ab} \frac{ds}{dt}$$

$$d\tau = \frac{ab\, dt}{a^2 \operatorname{sen}^2 t + b^2 \cos^2 t}$$

$$\tau = \operatorname{arc\,tg} \left(\frac{a}{b} \operatorname{tg} t \right)$$

$$t = \operatorname{arctg} \left(\frac{b}{a} \operatorname{tg} \tau \right)$$

$$ds = \frac{a^2 b^2 d\tau}{(a^2 \cos^2 \tau + b^2 \operatorname{sen}^2 \tau)^{\frac{3}{2}}} .$$

Emerge da ciò che nel caso attuale è

$$f(\tau) = \frac{a^2 b^2}{(a^2 \cos^2 \tau + b^2 \operatorname{sen}^2 \tau)^{\frac{3}{2}}}$$

epperò le (7) danno:

$$(8) \qquad \left\{ \begin{aligned} x &= \frac{a^2 b^2}{\sqrt{1 + m^2}} \int \frac{\operatorname{sen} \left(\tau \sqrt{1 + m^2} \right) d\tau}{(a^2 \cos^2 \tau + b^2 \operatorname{sen}^2 \tau)^{\frac{3}{2}}} \\ y &= \frac{a^2 b^2}{\sqrt{1 + m^2}} \int \frac{\cos \left(\tau \sqrt{1 + m^2} \right) d\tau}{(a^2 \cos^2 \tau + b^2 \operatorname{sen}^2 \tau)^{\frac{3}{2}}} \\ z &= \frac{m a^2 b^2}{\sqrt{1 + m^2}} \int \frac{d\tau}{(a^2 \cos^2 \tau + b^2 \operatorname{sen}^2 \tau)^{\frac{3}{2}}} . \end{aligned} \right.$$

II. Cambiando in queste formole b in ib si ottengono le analoghe relative alla iperbola.

III. A sia la parabola

$$y^2 = 2px ,$$

ossia

$$x=\frac{t^2}{2p}\ ,\ y=t;$$

si trova allora:

$$x'=\frac{t}{p}\ ,\ y=1\ ,\ \frac{ds}{dt}=\frac{\sqrt{t^2+p^2}}{p}$$

$$x''=\frac{1}{p}\ ,\ y''=0$$

$$r=\frac{ds}{d\tau}=-\frac{t^2+p^2}{p}\frac{ds}{dt}$$

$$d\tau=-\frac{pdt}{t^2+p^2}\ ,\ t=p\operatorname{cotg}\tau$$

$$ds=-\frac{pd\tau}{\operatorname{sen}^3\lambda}.$$

Ciò prova che nelle attuali ipotesi è

$$f(\tau)=-\frac{p}{\operatorname{sen}^3\tau}$$

onde le (7) divengono:

$$\begin{cases} x=-\dfrac{p}{\sqrt{1+m^2}}\displaystyle\int\frac{\operatorname{sen}\left(\sqrt{1+m^2}\,\tau\right)}{\operatorname{sen}^3\tau}d\tau \\ y=-\dfrac{p}{\sqrt{1+m^2}}\displaystyle\int\frac{\cos\left(\sqrt{1+m^2}\,\tau\right)}{\operatorname{sen}^3\tau}d\tau \\ z=-\dfrac{mp}{\sqrt{1+m^2}}\displaystyle\int\frac{d\tau}{\operatorname{sen}^3\tau}; \end{cases}$$

queste quadrature si possono eseguire se $\sqrt{1+m^2}$ è un numero razionale; in tal caso si giunge a una intera categoria di curve algebriche.

K) Curve gnomoniche [1]).

Si consideri un'ordinaria meridiana delineata su una parete verticale, con uno stilo parallelo all'asse del mondo; in quale piano sono le curve dotate della prerogativa che l'ombra dello stilo stacchi su di esse archi eguali in tempi eguali?

---

1) G. Scheffers, *Ueber Sonnenuhrkurven* (Sitzungs bear. Berl. math. Gesell., T. VIII, 1909); E. Salkowski, *Katenoid und Sonnenuhrkurven* (Id. T. X, 1911).

Togliendo la condizione che tutto avvenga in un piano e spogliando l'enunciato di ogni considerazione fisica, si giunge a formulare il seguente

PROBLEMA. *Data una retta fissa* g, *determinare sopra una data superficie le curve dotate della seguente proprietà: se* A , B *sono due punti contigui di una delle linee richieste, l'arco* AB *è proporzionale all'angolo dei piani* gA , gB.

Le condizioni del problema possono evidentemente esprimersi mediante un'equazione della forma

$$ds = k \, . \, d\omega \tag{1}$$

k essendo una costante. Scelto come asse $0z$ la retta g quest'equazione si scrive

$$\sqrt{dx^2 + dy^2 + dz^2} = k \frac{x dy - y dx}{x^2 + y^2} \tag{2}$$

o, introducendo coordinate cilindriche,

$$\sqrt{d\varrho^2 + \varrho^2 d\omega^2 + dz^2} = k \, . \, d\omega \, . \tag{3}$$

Assunto ϱ eguale ad una funzione arbitraria di ω la (3), con una quadratura, darà ϱ pure in funzione di ω e si otterrà così una classe di curve risolutrici del problema; se p. es. si assume

$$z = m\varrho$$

(se cioè si cercano le curve gnomoniche appartenenti al cono rotondo $z^2 = m^2(x^2 + y^2)$) la (3), con una scelta opportuna della costante d'integrazione, dà

$$\varrho = k \operatorname{sen} \frac{\omega}{\sqrt{1 + m^2}}$$

e quindi si arriva alle curve

$$x = k \operatorname{sen} \frac{\omega}{\sqrt{1 + m^2}} \cos \omega \, , \quad y = k \operatorname{sen} \frac{\omega}{\sqrt{1 + m^2}} \operatorname{sen} \omega \, , \tag{4}$$

$$z = km \operatorname{sen} \frac{\omega}{\sqrt{1 + m^2}}$$

le quali sono algebriche se $\sqrt{1 + m^2}$ è un numero razionale.

Per formarsi un concetto della distribuzione nello spazio delle curve in discorso, notiamo che, detti α , β , γ i coseni di direzione della tangente in un punto P di una di esse e con X, Y, Z i coseni di direzione della normale al piano Pg si ha

$$\alpha = \frac{dx}{\sqrt{dx^2 + dy^2 + dz^2}}, \quad \beta = \frac{dy}{\sqrt{dx^2 + dy^2 + dz^2}}, \quad \gamma = \frac{dz}{\sqrt{dx^2 + dy^2 + dz^2}}$$

$$X = -\frac{y}{\sqrt{x^2 + y^2}}, \quad Y = \frac{x}{\sqrt{x^2 + y^2}}, \quad Z = 0$$

onde la (2) diviene

$$\alpha X + \beta Y + \gamma Z = \frac{\sqrt{x^2 + y^2}}{k},$$

equazione la quale mostra che *le tangenti in un punto* P *alle infinite curve gnomoniche passanti per questo punto costituiscono un cono di rotazione avente per asse la parallela condotta dal punto* P *alla retta* g.

Si scriva la (3) sotto la forma:

$$d\varrho^2 + (\varrho^2 - k^2) d\omega^2 + dz^2 = 0$$

e si faccia

$$z = i\sigma, \quad k_1 = ik;$$

essa diverrà:

$$d\sigma^2 = d\varrho^2 + (k_1^2 + \varrho^2) d\omega^2;$$

ora siccome è questo l'elemento lineare della superficie generata dalla rotazione della catenaria attorno al proprio asse, così *ogni curva gnomonica è collegata ad un catenoide.*

Limitiamoci ad osservare, finendo, che, applicando la teoria delle equazioni a derivate parziali si arriva alle seguenti speciali curve gnomoniche:

$$\begin{cases} x = \sqrt{k^2 - a^2 \operatorname{sen}^2 t} \cos\left(a \displaystyle\int \frac{dt}{\sqrt{k^2 - a^2 \operatorname{sen}^2 t}} + b\right) \\ y = \sqrt{k^2 - a^2 \operatorname{sen}^2 t} \operatorname{sen}\left(a \displaystyle\int \frac{dt}{\sqrt{k^2 - a^2 \operatorname{sen}^2 t}} + b\right) \\ z = a^2 \displaystyle\int \frac{\operatorname{sen}^2 t\, dt}{\sqrt{k^2 - a^2 \operatorname{sen}^2 t}}, \end{cases}$$

le quali sono linee asintotiche di superficie di rotazione attorno alla data retta g.

Un'opera quale è la presente non è destinata a condurre ad alcuna conclusione di carattere generale. Tuttavia uno sguardo d'insieme alle pagine precedenti mette in luce due fatti e cioè:

1°. Fra le curve sghembe non ne venne segnalata alcuna dotata di singolarità altrettanto strane di quelle offerte dalle curve piane prive di tangenti benchè continue, o da quelle che riempiono tutta un'area.

2°. Tutte le linee da noi incontrate, se non sono algebriche, sono però proiettate da un punto qualunque su un piano qualunque secondo curve algebriche o panalgebriche, ond'è ragionevole formare con essa un'unica categoria i cui elementi è giustizia chiamare *curve sghembe panalgebriche.*

INDICE DEI NOMI

I numeri I e II servono di richiami rispettivamente al *primo* ed al *secondo* volume dell'opera presente.

INDICE

CAPITOLO NONO.

Curve sghembe algebriche speciali di ordine qualsivoglia.

CAPITOLO DECIMO.

Curve sferiche

CAPITOLO UNDICESIMO.

Curve definite da relazioni fra elementi intrinseci.

CAPITOLO DODICESIMO

Curve speciali situate sopra superficie assegnate.

A) *Eliche*:

B) *Lossodromiche*:

C) *Linee di curvatura*:

FINITO DI STAMPARE IN FIRENZE
NELLA TIPOGRAFIA « ENRICO ARIANI »
IL X APRILE MCMXXV

(Segue a pag. 3 di Copertina)

www.ingramcontent.com/pod-product-compliance
Lightning Source LLC
LaVergne TN
LVHW091638100826
845152LV00005B/83

* 9 7 8 1 4 1 8 1 6 5 8 9 5 *